JN234739

Elements of Numerical Computation and Analysis

数値で学ぶ
計算と解析

金谷健一 著

共立出版

まえがき

　本書は著者が岡山大学工学部情報工学科の2年次学生に対する講義の教科書として執筆したものである．内容は伝統的に「数値解析」と呼ばれているものである．近年，大学の情報系では数値解析の授業が行われることが少なくなっているようである．その理由は「数値解析」という分野が発展し，細分化されるに従って意義があいまいになったためと思われる．現在でもおびただしい数の「数値解析」という表題の教科書が市販されているが，例えば次のように，取り上げ方はさまざまである．

1. 数値解析を数学の一分野とみなし，連続変数の微分，積分を離散変数で近似して解くときの誤差，微分方程式を差分方程式で近似するときの誤差，および離散化を細かくした極限での解の収束の挙動を精密に解析している．主に数学者によって書かれている．
2. 物理学や工学のさまざまな問題（電磁場，流体，熱伝導，弾性変形，振動場など）を数値的に解くための手法を解説している．主として微分方程式の数値解法が中心となる．著者は数学者だけでなく物理学者や工学研究者であることも多い．
3. ベクトルや行列の計算や連立1次方程式の解法を中心にして，次元や変数の数が多いときの大規模な計算を効率的に実行する方法を主眼にしている．これは大きなシステムの最適な解を求める計算の多くが，次元の高いベクトルや行列の反復演算に帰着することによる．著者は工学分野の研究者であることが多い．
4. 種々の数値計算のためのプログラムの書き方を解説し，プログラミングの

教科書としている．そのためFORTRANやCのような代表的な言語ごとに書かれている．著者は主に情報系である．

　計算機が利用され出した4,50年前にはこれらすべてが一つにまとまった授業が行われ，そのような教科書が数多く書かれた．その目的は具体的な問題に対して自分でプログラムを書いて解を求めることであった．しかし，今日では自分でプログラムを書くことがほとんどなくなり，プログラミングライブラリを利用するのが普通である．このため数値解析の授業の必要性が薄れ，プログラミング言語習熟のための演習の一例として取り上げられるだけになりつつある．その結果，学生が数値計算の原理を知らずに不適切なツールを用いたり，出力結果の解釈を誤ったりすることがしばしばある．やはり数値計算の基本的な知識は不可欠である．しかし，高級な理論は必要ではない．

　そこで本書は数値解析を，大学の初年度で学ぶべき数学（微分，積分，ベクトル，行列など）の理解を深めるために，それを「数値を用いて計算する」という視点からまとめた．そのため，固有値計算や最適化などの複雑あるいは巧妙なプログラミング技法や高度な数学理論を要するものは除外している．また，ほとんどすべての数値解析の教科書に載っている（常，偏）微分方程式は扱っていない．これは自然現象を取り扱わない情報系のカリキュラムでは微分方程式が現れないためである．その代わりに差分方程式（漸化式）を取り上げた．差分方程式は微分方程式を離散化したものとみなせるだけでなく，情報系でも計算量や反復の収束性の解析に不可欠なためである．しかし，重要であるにもかかわらず差分方程式を扱う教科書は非常に少ない．それは理論が比較的単純で，1冊の書物にするには分量が少なすぎるからだと思われる．その意味でこれを本書に含めることは多くの読者の助けになるものと思う．

　本書は各章ごとに学習を助ける練習問題を付け，巻末に詳細な解答を付している．本書は大学の情報系を意識しているが，それが最も顕著に表れているのは第2章であろう．本書が情報系の授業や演習の教科書として活用されることを期待している．本書の原稿を全般に渡って目を通して頂いた岡山大学大学院自然科学研究科の太田学准教授，明治大学研究・知財戦略機構の杉原厚吉教授，および国立情報学研究所の速水謙教授に感謝いたします．また編集の労を

とられた共立出版（株）の大越隆通氏，國井和郎氏にお礼申し上げます．

2010 年 9 月

金谷健一

目　　次

まえがき i

第 1 章　数値と誤差   1
  1.1　数値の表現 1
  1.2　2進法と10進法の変換 3
    1.2.1　10進法から2進法へ 3
    1.2.2　2進法から10進法へ 5
  1.3　四則計算の丸め誤差 7
    1.3.1　絶対誤差と相対誤差 7
    1.3.2　乗算の誤差 9
    1.3.3　除算の誤差 10
  1.4　桁落ち 13
  練習問題 19

第 2 章　べき乗と多項式   21
  2.1　べき乗の計算 21
  2.2　多項式の計算 23
  2.3　ホーナー法の応用 29
  2.4　繰り返し計算アルゴリズムの構成法 31
  練習問題 33

第 3 章　方程式の解   35
  3.1　ニュートン法 35

		3.1.1 反復公式 …………………………………	35
		3.1.2 終了条件 …………………………………	36
	3.2	ニュートン法の収束 …………………………………	41
	3.3	多項式の解の計算 …………………………………	44
		3.3.1 次数低下法 …………………………………	44
		3.3.2 組み立て除法 …………………………………	44
		3.3.3 剰余定理とホーナー法 …………………………………	46
	3.4	導関数を用いない方法 …………………………………	49
		3.4.1 2分法 …………………………………	49
		3.4.2 はさみうち法 …………………………………	51
	練習問題 …………………………………		53

第4章 連立1次方程式　　55

	4.1	クラメルの公式 …………………………………	55
	4.2	はきだし法 …………………………………	58
		4.2.1 手順 …………………………………	58
		4.2.2 プログラム …………………………………	63
		4.2.3 複数の連立1次方程式 …………………………………	67
		4.2.4 逆行列 …………………………………	68
		4.2.5 行列式 …………………………………	70
	4.3	ガウス消去法 …………………………………	71
		4.3.1 手順 …………………………………	71
		4.3.2 プログラム …………………………………	75
		4.3.3 LU分解 …………………………………	79
		4.3.4 行列式 …………………………………	87
	練習問題 …………………………………		88

第5章 反復法と収束　　91

	5.1	ヤコビ反復法 …………………………………	91
	5.2	ヤコビ反復法の収束 …………………………………	96
	5.3	ガウス・ザイデル反復法 …………………………………	102

5.4	ガウス・ザイデル反復法の収束	104
	練習問題	108

第6章　数値積分　111

6.1	ニュートン・コーツの公式	111
6.2	台形積分とシンプソン積分	117
6.3	台形積分とシンプソン積分の誤差評価	121
6.4	加速とロンバーグ積分	127
6.5	ガウスの積分公式	130
6.6	ルジャンドルの多項式	136
	練習問題	140

第7章　線形差分方程式　143

7.1	定係数線形差分方程式	143
7.1.1	同次差分方程式	143
7.1.2	重解の場合	149
7.1.3	非同次差分方程式	151
7.1.4	数列の収束と発散	153
7.2	連立差分方程式	154
7.2.1	同次連立差分方程式	154
7.2.2	非同次連立差分方程式	158
7.2.3	ベクトル列の収束と発散	160
7.3	線形差分方程式の連立差分方程式による表現	162
	練習問題	167

練習問題の解答　171

索　引　202

第1章

数値と誤差

本章では数値の表現と誤差について学ぶ．まず 2 進法と 10 進法の間の変換を述べ，次に計算機による有限精度計算の絶対誤差と相対誤差について説明する．そして，乗除算と加減算の誤差を調べ，桁落ちと呼ばれる精度の低下の問題を述べる．

1.1 数値の表現

数値を表現する代表的な方法は**固定小数点表現**と**浮動小数点表現**である．固定小数点表現とは**符号**を先頭とする**小数点**で区切られた**桁**と呼ぶ記号の次のような列である．

$$\pm a_n a_{n-1} \cdots a_2 a_1 a_0 . a_{-1} a_{-2} \cdots a_{-m} \tag{1.1}$$

この記号列の表す数値を次のように解釈する．**基底**と呼ぶある整数 r を考え，各 a_k, $k = -m, \ldots, n$ は数 $0, 1, 2, \ldots, r-1$ のどれかを表す記号であるとするとき，式 (1.1) を次の値とみなす．

$$\pm a_n r^n + a_{n-1} r^{n-1} + \cdots + a_2 r^2 + a_1 r + a_0 + \frac{a_{-1}}{r} + \frac{a_{-2}}{r^2} + \cdots + \frac{a_{-m}}{r^m} = \pm \sum_{k=-m}^{n} a_k r^k \tag{1.2}$$

ただし，$a_n \neq 0$ と約束する．このように表す方法を r **進法**と呼び，r 進法で表された式 (1.1) の数値を r **進数**と呼ぶ．代表的なものが $r = 10$ とする **10 進法**と $r = 2$ とする **2 進法**である．2 進法では各桁は 0 または 1 であり，これを

ビットと呼ぶ．計算機の内部表現では $r = 16$ の **16進法** もよく使われる．

【例 1.1】 10進数 4231.457 は次の値を表す．

$$4 \times 10^3 + 2 \times 10^2 + 3 \times 10 + 1 + \frac{4}{10} + \frac{5}{10^2} + \frac{7}{10^3} \tag{1.3}$$

【例 1.2】 2進数 101101.1101 は次の数を表す．

$$2^5 + 2^3 + 2^2 + 2^0 + \frac{1}{2} + \frac{1}{2^2} + \frac{1}{2^4} \tag{1.4}$$

固定小数点表現は計算結果によっては桁数が非常に長くなる，あるいは無限に続くことがある．このため計算機内部で扱える範囲を超えてしまう**桁あふれ**（**オーバーフロー**）と呼ぶ現象が起きてしまう．これを防ぐのが浮動小数点表現であり，ほとんどすべての計算機でこれが用いられている．これは r 進数を次のように表すものである．

$$\pm 0.m_1 m_2 \cdots m_d \times r^e \tag{1.5}$$

ここに $m_1, m_2, \ldots, m_d$ は $0, 1, \ldots, r-1$ の桁であるが，m_1 は **0** でないと約束する．並び $m_1 m_2 \cdots m_d$ の部分を**小数部**（または**仮数部**）と呼び，r^e の部分を**指数部**と呼ぶ．e は正負の符号をとる整数であり，**指数**と呼ぶ．計算機内部で扱える範囲に制限があるので，指数 e が非常に大きい正の整数になったり，非常に小さい負の整数になったりすると，それぞれ**オーバーフロー**，**アンダーフロー**と呼ぶ桁あふれが生じる．しかし，ほとんどの計算機では通常の範囲を十分にカバーしている．

多くの計算機では内部で数値を2進法の浮動小数点表現によってビットの並びとして記憶している．通常は数値を32ビットで表し，その内の24ビットが小数部に，7ビットが指数部に，そして1ビットが符号に当てられる．これを**単精度**と呼ぶ．これは10進法では小数部がほぼ7桁，指数の範囲がほぼ±38に相当している．それ以上の桁は打ち切られるため，例えば計算機で計算した結果が $0.2 + 0.2 + 0.2 + 0.2 + 0.2 + 0.2 = 0.9999999$ となることもある．科学計算ではより精度の高い**倍精度**が用いられる．これは数値を64ビットで表すものであり，さらに高精度が要求されるときは128ビットの**4倍精度**が用いられる（表1.1）．

表1.1 計算機内部での実数の浮動小数点表現.

	総ビット数	符号部	小数部（10進換算）	指数部（10進換算）
単精度	32ビット	1ビット	24ビット（10進7桁）	7ビット（$10^{\pm 38}$）
倍精度	64ビット	1ビット	52ビット（10進16桁）	11ビット（$10^{\pm 308}$）
4倍精度	128ビット	1ビット	112ビット（10進34桁）	15ビット（$10^{\pm 4932}$）

1.2 2進法と10進法の変換

1.2.1 10進法から2進法へ

10進数 x を2進数に変換する方法を考える．まず x が正の整数の場合を考える（負の数は符号を付け替えればよい）．問題は

$$x = a_n 2^n + a_{n-1} 2^{n-1} + \cdots + a_2 2^2 + a_1 2 + a_0 \tag{1.6}$$

となるような $a_i = 0, 1, i = 0, \ldots, n$ を求めることである．上式を次のように書き直すことができる．

$$x = (a_n 2^{n-1} + a_{n-1} 2^{n-2} + \cdots + a_2 2 + a_1) 2 + a_0 \tag{1.7}$$

これは x を2で割った余りが a_0 であることを示す．その商は次のように書ける．

$$\begin{aligned} x' &= a_n 2^{n-1} + a_{n-1} 2^{n-2} + \cdots + a_2 2 + a_1 \\ &= (a_n 2^{n-2} + a_{n-1} 2^{n-3} + \cdots + a_3 2 + a_2) 2 + a_1 \end{aligned} \tag{1.8}$$

これは x' を2で割った余りが a_1 であることを示す．その商は次のように書ける．

$$\begin{aligned} x'' &= a_n 2^{n-2} + a_{n-1} 2^{n-3} + \cdots + a_3 2 + a_2 \\ &= (a_n 2^{n-3} + a_{n-1} 2^{n-4} + \cdots + a_4 2 + a_3) 2 + a_2 \end{aligned} \tag{1.9}$$

これは x'' を2で割った余りが a_2 であることを示す．以下同様にして次々と2で割った余りとして $a_3, a_4, \ldots$ が求まる．最後に商が0となり，余りが a_n $(=1)$ となる．

【例 1.3】 10進数 87 を 2 進数に直す．

$$
\begin{aligned}
87 \div 2 &= 43 \cdots \mathbf{1} \\
43 \div 2 &= 21 \cdots \mathbf{1} \\
21 \div 2 &= 10 \cdots \mathbf{1} \\
10 \div 2 &= 5 \cdots \mathbf{0} \\
5 \div 2 &= 2 \cdots \mathbf{1} \\
2 \div 2 &= 1 \cdots \mathbf{0} \\
1 \div 2 &= 0 \cdots \mathbf{1}
\end{aligned}
\qquad
\begin{array}{r}
2)\underline{87} \\
2)\underline{43\ \mathbf{1}} \\
2)\underline{21\ \mathbf{1}} \\
2)\underline{10\ \mathbf{1}} \\
2)\underline{5\ \mathbf{0}} \\
2)\underline{2\ \mathbf{1}} \\
2)\underline{1\ \mathbf{0}} \\
0\ \mathbf{1}
\end{array}
$$

ゆえに 2 進法では 1010111 となる．

次に x が正の小数の場合を考える．問題は

$$x = \frac{a_{-1}}{2} + \frac{a_{-2}}{2^2} + \frac{a_{-3}}{2^3} + \frac{a_{-4}}{2^4} + \cdots \tag{1.10}$$

となるような $a_{-1}, a_{-2}, a_{-3}, a_{-4}, \ldots$ を求めることである．上式を 2 倍すると次のようになる．

$$2x = a_{-1} + \frac{a_{-2}}{2} + \frac{a_{-3}}{2^2} + \frac{a_{-4}}{2^3} + \cdots \tag{1.11}$$

これは $2x$ の整数部分が a_{-1} であることを意味する．小数部分は次のようになる．

$$x' = \frac{a_{-2}}{2} + \frac{a_{-3}}{2^2} + \frac{a_{-4}}{2^3} + \cdots \tag{1.12}$$

これを 2 倍すると次のようになる．

$$2x' = a_{-2} + \frac{a_{-3}}{2} + \frac{a_{-4}}{2^2} + \cdots \tag{1.13}$$

これは $2x'$ の整数部分が a_{-2} であることを意味する．小数部分は次のようになる．

$$x'' = \frac{a_{-3}}{2} + \frac{a_{-4}}{2^2} + \cdots \tag{1.14}$$

以下同様にして $a_{-3}, a_{-4}, \ldots$ が求まる．このときたとえ x が有限の長さの小数であっても，2 進法では無限小数になることもある．

【例 1.4】 10 進数小数 0.346 を 2 進小数に直す．

$$0.346 \times 2 = \mathbf{0}.692$$
$$0.692 \times 2 = \mathbf{1}.384$$
$$0.384 \times 2 = \mathbf{0}.768$$
$$0.768 \times 2 = \mathbf{1}.536$$
$$0.536 \times 2 = \mathbf{1}.072$$
$$0.972 \times 2 = \mathbf{0}.144$$
$$\cdots$$

```
   0.346
 ×   2
   0.692
 ×   2
   1.384
 ×   2
   0.768
 ×   2
   1.536
 ×   2
   1.072
 ×   2
   0.144
```

ゆえに 2 進法では 0.010110 ⋯ となる．

x が一般の実数のときは，整数部と小数部に分けて以上の計算を別々に行えばよい．例えば 87.346 = 87+0.346 であるから，例 1.3, 1.4 の結果から 2 進法では 1010111.010110 ⋯ となる．

1.2.2　2 進法から 10 進法へ

2 進数を 10 進数に直す方法を考える．もちろん式 (1.6), (1.10) を直接に計算してもよいが，より効率的な方法が存在する．まず x が正整数であり，2 進法で $a_n a_{n-1} \cdots a_2 a_1 a_0$ と表されているとする．すると次のように書ける．

$$\begin{aligned}
x &= a_n 2^n + a_{n-1} 2^{n-1} + \cdots + a_2 2^2 + a_1 2 + a_0 \\
  &= (a_n 2^{n-1} + a_{n-1} 2^{n-2} + \cdots + a_2 2 + a_1) 2 + a_0 \\
  &= ((a_n 2^{n-2} + a_{n-1} 2^{n-3} + \cdots + a_3 2 + a_2) 2 + a_1) 2 + a_0 \\
  &= (((a_n 2^{n-3} + a_{n-1} 2^{n-4} + \cdots + a_4 2 + a_3) 2 + a_2) 2 + a_1) 2 + a_0 \\
  &\quad \cdots \\
  &= (\cdots ((a_n 2 + a_{n-1}) 2 + a_{n-2}) 2 + \cdots + a_1) 2 + a_0 \quad (1.15)
\end{aligned}$$

この関係を利用して次の例のように計算できる．

【例 1.5】 2進数 1101001 を 10 進数に直す.

$$
\begin{aligned}
\mathbf{1} \times 2 + \mathbf{1} &= 3 \\
3 \times 2 + \mathbf{0} &= 6 \\
6 \times 2 + \mathbf{1} &= 13 \\
13 \times 2 + \mathbf{0} &= 26 \\
26 \times 2 + \mathbf{0} &= 52 \\
52 \times 2 + \mathbf{1} &= 105
\end{aligned}
$$

```
1101001
   3
   6
  13
  26
  52
 105
```

ゆえに 10 進法では 105 となる.

次に x が小数であり，2進法で $0.a_{-1}a_{-2}a_{-3}\cdots a_{-n}$ と表されているとする．すると次のように書ける．

$$
\begin{aligned}
x &= \frac{a_{-1}}{2} + \frac{a_{-2}}{2^2} + \frac{a_{-3}}{2^3} + \cdots + \frac{a_{-n}}{2^n} = \frac{a_{-1} + \frac{a_{-2}}{2} + \frac{a_{-3}}{2^2} + \cdots + \frac{a_{-n}}{2^{n-1}}}{2} \\
&= \frac{a_{-1} + \frac{a_{-2} + \frac{a_{-3}}{2} + \cdots + \frac{a_{-n}}{2^{n-2}}}{2}}{2} = \frac{a_{-1} + \frac{a_{-2} + \frac{a_{-3} + \cdots + \frac{a_{-n}}{2^{n-3}}}{2}}{2}}{2} = \cdots \\
&= \frac{a_{-1} + \frac{a_{-n+2} + \frac{a_{-n+1} + \frac{a_{-n}}{2}}{2}}{\vdots} }{2}
\end{aligned} \tag{1.16}
$$

この関係を利用して次の例のように計算できる．

【例 1.6】 2進小数 0.1011 を 10 進小数に直す．

$$1/2 + 1 = 1.5$$
$$1.5/2 + \mathbf{0} = 0.75$$
$$0.75/2 + 1 = 1.375$$
$$1.357/2 \quad = 0.6875$$

```
    0. 1 0 1 1
  +    0.5
       1.5
  +    0.75
       0.75
  +    0.375
       1.375
       0.6875
```

ゆえに 0.6875 となる．

x が一般の 2 進実数のときは，整数部と小数部に分けて以上の計算を別々に行えばよい．例えば 1101001.1011 = 1101001+0.1011 であるから，例 1.5, 1.6 の結果から 10 進法では 105.6875 となる．

1.3 四則計算の丸め誤差

1.3.1 絶対誤差と相対誤差

実数 x の単精度表現を X とする．計算機中では 2 進数として扱われ，小数部の 24 ビットを越えた部分は無視される．これを 10 進法に直すと，ほぼ 7 桁に四捨五入された値となる．そこで，以下では単純化して，計算は常に 10 進法で行われ，8 桁目が四捨五入されるとみなす．こう考えても実際の計算機による計算とほぼ同等である．

例えば計算機中の数値が

$$X = 0.2358672e+08 \tag{1.17}$$

であったとする．これは 0.2358672×10^8 の意味であり，e は以下が指数部であることを表す記号である．これが実数 x を 7 桁に丸めた（つまり四捨五入した）値であるなら，x は次の範囲にある．

$$0.23586715 \times 10^8 \leq x < 0.23586725 \times 10^8 \tag{1.18}$$

したがって誤差 $X - x$ は次の範囲にある．

$$-0.00000005 \times 10^8 < X - x \leq 0.00000005 \times 10^8 \tag{1.19}$$

しかし，0.00000005×10^8 は 5 に等しい．これは大きな誤差であろうか，それとも小さい誤差であろうか．どちらであるとも言える．これは 0.0001 に比べればはるかに大きな値であるが，1000000 に比べればはるかに小さい値である．すなわち，誤差そのものの値（これを**絶対誤差**と呼ぶ）はそれほど重要ではなく，元の値 x に対する比（これを**相対誤差**と呼ぶ）が重要であり，次のように相対誤差を定義する．

$$\varepsilon = \frac{X - x}{x} \tag{1.20}$$

上の例では相対誤差が次の範囲にある．

$$-\frac{0.00000005 \times 10^8}{0.23586\cdots \times 10^8} < \frac{X - x}{x} \leq \frac{0.00000005 \times 10^8}{0.23586\cdots \times 10^8} \tag{1.21}$$

右辺は $0.00000005/0.1\ (= 0.5 \times 10^{-6})$ より小さく，左辺は $-0.00000005/0.1\ (= -0.5 \times 10^{-6})$ より大きい．ゆえに相対誤差が次のようになる．

$$|\varepsilon| \leq 0.5 \times 10^{-6} \tag{1.22}$$

しかし，この導出を見ると，これは X がどんな値でも，例えば $X = 0.3542782e-05$ であっても成立することが分かる．実際，指数部は分子と分母で打ち消されて，単精度つまり小数部が 7 桁であるということだけによって相対誤差が決まっている．例えば，もし小数部が d 桁であれば，同様にして相対誤差 ε は $|\varepsilon| \leq 0.5 \times 10^{-d+1}$ となる．したがって，式 (1.22) が成り立っているということは 7 桁目が四捨五入されていること，つまり単精度であることを意味している．このことから大雑把ではあるが，次のことが言える．

【命題 1.1】相対誤差 ε が

$$|\varepsilon| \leq 10^{-d} \tag{1.23}$$

であれば，先頭からほぼ d 桁は正しい．このことを d 桁の**有効数字**を持つともいう．

式 (1.20) は $\varepsilon x = X - x$ すなわち $X = x + \varepsilon x = (1 + \varepsilon)x$ とも書ける．したがって次のことも言える．

【命題 1.2】 実数 x が X に丸められたとき，次式が成り立つ．

$$X = (1+\varepsilon)x \tag{1.24}$$

ただし，ε は相対誤差である．

1.3.2 乗算の誤差

浮動小数点表現による乗算 $*$ を考える．計算機による計算 $Z = X*Y$ は実数 x, y がそれぞれある長さ d 桁に丸められて X, Y となり，その積 XY が再び d 桁に丸められたものが Z であることを意味する．X, Y への丸めの相対誤差をそれぞれ $\varepsilon_x, \varepsilon_y$ とすると命題1.2から次の関係が成り立つ．

$$X = (1+\varepsilon_x)x, \qquad Y = (1+\varepsilon_y)y \tag{1.25}$$

積 $Z = X*Y$ への丸めの相対誤差を ε_{xy} とすると Z は次のように書ける．

$$Z = (1+\varepsilon_{xy})XY = (1+\varepsilon_{xy})(1+\varepsilon_x)(1+\varepsilon_y)xy \tag{1.26}$$

真の値 $z = xy$ と計算値 Z との相対誤差を ε_z とすると

$$Z = (1+\varepsilon_z)z \tag{1.27}$$

であるから，式(1.26)と比較すると次のことが分かる．

$$\varepsilon_z = \varepsilon_x + \varepsilon_y + \varepsilon_{xy} + \varepsilon_x\varepsilon_y + \varepsilon_x\varepsilon_{xy} + \varepsilon_y\varepsilon_{xy} + \varepsilon_x\varepsilon_y\varepsilon_{xy} \approx \varepsilon_x + \varepsilon_y + \varepsilon_{xy} \tag{1.28}$$

例えば単精度への丸めの場合，$|\varepsilon_x|, |\varepsilon_y|, |\varepsilon_{xy}|$ は 0.5×10^{-6} 以下であるから，それらの二つの積は 10^{-12} 以下，三つの積は 10^{-18} 以下となり，$|\varepsilon_x|, |\varepsilon_y|, |\varepsilon_{xy}|$ に比べて著しく小さくなる．このため誤差の解析では誤差の2次以上の項は考慮する必要がない (↪ ノート1.1)．そして $|\varepsilon_x + \varepsilon_y + \varepsilon_{xy}|$ は $0.5 \times 10^{-6} + 0.5 \times 10^{-6} + 0.5 \times 10^{-6} = 1.5 \times 10^{-6}$ 以下であり，命題1.1から先頭の6桁は正しいことが分かる．まとめると次のように言える．

【命題 1.3】 一般に[1]，乗算 $Z = X*Y$ によって有効数字の桁数は保存される．

---

[1] 「一般に」というのは「非常にまれな例外的な場合を除いて」という意味である．

【例 1.7】 次の実数 x, y を考える．

$$x = 23.58672465218534\cdots$$
$$y = 3.141592653589793\cdots$$

これらの厳密な積 $z = xy$ は次のようになる．

$$z = 74.09988088955076\cdots$$

x, y を単精度 X, Y に丸めたとすると次のようになる．

$$X = 0.2358672e{+}02$$
$$Y = 0.3141593e{+}01$$

これらを厳密に掛けると

$$0.7409987444496e{+}02$$

となるはずであるが，単精度計算なので 7 桁に丸められて

$$Z = 0.7409987e{+}02$$

となる[2])．これを真の値 z と比較すると，先頭の 6 桁は正しく，7 桁目の数字に 1 だけ誤差が入っている．X, Y も丸められた結果であるから冒頭の 6 桁は正しく，Z も冒頭の 6 桁が正しい．すなわち乗算によって有効数字の桁数は保存されている．

1.3.3 除算の誤差

浮動小数点表現による除算 / を考える．実数 x, y の X, Y への丸めの相対誤差をそれぞれ $\varepsilon_x, \varepsilon_y$ とすると命題 1.2 から次の関係が成り立つ．

$$X = (1+\varepsilon_x)x, \qquad Y = (1+\varepsilon_y)y \tag{1.29}$$

[2)] ほとんどの計算機では単精度計算であっても，CPU 内に途中経過を保持する 2 倍の長さの**アキュムレータ**と呼ばれるメモリ（CPU 内のメモリは**レジスター**とも呼ばれる）を持っている．

商 $Z = X/Y$ への丸めの相対誤差を $\varepsilon_{x/y}$ とすると Z は次のように書ける（↪ノート 1.1）.

$$Z = (1+\varepsilon_{x/y})X/Y = (1+\varepsilon_{x/y})\frac{(1+\varepsilon_x)x}{(1+\varepsilon_y)y} \approx (1+\varepsilon_{x/y}+\varepsilon_x-\varepsilon_y)\frac{x}{y} \quad (1.30)$$

真の値 $z = x/y$ と計算値 Z との相対誤差を ε_z とすると

$$Z = (1+\varepsilon_z)z \quad (1.31)$$

であるから，式 (1.30) と比較すると次のことが分かる.

$$\varepsilon_z \approx \varepsilon_{x/y} + \varepsilon_x - \varepsilon_y \quad (1.32)$$

例えば単精度への丸めの場合，$|\varepsilon_{x/y}|, |\varepsilon_x|, |\varepsilon_y|$ は 0.5×10^{-6} 以下であるから，$|\varepsilon_{x/y} + \varepsilon_x - \varepsilon_y|$ は 1.5×10^{-6} 以下であり，命題 1.1 から先頭の 6 桁は正しいことが分かる．したがって次のように言える．

【命題 1.4】 一般に，除算 $Z = X/Y$ によって有効数字の桁数は保存される．

【例 1.8】 次の実数 x, y を考える．

$$x = 23.58672465218534\cdots$$
$$y = 3.141592653589793\cdots$$

これらの厳密な商 $z = x/y$ は次のようになる．

$$z = 7.507887639485525\cdots$$

x, y を単精度 X, Y に丸めたとすると次のようになる．

$$X = 0.2358672e{+}02$$
$$Y = 0.3141593e{+}01$$

これらの厳密な商は

$$0.7507885330786006e{+}01$$

となるはずであるが，単精度計算なので 7 桁に丸められて

$$Z = 0.7507885e{+}01$$

となる．これを真の値 z と比較すると，先頭の 6 桁は正しく，7 桁目の数字に 2 だけ誤差が入っている．X, Y も丸められた結果であるから冒頭の 6 桁は正しく，Z も冒頭の 6 桁が正しい．すなわち除算によって有効数字の桁数は保存されている．

> **ノート 1.1** x が 0 に近い値のとき，次の近似式がよく用いられる．

$$\frac{1}{1+x} \approx 1-x, \qquad \frac{1}{1-x} \approx 1+x \tag{1.33}$$

これらは次の展開式（等比級数の和）において x の 2 次以上の項を省略したものである．

$$\frac{1}{1+x} = 1 - x + x^2 - x^3 + x^4 - x^5 + \cdots$$
$$\frac{1}{1-x} = 1 + x + x^2 + x^3 + x^4 + x^5 + \cdots \tag{1.34}$$

x が 0 に近い微小量のとき，x のべき指数が大きくなるにつれて急速に 0 に近づくので，2 次以上の項を省略してもよい精度で成立する．より一般に次の近似式がよく使われる．

$$(1+x)^s \approx 1 + sx \tag{1.35}$$

べき指数 s は整数である必要はない．例えば次の近似が成り立つ．

$$(1+x)^2 \approx 1+2x, \qquad (1+x)^3 \approx 1+3x,$$
$$\frac{1}{(1+x)^2} = 1-2x, \qquad \frac{1}{(1+x)^3} = 1-3x,$$
$$\sqrt{1+x} = 1 + \frac{1}{2}x, \qquad (\sqrt{1+x})^3 = 1 + \frac{3}{2}x,$$
$$\frac{1}{\sqrt{1+x}} = 1 - \frac{1}{2}x, \qquad \frac{1}{(\sqrt{1+x})^3} = 1 - \frac{3}{2}x \tag{1.36}$$

これらを組み合わせれば，$x, y, \ldots, z$ が 0 に近いとき，2 次以上の項を省略して次の関係が得られる．

$$(1+x)^a (1+y)^b \cdots (1+z)^c = 1 + ax + by + \cdots + cz \tag{1.37}$$

例えば次のようになる．

$$\frac{(1+x)^2 \sqrt{1+y}}{(1+z)^3} \approx 1 + 2x + \frac{1}{2}y - 3z \tag{1.38}$$

式 (1.35) の s が整数 n のときは次の**2項定理**の x の 2 次以上の項を省略したものとみなせる.

$$(1+x)^n = 1 + \binom{n}{1}x + \binom{n}{2}x^2 + \cdots + \binom{n}{n-1}x^{n-1} + x^n = \sum_{k=0}^{n}\binom{n}{k}x^k \quad (1.39)$$

ただし, **2項係数**を次のように定義する.

$$\binom{n}{k} = \frac{n!}{k!(n-k)!} \quad (1.40)$$

式 (1.35) で s が整数でないときは, 次の展開 (**一般 2 項定理**) の x の 2 次以上の項を省略したものとみなせる.

$$\begin{aligned}(1+x)^s &= 1 + sx + \frac{s(s-1)}{2!}x^2 + \frac{s(s-1)(s-2)}{3!}x^3 + \cdots \\ &= \sum_{k=0}^{\infty}\frac{s(s-1)(s-2)\cdots(s-k+1)}{k!}x^k\end{aligned} \quad (1.41)$$

これは $(1+x)^s$ の**テイラー (・マクローリン) 展開**に他ならない. 関数 $f(x)$ の $x=0$ におけるテイラー展開は次のようになる ($f^{(k)}(x)$ は $f(x)$ の k 階微分を表す).

$$f(x) = f(0) + f'(0)x + \frac{f''(0)}{2!}x^2 + \frac{f'''(0)}{3!}x^3 + \cdots = \sum_{k=0}^{\infty}\frac{f^{(k)}(0)}{k!}x^k \quad (1.42)$$

1.4 桁落ち

前節では乗算と除算の誤差を調べた. 次に加減算を調べる. そのために加算演算 $Z = X + Y$ を考える. X, Y が同符号のときは足し算となり, 異符号のときは引き算となる. まず同符号の場合を調べる. 次の例をみよう.

【例 1.9】次の数値の和を計算したい.

$$X = 0.2358672e+02$$
$$Y = 0.3141593e+07$$

しかし, 指数部が異なるので直接に足すことができない. そこで, 指数部を大きいほうにそろえてから足す.

$$\begin{aligned}X &= 0.000002358672e+07 \\ +\ Y &= 0.3141593e+07 \\ \hline &0.314161658672e+07\end{aligned}$$

これを 7 桁に丸めると Z が次のようになる．

$$Z = 0.3141617e+07$$

この例から分かるように，指数部の小さいほうの値（上の例では $X = 0.2358672e+02$）の丸め誤差は和に影響しない．和の誤差は指数部の大きいほうの値（上の例では $Y = 0.3141593e+07$）の最終桁によって決まる．ゆえに X と Y の正しい桁数が等しければ和 Z も同じだけ正しい桁数を持つ．したがって，次のことが言える．

【命題 1.5】一般に，X, Y が同符号のとき，加算 $Z = X + Y$ によって有効数字の桁数は保存される．

次に引き算（＝異符号の数の足し算）を考える．次の例をみよう．

【例 1.10】次の引き算を考える．

$$\begin{array}{r} X = 0.3485674e-02 \\ -\ Y = 0.3485432e-02 \\ \hline 0.0000242e-02 \end{array}$$

浮動小数点表現では小数点以下 1 桁目は 0 でないと約束するので，これは次のように書き直される（この操作を**正規化**と呼ぶ）．

$$Z = 0.2420000e-06$$

しかし，四捨五入によって X と Y の最終桁には ±1 の誤差が含まれているかもしれないことを考慮すると，差 Z で正しいと言えるのは小数点以下最初の 2 桁のみである．

このように値の近い数同士の引き算では先頭に何桁かが 0 になり，正規化のために桁が左に移動し，末尾が 0 で埋められる．この 0 は形式的なものであり，実際の値が 0 であるわけではない．正しい桁は先頭の数個だけにあり，精度が著しく低下する．この現象を**桁落ち**と呼ぶ．このような桁落ちが起きたかどうかは末尾に 0 が続くかどうかを見れば分かるように思えるが，実際の問題

では引き続いて別の演算が行われることが多い．例えば上の Z を 7 で割れば $0.3457143e-07$ となり，どの桁が正しいのか分からなくなってしまう．しかし，小数点以下 2 桁しか正しくない．このことから次のように言える．

【命題 1.6】 X と Y の値が近いとき，引き算 $Z = X - Y$ によって有効数字の桁数が減少する．

計算機では実数を有限長の数値として計算するので，この現象を避けることはできない．しかし，計算方法の工夫で計算精度の低下を防ぐことができる．一口で言うと，それは**引き算を行わない**ことである．次の例をみよう．

【例 1.11】 2 次方程式

$$ax^2 + bx + c = 0, \quad a \neq 0 \tag{1.43}$$

を解くことを考える．解の公式は次のようになる（D は判別式）．

$$x = \frac{-b \pm \sqrt{D}}{2a}, \quad D = b^2 - 4ac \tag{1.44}$$

しかし，これを計算機で計算するのは適切ではない．例えば次の例を考えよう．

$$2x^2 - 95x + 0.1 = 0 \tag{1.45}$$

厳密に計算すると次のようになる．

$$b^2 = 95^2 = 9025, \quad ac = 2 \times 0.1 = 0.2$$

$$D = 9025 - 4 \times 0.2 = 9024.2, \quad \sqrt{D} = 94.99578938037202\cdots \tag{1.46}$$

ゆえに解は次のようになる．

$$x_1 = \frac{95 + 94.99578938037202\cdots}{4} = 47.49894734509300\cdots$$

$$x_2 = \frac{95 - 94.99578938037202\cdots}{4} = 0.00105265490699\cdots \tag{1.47}$$

以上を単精度で計算すると次のようになる．

$$a = 0.2000000e+01, \quad b = 0.9500000e+02, \quad c = 0.1000000e+00$$

$$D = 0.9024200e+04, \quad \sqrt{D} = 0.9499579e+02$$
$$x_1 = 0.4749895e+02, \quad x_2 = 0.1052500e-02 \tag{1.48}$$

これを式 (1.47) と比べると，x_1 は確かに最初の 6 桁が正しい．しかし，x_2 は最初の 4 桁しか正しくない．これは式 (1.47) から分かるように，95 と $\sqrt{D} = 94.99\cdots$ が近い値であり，その引き算によって有効数字が失われたためである．しかし，このような桁落ちを起こさない計算方法が存在する．それは次の解と係数の関係を利用することである．

$$x_1 x_2 = \frac{c}{a} \tag{1.49}$$

これを用いて式 (1.48) の x_1 から x_2 が次のように計算できる．

$$x_2 = c/a/x_1 = (0.1000000e+00)/(0.2000000e+01)/(0.4749895e+02)$$
$$= 0.1052655e-02 \tag{1.50}$$

この計算は引き算を含まないので，結果は 6 桁が正しくなっている．以上より，式 (1.43) の解を計算するには式 (1.44) ではなく，次のようにするとよいことが分かる．

$$x_1 = \frac{-b - \sqrt{D}}{2a}, \quad x_2 = \frac{c}{ax_1}, \quad b \geq 0 \text{ のとき}$$
$$x_1 = \frac{-b + \sqrt{D}}{2a}, \quad x_2 = \frac{c}{ax_1}, \quad b < 0 \text{ のとき} \tag{1.51}$$

【例 1.12】指数関数 e^x の $x = 0$ におけるテイラー展開を考える（$\hookrightarrow$ 式 (1.42)）．

$$e^x = 1 + x + \frac{x^2}{2!} + \frac{x^3}{3!} + \frac{x^4}{4!} + \cdots = \sum_{k=0}^{\infty} \frac{x^k}{k!} \tag{1.52}$$

この $x = -5$ に対する値を計算する．単精度で第 20 項まで計算すると表 1.2 のように

$$0.675194846e-02 \tag{1.53}$$

となる．しかし真の値は次のようになる．

$$e^{-5} = 0.006737946999085469\cdots \tag{1.54}$$

表 1.2 e^{-5} の計算

k	$x^k/k!$	
0	$0.1000000e+01$	1
1	$-0.5000000e+01$	-5
2	$0.1250000e+02$	12.5
3	$-0.2083333e+02$	-20.83333
4	$0.2604167e+02$	26.04167
5	$-0.2604167e+02$	-26.04167
6	$0.2170139e+02$	21.70139
7	$-0.1550099e+02$	-15.50099
8	$0.9688120e+01$	9.688120
9	$-0.5382289e+01$	-5.382289
10	$0.2691144e+01$	2.1691144
11	$-0.1223247e+01$	-1.223247
12	$0.5096805e+00$	0.5096805
13	$-0.1960333e+00$	-0.1960333
14	$0.7001187e-01$	0.07001187
15	$-0.2333729e-01$	-0.02333729
16	$0.7292904e-02$	0.007292904
17	$-0.2144972e-02$	-0.002144972
18	$0.5958255e-03$	0.0005958255
19	$-0.1567962e-03$	-0.0001567962
20	$0.3919904e-04$	0.00003919904
		0.00675194846

これと比較すると式 (1.53) の計算値はわずか 2 桁しか正しくない．これはどうしてであろうか．その原因は表 1.2 から分かる．第 3 項の厳密な値は $-20.83333333333\cdots$ であるが，これを 7 桁に丸めると $-0.2083333e+02 = -20.83333$ となる．これは小数点以下 5 桁しか正しくない．したがって，以下の数値を小数点以下 5 桁以上計算しても意味がない．小数点以下 5 桁目は四捨五入の影響を受けるから正しいのは小数点以下 4 桁のみであり，最後の和 0.00675194846 の正しい桁は 0.0067 のみである．これが正規化されると桁が移動して $0.67*****e-02$ となるが $*****$ の部分は意味がない数字となっている．要するに足し算と引き算が繰り返されて冒頭に 0 が並ぶ小さい数値になり，それが正規化のために桁が移動したものである．典型的な桁落ちであるが，いろいろな計算が組み合わさっているので非常に発見しにくい．

次に $x=5$ の場合を考える．単精度で第 20 項まで計算すると表 1.3 のように

$$0.1484131e+03 \tag{1.55}$$

18　第1章　数値と誤差

表 1.3　e^5 の計算

k	$x^k/k!$	
0	$0.1000000e+01$	1
1	$0.5000000e+01$	5
2	$0.1250000e+02$	12.5
3	$0.2083333e+02$	20.83333
4	$0.2604167e+02$	26.04167
5	$0.2604167e+02$	26.04167
6	$0.2170139e+02$	21.70139
7	$0.1550099e+02$	15.50099
8	$0.9688120e+01$	9.688120
9	$0.5382289e+01$	5.382289
10	$0.2691144e+01$	2.1691144
11	$0.1223247e+01$	1.223247
12	$0.5096805e+00$	0.5096805
13	$0.1960333e+00$	0.1960333
14	$0.7001187e-01$	0.07001187
15	$0.2333729e-01$	0.02333729
16	$0.7292904e-02$	0.007292904
17	$0.2144972e-02$	0.002144972
18	$0.5958255e-03$	0.0005958255
19	$0.1567962e-03$	0.0001567962
20	$0.3919904e-04$	0.00003919904
		148.41314865874

となる．真の値は次のようになる．

$$e^5 = 148.4131591025766\cdots \tag{1.56}$$

これと比較すると式 (1.55) の計算値はすべての桁が正しい．これは引き算がないためである．確かに第3項は小数点以下5桁しか正しくないので，和の 148.41314865874 も正しいのは小数点以下4桁までである．しかし，値自体が大きいので小数点以下4桁目は先頭から数えると7桁目であり，7桁に丸めてもすべての有効数字が保存される．このように引き算がなければ桁落ちは生じない．

さて，指数関数の定義より $e^{-5} = 1/e^5$ である．これを用いて式 (1.55) から e^{-5} を計算すると次のようになる．

$$e^{-5} = (0.1000000e+01)/(0.1484131e+03) = 0.6737950e-2 \tag{1.57}$$

これはすべての桁が式 (1.54) を正しく7桁に丸めたものになっている．以上の

ことから e^x の計算に式 (1.52) を用いるのは適切ではなく，次のように計算するとよいことが分かる．

$$e^x = \begin{cases} 1 + x + \dfrac{x^2}{2!} + \dfrac{x^3}{3!} + \dfrac{x^4}{4!} + \cdots & x \geq 0 \\ \dfrac{1}{1 + |x| + |x^2|/2! + |x^3|/3! + |x^4|/4! + \cdots} & x < 0 \end{cases} \quad (1.58)$$

練習問題

1. 次の用語を説明せよ．
    (a) 固定小数点表示，基底．
    (b) 浮動小数点表示，小数部（仮数部），指数部．
2. 固定小数点表示の欠点は何か．
3. 式 (1.5) の浮動小数点表示において，なぜ先頭の桁 m_1 が 0 でないと約束することができるのか．
4. 基数を 16 とする 16 進法は各桁に数値と記号 0, 1, 2, ..., 9, A, B, C, D, E, F を用いて 0 から 15 までを表す．16 進法 AC2.8 は 10 進法ではどういう値か．
5. 16 進数を 2 進数に変換する方法，および 2 進数を 16 進数に変換する方法を示せ（ヒント：$16 = 2^4$）．それを用いて 16 進数 2F5.3C を 2 進数に，2 進数 10100101.00111101 を 16 進数に直せ．
6. 10 進数 417.762 を 2 進数に直せ．
7. 2 進数 10110.0101 を 10 進数に直せ．
8. 富士山の標高は海抜 3776m である．一郎の身長は 172cm である．すると一郎が富士山の山頂に立ったとき，一郎の頭頂は海抜 3777.72m であると言えるか．
9. 次の用語を説明せよ．
    (a) 絶対誤差，(b) 相対誤差
10. 絶対誤差が小さい近似値と相対誤差が小さい近似値とでは，正しい桁が多いのはどちらか．
11. 式 (1.42) のテイラー展開を用いて式 (1.41) の一般 2 項展開を導け．
12. 近似式 (1.35) を証明せよ．
13. w, x, y, z が 0 に近い微小な値であるとき，次式を w, x, y, z の 1 次式で近似せよ．
$$\frac{(1-x)(1+y)^3 \sqrt[3]{1-z}}{(1-w)^2}$$
14. 「桁落ち」とはどういう現象であるか．また，これを防ぐにはどうすればよいか．
15. 式 (1.42) のテイラー展開を用いて式 (1.52) を導け．

16. 指数関数 e^x を計算するのに，式 (1.52) を使う場合と式 (1.58) を使う場合の計算の精度を実際に計算機によって計算して比較せよ．正しい値の例をいくつか示す．

$$\begin{aligned}
e^1 &= 2.718281828459045\cdots & e^{-1} &= 0.3678794411714424\cdots \\
e^3 &= 20.08553692318767\cdots & e^{-3} &= 0.04978706836786395\cdots \\
e^6 &= 403.4287934927352\cdots & e^{-6} &= 0.002478752176666358\cdots \\
e^{10} &= 22026.46579480672\cdots & e^{-10} &= 0.00004539992976248486\cdots
\end{aligned}$$

17. 計算機による数値計算によっても必ずしも精度のよい結果が得られないことがあるのはなぜか．

第2章

べき乗と多項式

本章では式の計算として最も基礎となる多項式の計算を通して，計算機による計算の効率や組織的なプログラミング技法について学ぶ．最初にべき乗の効率的な計算手法について述べ，次に多項式を計算する種々の方法を紹介し，それぞれ計算の効率が異なること示す．そしてより効率よく計算する方法と，より組織的にプログラミングする方法について述べる．

2.1 べき乗の計算

すべての計算機言語では数値の基本演算は加減乗除 $+, -, *, /$ の四則のみである．それ以外の演算（例えば三角関数 $\sin x, \cos x$，指数関数 e^x，対数 $\log x$ など）は四則演算を組み合わせて定義する必要がある．べき乗もその一つである．それでは x の n 乗 x^n を計算したいときはどうしたらよいであろうか．多くの計算機言語（あるいは電卓）ではこれを計算するためのプログラム（組込み関数）を内蔵しているが，そのほとんどは $\exp(n*\log(x))$ によって定義されている．これは恒等式

$$x^n = e^{n \log x} \tag{2.1}$$

に基づいている．これを計算するため指数関数 $\exp(x)$ と対数関数 $\log(x)$ も組込み関数として内蔵されていて，その内部ではテイラー展開（→ 第1章：例1.12）やその他の近似計算が実行されている．これらは四則計算を複雑に組み合わせたものであり，その実行に時間を要する．しかし，例えば x^2 や x^3 を計

算するのにそのような組込み関数を呼び出して実行する必要はなく，単に $x*x$, $x*x*x$ とするほうが実行が速い．単独の計算であれば実行時間を考慮する必要はほとんどないが，例えば反復計算において，それが何十万回も繰り返される場合は全体の実行時間に大きな影響を与える．したがって，常に効率的な計算を心がける必要がある．

それでは x^8 を計算するにはどうすればよいであろうか．これを $x*x*x*x*x*x*x*x$ とすると乗算が7回必要である．しかし，$x^8 = ((x^2)^2)^2$ であることに気がつけば，$x^2 = x*x$, $x^4 = x^2*x^2$, $x^8 = x^4*x^4$ として乗算3回で済むことができる．指数が2のべき乗ではない x^6 の場合は，$6 = 2+4$ であるから $x^2 = x*x$, $x^4 = x^2*x^2$ を計算してから $x^6 = x^4*x^2$ とすればよい．これを一般化すると次のようになる（これを自動的に実行する計算機もある）．

2進分解法 n を正整数として，x^n を次のように計算する．まず n を2進数で $a_k a_{k-1} \cdots a_1 a_0$ と表す（$a_k = 1, a_i = 0, 1, i = 0, 1, \ldots, k-1$）．そして次の値を計算する．

$$p_0 = x, \quad p_1 = (p_0)^2, \quad p_2 = (p_1)^2, \quad p_3 = (p_2)^2, \quad \ldots, \quad p_k = (p_{k-1})^2 \tag{2.2}$$

最後に $a_i = 1$ であるようなすべての i に対して p_i を掛け合わせる．

【例 2.1】 x^{27} を計算したい．$x^{27} = x*x*x*\cdots*x$ とすると26回の乗算が必要である．27は2進数では11011であるから（↪第1章：1.2.1項），$27 = 1+2+8+16$ である．べき指数を2進数のまま書くと x^{11011} となる．まず次の値を計算する．

$$\begin{aligned} p_0 &= x; \quad (= x^1) \\ p_1 &= p_0 * p_0; \quad (= x^{10}) \\ p_2 &= p_1 * p_1; \quad (= x^{100}) \\ p_3 &= p_2 * p_2; \quad (= x^{1000}) \\ p_4 &= p_3 * p_3; \quad (= x^{10000}) \end{aligned} \tag{2.3}$$

そして次のように x^{27} を計算する．

$$x^{27} = p_4*p_3*p_1*p_0; \quad (= x^{10000}x^{1000}x^{10}x^1 = x^{10000+1000+10+1} = x^{11011}) \quad (2.4)$$

必要な乗算は 7 回で済む．

2 進分解法を計算するために必要な乗算の回数を調べる．式 (2.2) を計算するのに乗算を k 回用いる．p_i の積を作るのに乗算を最大 k 回用いる．ゆえに最大 $2k$ 回の乗算を用いる．n は 2 進法では $k+1$ 桁の 2 進数 $a_k a_{k-1} \cdots a_1 a_0$ であるから，$2^k \leq n < 2^{k+1}$ である．2 を底とする対数をとると $k \leq \log_2 n < k+1$ となる．ゆえに $k = \lfloor \log_2 n \rfloor$ となる[1]．したがって次の命題を得る．

【命題 2.1】 x の n 乗 x^n は高々 $2\lfloor \log_2 n \rfloor$ 回の乗算で計算できる．

注意すべきことは，この計算法は実数のべき乗に限らないことである．例えば行列 $\boldsymbol{A}$ のべき乗 $\boldsymbol{A}^n$ を計算するときにもこのような工夫で計算時間を減らすことができる．計算時間の節約は行列 $\boldsymbol{A}$ のサイズが大きいほど顕著になる．ただし，2 進分解法は必ずしも「最適」，すなわち最も効率が良いというわけではない．例えば上の例 2.1 では x^{27} を計算するのに

$$x^3 = x*x*x; \quad x^9 = x^3*x^3*x^3; \quad x^{27} = x^9*x^9*x^9; \quad (2.5)$$

とすれば乗算が 6 回で済む．しかし，常に最適に計算する一般的な方法は知られていない．

2.2 多項式の計算

前節では単独のべき乗 x^n を計算する方法を考えたが，多項式

$$y = a_0 x^n + a_1 x^{n-1} + \cdots + a_{n-1} x + a_n \quad (2.6)$$

を計算するときは $x, x^2, \ldots, x^{n-1}, x^n$ のすべてが現れる．このとき，各べき乗を別々に例えば 2 進分解法で計算するのではなく，既に計算した値を用いて

---

[1] 床関数 $\lfloor x \rfloor$ は x を越えない最大の整数を表す．それに対して天井関数 $\lceil x \rceil$ は x 以上で最小の整数を表す．

残りの値を計算するなどの工夫によって全体として計算回数を減らすことができる．そのような工夫の具体的な例を示す．

【例 2.2】 次の多項式の計算を考える．

$$y = 2x^7 - 7x^6 + 12x^5 - 50x^4 - 2x^3 - 66x^2 - 60x + 54 \quad (2.7)$$

これを計算するのに

$$y = 2*x*x*x*x*x*x*x - 7*x*x*x*x*x*x + 12*x*x*x*x*x$$
$$-50*x*x*x*x - 2*x*x*x - 66*x*x - 60*x + 54; \quad (2.8)$$

とすると，乗算が 28 回，加減算が 7 回かかる．

明らかにこの方法は効率的ではない．そこで次の方法を考える．

【例 2.3】 式 (2.7) を計算するのに次のようにする．

$$x_2 = x*x; \quad x_3 = x_2*x; \quad x_4 = x_3*x; \quad x_5 = x_4*x; \quad x_6 = x_5*x; \quad x_7 = x_6*x;$$

$$y = 2*x_7 - 7*x_6 + 12*x_5 - 50*x_4 - 2*x_3 - 66*x_2 - 60*x + 54; \quad (2.9)$$

この結果，乗算が 13 回，加減算が 7 回となる．

この計算は合理的である．なぜなら，x^2 が必要なので $x*x$ の計算は必要である．また x^3 も必要であるが，これは既に計算した x^2 を用いて x^2*x と 1 回の乗算で計算できる．さらに x^4 も必要であるが，これは既に計算した x^3 を用いて x^3*x と 1 回の乗算で計算できる．以下同様にして，$x^2, x^3, \ldots, x^n$ がそれぞれ 1 回の乗算で計算できる．したがって，これ以上乗算の回数を減らすことができないように思える．しかし，次の例のようにさらに減らすことができる．

【例 2.4】 式 (2.7) は次のように書き直せる．

$$y = ((((((2x - 7)x + 12)x - 50)x - 2)x - 66)x - 60)x + 54 \quad (2.10)$$

したがって，内部のかっこ内から順に次のように計算できる．

$$
\begin{aligned}
&y = 2; \\
&y = y*x - 7; \\
&y = y*x + 12; \\
&y = y*x - 50; \\
&y = y*x - 2; \\
&y = y*x - 66; \\
&y = y*x - 60; \\
&y = y*x + 54;
\end{aligned}
\tag{2.11}
$$

これは乗算 7 回,加減算 7 回で計算できる.

これは**ホーナー法**と呼ばれ,多項式を計算する標準的な方法である.それではこれよりさらに計算回数を減らすことはできないであろうか.それは可能である.

【例 2.5】 式 (2.7) は次のように書き直せる.

$$y = (x^2 + 5)((x^2 + 3)((x^2 - 2)(2x - 7) - 8) - 9) + 9 \tag{2.12}$$

したがって,内部から順に次のように計算できる.

$$
\begin{aligned}
&x_2 = x*x; \\
&y = 2*x - 7; \\
&y = (x_2 - 2)*y - 8; \\
&y = (x_2 + 3)*y - 9; \\
&y = (x_2 + 5)*y + 9;
\end{aligned}
\tag{2.13}
$$

これは乗算 5 回,加減算 7 回で計算できる.

これは**クヌースの方法**と呼ばれる (→ ノート 2.1).これにより計算回数が減少するが,どうやって式 (2.7) を式 (2.13) のように変形したのであろうか.実はこれは,このような変形を行うアルゴリズムが存在し,そのプログラムを用いて計算したものである.しかし,そのプログラムの実行に時間がかかる.そのように時間を費やして計算回数を減らして意味があるのであろうか.

これは大いに意味がある．というのは，多項式の計算は通常は関数プログラムとして他のプログラムの内部に置かれる．そしてメインプログラムの実行過程で何度も呼び出される．したがって，プログラム作成に時間がかかったとしても，いったんプログラムとして書かれれば，その実行が高速化される．特に商用プログラムやシステム制御プログラムではでき上がったプログラムの実行速度が速いことが非常に重要であり，そのプログラムの開発に時間がかかることはあまり問題ではない．このような最終的なプログラムの実行を高速化するための処理は**前処理**と呼ばれ，完成したプログラムが高速であれば前処理に時間を費やすことは問題ではない．

　さて，このような前処理による以上に高速化することはできないであろうか．例えば式 (2.7) の場合，計算回数を例 2.4 の乗算と加減算の合計 12 回より減らすことはできないであろうか．これは「計算回数」を計算の「ステップ数」と解釈すれば可能であり，次の例のように「5 回」で計算できる．

【例 2.6】 式 (2.7) は次のように書き直せる．

$$y = x^5(2x^2 - (7x - 12)) - (x^3(50x + 2) + (66x^2 + (60x - 54))) \tag{2.14}$$

これを次のように各ステップでそれぞれの計算を**並列**に実行する．

1. $x_2 = x*x;$　　$y_1 = 7*x;$　　$y_2 = 50*x;$　　$y_3 = 60*x;$
2. $x_3 = x_2*x;$　　$y_4 = 2*x_2;$　　$y_5 = y_1 - 12;$　　$y_6 = y_2 + 2;$　　$y_7 = 66*x_2;$
　$y_8 = y_3 - 54;$
3. $x_5 = x_3*x_2;$　　$y_9 = y_4 - y_5;$　　$y_{10} = x_3*y_6;$　　$y_{11} = y_7 + y_8;$
4. $y_{12} = x_5*y_9;$　　$y_{13} = y_{10} + y_{11};$
5. $y = y_{12} - y_{13};$

$$\tag{2.15}$$

このように 5 回の計算ステップで実行できる．

　今日のスーパーコンピュータでは複数のプロセッサーを用意し，それぞれ独立に実行して計算速度を向上させている．このように**並列処理**を用いれば非常に高速に計算できる．ただし，並列処理ですべての計算が高速化できるわけではない．高速化のためにはプログラムを「相互に独立な計算」に書き直さなけ

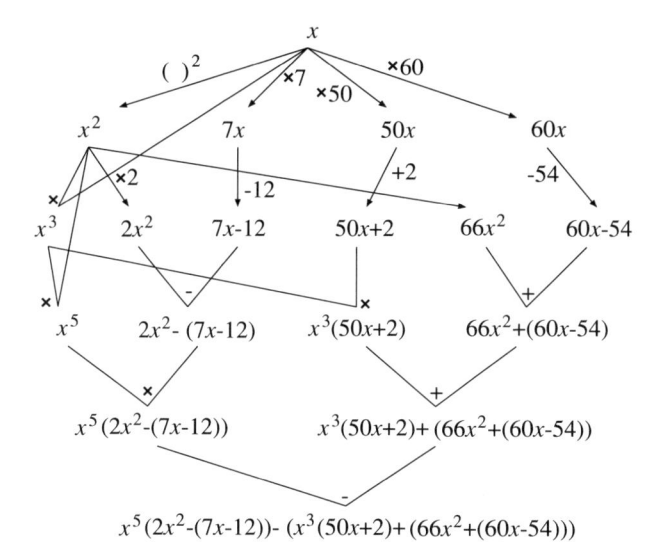

図 2.1 式 $y = x^5(2x^2 - (7x - 12)) - (x^3(50x + 2) + (66x^2 + (60x - 54)))$ の並列計算の流れ．

ればならない．これが可能となる典型がベクトルの計算であり，専用のマシンを使って多数の要素からなるベクトルの和をそれぞれの要素ごとに独立に同時に足すことができる．このような計算はベクトルや行列の計算を多く扱うコンピュータグラフィクスで多く用いられている．画像処理用のコンピュータでも各画素ごとにプロセッサーが用意され，指定した演算をすべての画素で同時に実行できるものもある．しかし，多項式の計算ではある部分の計算が終わらなければ次の計算が実行できないことが多い．例 2.4 のホーナー法はその典型である．それを同時に計算できる部分が多くなるように書き直したのが式 (2.14) である．式 (2.15) の計算の流れは図 2.1 のようになる．もちろんこのような並列処理のための書換えも，そのための計算プログラムを前処理として実行する必要がある．式 (2.14) は**フィボナッチ分割**と呼ばれるアルゴリズムによって導いたものである（↪ ノート 2.1）．

ノート 2.1 一般の n 次多項式

$$y = a_0 x^n + a_1 x^{n-1} + \cdots + a_{n-1} x + a_n \tag{2.16}$$

を例2.2のように計算すると乗算 $n(n+1)/2$ 回，加減算 n 回が必要である．これを例2.3のようにすると乗算 $2n-1$ 回，加減算 n 回に減る．例2.4のホーナー法ではさらに乗算 n 回，加減算 n 回になる．

例2.5のクヌースの方法は式 (2.16) を次のように分解するものである．

$$\begin{aligned} y &= (x^2+b_1)f_1(x)+c_1 \\ f_1(x) &= (x^2+b_2)f_2(x)+c_2 \\ f_2(x) &= (x^2+b_3)f_3(x)+c_3 \\ &\cdots \end{aligned} \qquad (2.17)$$

これを $f_i(x)$ が2次式または1次式になるまで行う．そして，まず $x_2 = x*x$ を計算し，式 (2.17) を下から順に計算する．この結果，乗算 $\lfloor n/2 \rfloor + 2$ 回，加減算 n 回となり，n が大きいときは乗算がホーナー法の約半分になる．

例2.6のフィボナッチ分割は次のように行う．**フィボナッチ数**とは初期値 $F_0 = 0$，$F_1 = 1$ から始めて漸化式 $F_k = F_{k-1} + F_{k-2}$ によって定義される数列である．$F_2 = 1, F_3 = 2, F_4 = 3, F_5 = 5, \ldots$ のように引き続く項の和が次の項になっている．与えられた n を越えない最大のフィボナッチ数を F_i とするとき，式 (2.16) を次のように分解する．

$$y = x^{F_i} f(x) + g(x) \qquad (2.18)$$

ここに $f(x)$ は $n-F_i$ 次式，$g(x)$ は $F_i - 1$ 次式である．そして，$f(x), g(x)$ はまた同様にして再帰的に式 (2.18) を定数項になるまで分類する．このようにすると n が大きいとき計算のステップ数は約 $1.44 \log_2 n$ となることが知られている．

<u>ノート2.2</u>　クヌースの方法のような前処理の考え方はプログラミングのいろいろな場面で大切である．例えば式

$$y = \frac{3}{2}x + \frac{1}{4} \qquad (2.19)$$

を計算するプログラムを

$$y = (3.0/2.0)*x + 1.0/4.0; \qquad (2.20)$$

と書けば，乗除算が3回，足し算が1回必要である．しかし，これを

$$y = 1.5*x + 0.25; \qquad (2.21)$$

と書けば乗算1回，足し算1回になる．1回だけの計算なら演算回数が4回から2回になってもそれほどメリットはないかもしれないが，これが反復計算の一部であって，その反復が例えば10万回行われるとすると，演算が40万回から20万回に減るなら計算速度が大きく改善される．

あるいは次の計算を考えよう．

$$x = 2\sin t + 2\cos t, \qquad y = 4\sin t - 7\cos t \qquad (2.22)$$

これを計算するプログラムを

$$x = 2.0*\sin(t) + 2.0*\cos(t); \qquad y = 4.0*\sin(t) - 7.0*\cos(t); \qquad (2.23)$$

と書くのは実行時間の無駄になる．なぜなら組込み関数 sin や cos は例えばテイラー展開などの多くの四則演算によって計算されるからである．式 (2.23) では sin と cos の計算がそれぞれ 2 回ずつ，合計 4 回実行される．しかし，これを

$$s = \sin(t); \qquad c = \cos(t); \qquad x = 2.0*(s+c); \qquad y = 4.0*s - 7.0*c; \qquad (2.24)$$

と書けば sin と cos の実行はそれぞれ 1 回で済む．

今日の多くの計算機ではコンパイラ（プログラムを解釈して実行命令に変換するプログラム）が自動的にこのような無駄な計算を省いて効率的な計算手順に書き換えてくれる．この操作を**最適化**と呼ぶ．したがって，プログラマー自身がこのような最適化をあまり気にする必要はない．それどころか，計算の効率を考えてプログラムを工夫しすぎると，かえってプログラムの誤り（「バグ」）が生じる可能性もある．プログラマーは誤りのないプログラムを書くことを最優先すべきである．しかし，その範囲内で上に書いたような誰でも分かる無駄な計算をなくし，要領の良いプログラムを書くように心がけることは大切である．

2.3　ホーナー法の応用

例 2.4 のホーナー法は前処理を用いないとすれば多項式の最も効率的な計算法である．これは次のような考え方に基づいている．n 次多項式

$$y = a_0 x^n + a_1 x^{n-1} + \cdots + a_{n-1} x + a_n \qquad (2.25)$$

を計算することを考える．ここに $a_0, a_1, \ldots, a_n$ は与えられた係数列である．このような数列を用いる計算ではその**部分列** $a_0, a_1, \ldots, a_k, k < n$ を用いる計算を考えることがポイントである．最初の k 個の係数を用いると k 次多項式

$$y_k = a_0 x^k + a_1 x^{k-1} + \cdots + a_{k-1} x + a_k \qquad (2.26)$$

が定義される．次にこれが k を $k-1$ に減らしたものとどういう関係にあるかを考える．これが**再帰**と呼ぶ考え方であり，プログラミングの最も基本的な考え方の一つである．式 (2.26) を y_{k-1} と関係づけるには次のようにすればよい．

$$y_k = a_0 x^k + a_1 x^{k-1} + \cdots + a_{k-1} x + a_k$$
$$= (a_0 x^{k-1} + a_1 x^{k-2} + \cdots + a_{k-1}) x + a_k$$
$$= y_{k-1} x + a_k \tag{2.27}$$

この関係から，もし y_{k-1} が既に計算されているとすれば，この式から y_k が計算される．一方，$y_0 = a_0$ である．ゆえにこの**初期条件**から出発して，$k = 0, 1, 2, \ldots, n$ とすれば $y = y_n$ が計算できる．プログラム風に書くと次のようになる．

$$\begin{array}{l} y = a_0; \;\; /\text{*初期条件*}/ \\ \textbf{for} \;\; (k = 1, \ldots, n) \\ /\text{*}\, y_{k-1} \text{まで計算されている．*}/ \\ y = y*x + a_k; \\ /\text{*}\, y_k \text{まで計算された．*}/ \end{array} \tag{2.28}$$

これが例 2.4 に示したホーナー法に他ならない．この再帰による実行の原理は**数学的帰納法**と同じである．すなわち，初期条件として $y_0 = a_0$ の計算法を示した後で，y_{k-1} が既に計算されていると仮定したときの y_k を計算する方法を示している．なお，上の記述の /*..*/ 部分は実行に影響を与えないコメント文である．反復計算ではこのように，初期条件と各段階で何が計算されていると仮定しているかをコメント文で書いておくとよい．各 k の計算に 1 回の乗算と 1 回の加減算を用い，これを $k = 1, \ldots, n$ と繰り返すので，必要な演算は乗算が n 回，加減算が n 回である．

式 (2.27) を微分すると次のようになる．

$$y'_k = y'_{k-1} x + y_{k-1} \tag{2.29}$$

これは y'_{k-1} と y_{k-1} が計算されていると仮定したときの y'_k を計算する式である．したがって，数学的帰納法の考え方により，多項式 y とその導関数 y' を同時に計算するアルゴリズムが次のように得られる．

$$y' = 0; \quad \text{/* 初期条件*/}$$
$$y = a_0;$$
$$\textbf{for} \ (k = 1, \ldots, n)$$
$$\{\text{/*} \ y'_{k-1}, y_{k-1} \ \text{まで計算されている．*/} \tag{2.30}$$
$$y' = y'*x + y;$$
$$y = y*x + a_k;$$
$$\text{/*} \ y'_k, y_k \ \text{まで計算された．*/}\}$$

各 k の計算に 2 回の乗算と 2 回の加減算を用い，これを $k = 1, \ldots, n$ と繰り返すので，必要な演算は乗算が $2n$ 回，加減算が $2n$ 回である．

2.4　繰り返し計算アルゴリズムの構成法

　前節の考え方は多項式の計算だけではなく，さまざまに応用できる．ポイントは k 段階までの途中式を $k - 1$ 段階に帰着（再帰）させることである．そして，$k - 1$ に対して既に計算が行われていると仮定して k に対する計算式を書くことができる．これを $k = 0$（または $k = 1$）に対する初期条件から順に実行すればよい．いくつかの例を示す．

【例 2.7】 n の階乗 $n! = n(n-1)(n-2)\cdots 1$ の計算を考える．途中式の $k!$ を考えると $k! = k(k-1)(k-2)\cdots 1 = k(k-1)!$ であるから，この関係によって，$(k-1)!$ が計算されているとすれば $k!$ が計算できる．これから次のようなプログラムが得られる．

$$Fact = 1; \quad \text{/* 初期条件*/}$$
$$\textbf{for} \ (k = 2, \ldots, n)$$
$$\text{/*} \ Fact = (k-1)! \ \text{が計算されている．*/} \tag{2.31}$$
$$Fact = k*Fact;$$
$$\text{/*} \ Fact = k! \ \text{まで計算された．*/}$$

【例 2.8】 与えられた数列 $a_1, a_2, \ldots, a_n$ の和 $S = a_1 + a_2 + \cdots + a_n$ を計算したい．最初から k 項までの部分和 $S_k = a_1 + a_2 + \cdots + a_k$ を考えると，$S_k =$

$S_{k-1} + a_k$ であるから，S_{k-1} が計算されているとすれば S_k が計算できる．これから次のようなプログラムが得られる．

$$\begin{aligned}&S = a_1; \quad \text{/* 初期条件 */}\\&\textbf{for} \ (k = 2, \ldots, n)\\&\text{/*} \ k - 1 \ \text{項までの部分和} \ S \ \text{が計算されている．*/}\\&\quad S = S + a_k;\\&\text{/*} \ k \ \text{項までの部分和} \ S \ \text{が計算された．*/}\end{aligned} \qquad (2.32)$$

【例 2.9】 与えられた数列 $a_1, a_2, \ldots, a_n$ の最大値 T を探したい．最初から k 項までの最大値を T_k とすると，これは $k - 1$ 項までの最大値 T_{k-1} と a_k の大きいほうの値である．これから次のようなプログラムが得られる．

$$\begin{aligned}&T = a_1; \quad \text{/* 初期条件 */}\\&\textbf{for} \ (k = 2, \ldots, n)\\&\text{/*} \ k - 1 \ \text{項までの最大値} \ T \ \text{が計算されている．*/}\\&\quad \textbf{if} \ (a_k > T) \ T = a_k;\\&\text{/*} \ k \ \text{項までの最大値} \ T \ \text{が計算された．*/}\end{aligned} \qquad (2.33)$$

【例 2.10】 次の指数関数のテイラー展開（$\hookrightarrow$ 第 1 章：1.4 節の式 (1.52)）を新たに加える項の絶対値が十分小さい数 ϵ 以下になるまで計算したい．

$$e^x = 1 + x + \frac{x^2}{2!} + \frac{x^3}{3!} + \frac{x^4}{4!} + \cdots = \sum_{k=0}^{\infty} \frac{x^k}{k!} \qquad (2.34)$$

いま第 k 項までの部分和 $s_k = t_0 + t_1 + \cdots + t_k$ が計算されているとする．ただし，$t_k = x^k/k!$ である．この第 k 項 t_k は

$$t_k = \frac{x^k}{k!} = \frac{x}{k} \frac{x^{k-1}}{(k-1)!} = \frac{x}{k} t_{k-1} \qquad (2.35)$$

のように第 $k - 1$ 項 t_{k-1} によって表せる．これから次のようなプログラムが得られる．

```
t = 1.0;
s = 1.0;  /* 初期条件*/
k = 1;
while (|t| ≥ ε)
{/*k − 1項までの部分和が計算されている．*/              (2.36)
    t = t*x/k;
    s = s + t;
    k = k + 1;
/*k項までの部分和が計算された．*/}
```

このようにして得られた e^x の絶対誤差はほぼ ϵ となる．というのは，収束する級数の和では加える項が急速に 0 に収束し，まだ加えていない項のすべての和は普通は最後に加えた項の大きさあるいはそれ以下となるからである．第1章では誤差として有限桁への丸めによる誤差（**丸め誤差**という）を考えたが，このような無限和を途中で打ち切ったために生じる誤差は区別して**打ち切り誤差**と呼ぶ．もしほぼ d 桁まで正しい値を求めたいなら相対誤差を評価して **while** $(|t| \geq \epsilon)$ を **while** $(|t/s| \geq 10^{-d})$ に変えればよい．もちろん第1章で述べたように，上記の計算が適切なのは $x > 0$ の場合であり，$x < 0$ の場合は例 1.12 の式 (1.58) のように行うのがよい．

練習問題

1. 式 (2.1) を証明せよ．
2. 2進分解法を用いて x^{22} を計算する方法を示せ．
3. 例 2.2 の方法で式 (2.6) の一般の n 次式を計算すると，乗算が $n(n+1)/2$ 回，加減算が n 回必要であることを示せ．
4. 例 2.3 の方法で式 (2.6) の一般の n 次式を計算すると，乗算が $2n-1$ 回，加減算が n 回必要であることを示せ．
5. クヌースの方法で一般の n 次式を計算すると，乗算が $\lfloor n/2 \rfloor + 2$ 回，加減算が n 回必要であることを示せ．
6. 前処理とはどういうことか．
7. ユーザーが入力した値 x, y に対して漸化式

$$a_k = 2a_{k-1} - 3a_{k-2}, \quad a_0 = x, \quad a_{-1} = y$$

によって定まる数列 $a_1, a_2, \ldots, a_n$ を計算するのに並列計算を行えば何ステップで計算できるか.

8. 2.3 節の方法により次の 8 次式 $f(x)$ とその導関数 $f'(x)$ の値を $x = 0, 0.1, 0.2, \ldots, 0.9, 1.0$ に対して計算せよ.

$$f(x) = a_0 x^8 + a_1 x^7 + a_2 x^6 + a_3 x^5 + a_4 x^4 + a_5 x^3 + a_6 x^2 + a_7 x + a_8$$

$a_0 = -0.0064535, \quad a_1 = 0.0360885, \quad a_2 = -0.0953294,$
$a_3 = 0.1676541, \quad a_4 = -0.2407338, \quad a_5 = 0.3317990,$
$a_6 = -0.4998741, \quad a_7 = 0.9999964, \quad a_8 = 0.0000000$

この関数 $f(x)$ は $\log(1+x)$ の近似式である. したがって $f'(x)$ は $1/(x+1)$ を近似している. 計算した $f(x), f'(x)$ がどの程度よく $\log(1+x), 1/(x+1)$ を近似しているかを調べよ.

9. 2.3 節の方法にならって, n 次多項式 $f(x)$ とその導関数 $f'(x)$ と 2 階の導関数 $f''(x)$ を同時に計算するホーナー法の手順を導け.

10. ほとんどのプログラミング言語では, 加減乗除 $+, -, *, /$, 平方根 $\sqrt{x}$, 立方根 $\sqrt[3]{x}$, 三角関数 $\sin x, \cos x, \tan x$, 逆三角関数 $\sin^{-1} x, \cos^{-1} x, \tan^{-1} x$, 指数関数 e^x, 対数関数 $\log x$ が基本演算として用意されているが, べき乗 x^n が含まれていないものもある. これはなぜか.

第 3 章

方程式の解

本章では方程式の解を計算機で計算するための反復解法について学ぶ．まず代表的なニュートン法と呼ぶ方法を取り上げ，その反復の意味と終了条件について学ぶ．さらにその収束の様子と解の正しい桁数の増加の関係を数学的に記述する．次に多項式の割り算，組立除法，および剰余定理について述べ，ニュートン法による多項式の根の計算法と結びつける．ニュートン法は方程式の微分を用いるものであるが，微分を用いない反復法として2分法およびはさみうち法について述べる．

3.1 ニュートン法

3.1.1 反復公式

方程式 $f(x) = 0$ の解を計算することを考える．そのためには xy 平面上の曲線 $y = f(x)$ と x 軸との交点を計算すればよい．図 3.1 のように曲線 $y = f(x)$ と x 軸との交点を $x = \alpha$ とする．解 α の近くの点 $x = x_0$ での y の値は $f(x_0)$ である．点 $(x_0, f(x_0))$ におけるこの曲線の接線の傾きは $f'(x_0)$ である．その接線が x 軸と交わる点を x_1 とする．図 3.1 から接線の傾きは次のように書ける．

$$f'(x_0) = \frac{f(x_0)}{x_0 - x_1} \tag{3.1}$$

これから $x_0 - x_1 = f(x_0)/f'(x_0)$ が得られ，x_1 について解くと次のようになる．

$$x_1 = x_0 - \frac{f(x_0)}{f'(x_0)} \tag{3.2}$$

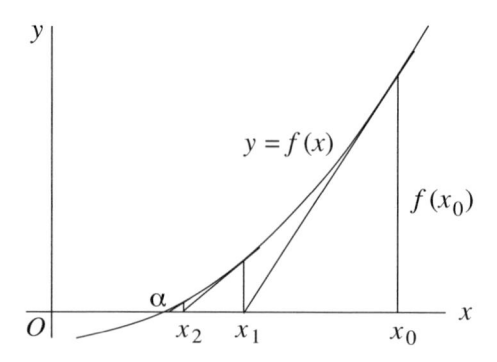

図 3.1 ニュートン法の反復. 点 $(x_0, f(x_0))$ における接線の傾きは $f'(x_0) = f(x_0)/(x_0 - x_1)$ となる.

図 3.1 から分かるように，x_1 は x_0 より解 α に近い．$x = x_1$ に対する曲線 $y = f(x)$ 上の点 $(x_1, f(x_1))$ における接線を引き，それと x 軸との交点を x_2 とすると解 α にさらに近い．これを繰り替えして $x_0, x_1, x_2, x_3, ...$ を計算すれば解 α に限りなく近い値が計算できる．この計算法をニュートン（・ラフソン）法と呼ぶ．すなわち，適当に与えた初期値 x_0 から出発して，式 (3.2) の関係を繰り返し，漸化式

$$x_k = x_{k-1} - \frac{f(x_{k-1})}{f'(x_{k-1})} \tag{3.3}$$

を $k = 1, 2, 3, ...$ と計算するものである．

3.1.2 終了条件

問題はどこで終了するか，すなわち**終了条件**をどうするかである．例えば n 個の数値の最大値を求める計算ではすべての数値を比較し終われば終了であるが，ニュートン法のような反復計算では反復が無限に続いて終了しない．このようなときは，解がほとんど変化しなくなったときに終了する．「解がほとんど変化しなくなる」ことを**収束**と呼び，それを判定する条件を**収束条件**と呼ぶ．しかし，そのような判定の仕方は一通りではない．よく用いられる方法に次のようなものがある．

絶対誤差による判定 絶対誤差がある指定した大きさ ϵ 以下になったら反復を

終了する．絶対誤差とは真の値との差の絶対値であるが（→第1章：1.3.1項），真の値は不明である．そこで，次の判定に置き換える

$$|x_k - x_{k-1}| < \epsilon \tag{3.4}$$

そして，これが満たされたとき収束したとみなす．プログラム風に書くと次のようになる．

$$\begin{aligned} &x = x_0; \\ &\textbf{do} \\ &\{\, t = f(x)/f'(x); \\ &\phantom{\{\,} x = x - t; \\ &\}\ \textbf{while}\ (|t| \geq \epsilon); \end{aligned} \tag{3.5}$$

このようにして反復を打ち切ったときの x の値と真の解 α との違いを**打ち切り誤差**と呼ぶ（→第2章：例2.10）．式(3.4)によって打ち切ると，x の打ち切り誤差はほぼ ϵ である．なぜなら，反復を1ステップ進めて生じる解の変化量は反復ごとに急速に減少するので，あるステップ以降を無限に反復して得られる解の変化の合計は，直前のステップと現在のステップとの解の変化量にほぼ等しいとみなせるからである．したがって，得られる解 x と真の解 α に対して $|x - \alpha| \approx \epsilon$ が成り立つ．

相対誤差による判定 計算値 x が d 桁正しくなったら打ち切ることも可能である．そのためには相対誤差が 10^{-d} 以下になったとき反復を終了させればよい（→第1章：1.3.1項）．相対誤差とは絶対誤差の真の値との比であり，真の値は不明である．そこで，次の判定に置き換える．

$$\frac{|x_k - x_{k-1}|}{|x_k|} < 10^{-d} \tag{3.6}$$

そして，これが満たされたときに停止する．プログラム風に書くと次のようになる．

$$x = x_0;$$
$$\textbf{do}$$
$$\{\, t = f(x)/f'(x);$$
$$x = x - t;$$
$$\}\ \textbf{while}\ (|t|/|x| \geq 10^{-d}); \tag{3.7}$$

前述のように，絶対誤差はほぼ $|x_k - x_{k-1}|$ であると見なせるので，最後に計算した x_k が真値に近いとすれば式 (3.6) の左辺が相対誤差の近似となる．ゆえに得られる解 x はほぼ d 桁正しい（↪ 第 1 章：命題 1.1）．ただし，この判定を使うためには解 α が 0 でないことが既知でなければならない．もし x_k が 0 に近づくと式 (3.6) の左辺でオーバーフローが生じたり，いつまでも条件が満たされない可能性がある．

関数値による判定 $f(x) = 0$ となる x を求めたいのであるから，$f(x_k) \approx 0$ となったとき終了することもできる．それには，ある微小な値 δ を定め，

$$|f(x_k)| < \delta \tag{3.8}$$

となれば反復を打ち切ればよい．プログラム風に書くと次のようになる．

$$x = x_0;$$
$$\textbf{while}\ (|f(x)| \geq \delta)$$
$$\{\, t = f(x)/f'(x);$$
$$x = x - t;$$
$$\} \tag{3.9}$$

解 $x = \alpha$ そのものを正確に求めることが目的ではなく，$f(x)$ の値が十分 0 に近い x を求めることが目的ならこの方法がよい．しかし，解 α そのものを正確に求めるには，$f(x)$ がどれだけ 0 に近ければよいのかをあらかじめ見積もることは一般には難しい．また，δ をあまりにも小さく設定すると，式 (3.8) を満たすまでの反復回数が非常に多くなったり，x を有限精度で計算するためにいつまでも式 (3.8) が満たされないということも起きる．

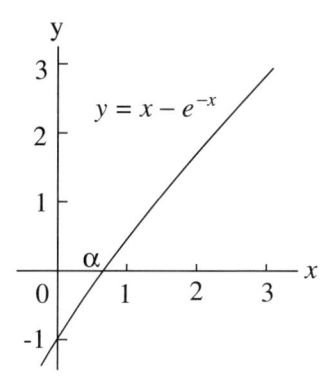

図 3.2 曲線 $y = x - e^{-x}$ は x 軸と $0 < \alpha < 1$ の $x = \alpha$ で交わる.

【**例 3.1**】 次の方程式を考える.

$$x = e^{-x} \tag{3.10}$$

これを $f(x) = 0$ の形に書くには次の関数 $f(x)$ を定義すればよい.

$$f(x) = x - e^{-x} \tag{3.11}$$

この関数のグラフは図3.2のようになる．グラフから解 $x = \alpha$ は $x = 0$ に近いことが分かる．そこで初期値を $x_0 = 0$ とする．式 (3.11) を微分すると次のようになる.

$$f'(x) = 1 + e^{-x} \tag{3.12}$$

解の精度をほぼ $\pm 10^{-6}$ まで計算するとすれば，プログラム風に書くと次の手順となる.

$$
\begin{array}{l|l}
x = 0; & F(x) \\
\textbf{do} & \{\, e = \exp(-x); \\
\quad \{\, t = F(x); & \quad f = x - e; \\
\quad\quad x = x - t; & \quad f' = 1 + e; \\
\quad \}\ \textbf{while}\ (|t| \geq 10^{-6}); & \quad \textbf{return}\ f/f'; \\
& \}
\end{array}
\tag{3.13}
$$

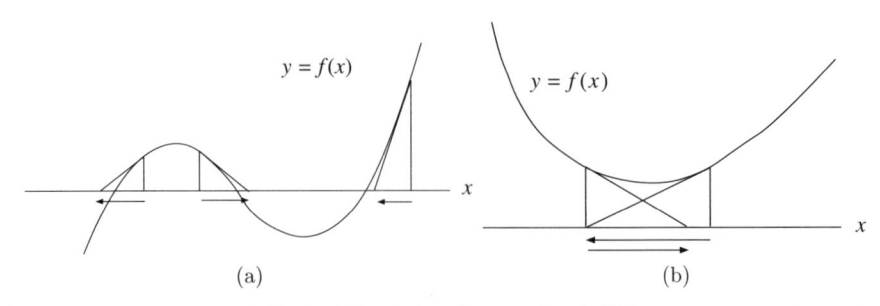

図 3.3 (a) $f(x) = 0$ が複数の解を持つとき，得られる値は初期値による．(b) $f(x) = 0$ が解を持たないとき，ニュートン法の反復は収束しない．

このように関数 $F(x)$ を定義すれば組込み関数 $\exp()$ が $f(x)$ と $f'(x)$ で別々に計算される無駄を省くことができる．

ノート 3.1　上記の例のように，解を計算する前に関数のグラフの概形を描いて，解がどの範囲にあるかの見当をつけておくことが大切である．そうしないと解が複数存在するかもしれないし（図 3.3(a)），まったく存在しないかもしれない（図 3.3(b)）．解が複数あれば初期値から近いある一つの値に収束し（図 3.3(a)），解が存在しなければ反復が終了しない（図 3.3(b)）．

ノート 3.2　関数 $f(x)$ の**定義域**，すなわち $f(x)$ が定義できる x 軸上の領域に注意しなければならない．例えば $\log x$ の定義域は $x > 0$ であり，$\sqrt{x}$ の定義域は $x \geq 0$ である．したがって $\log(1-x)$ の定義域は $x < 1$ であり，$\sqrt{1-x^2}$ の定義域は $-1 \leq x \leq 1$ である．しかし，反復が途中で定義域を越えることがある（図 3.4）．このときは計算が続行できない．これを防ぐためには反復の度に定義域を越えたかどうかを判定し，越えたら定義域内に戻すような工夫が必要となる．ただし，そのための一般的な方法は存在しない．

ノート 3.3　数値計算では「収束」という言葉が習慣的に用いられるが，数学的には厳密な定義は次のとおりである．数列 $\{x_k\}$ が値 α に**収束する**とは，任意に正の定数 ϵ を与えたとき，ある整数 N が存在して，$k > N$ となるすべての k に対して $|x_k - \alpha| < \epsilon$ が成り立つことである．これを $\lim_{k \to \infty} x_k = \alpha$ と書く．

数列 $x_0, x_1, x_2, \ldots$ は任意に正の定数 ϵ を与えたとき，ある整数 N が存在して，$k, m > N$ のすべての k, m に対して $|x_k - x_m| < \epsilon$ であるとき，**コーシー列**（または**基本列**）と呼ぶ．数列が収束する必要十分条件はそれがコーシー列であることである（**コーシーの収束定理**）．

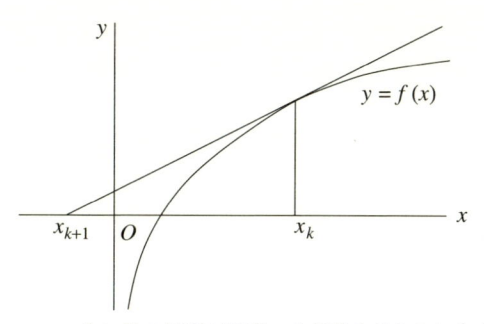

図 3.4 ニュートン法の反復が関数の定義域を越えることがある．

3.2 ニュートン法の収束

方程式 $f(x) = 0$ の求めたい解を $x = \alpha$ とし，k 回目の反復の値 x_k との誤差を

$$\varepsilon_k = \alpha - x_k \tag{3.14}$$

と置く．すなわち $\alpha = x_k + \varepsilon_k$ とする．これは $f(x) = 0$ の解であるから $f(x_k + \varepsilon_k) = 0$ である．近似値 x_k は α にかなり近い，すなわち $|\varepsilon_k|$ はかなり小さいとして，テイラー展開すると次のようになる（↪ ノート 3.4）．

$$0 = f(x_k + \varepsilon_k) = f(x_k) + f'(x_k)\varepsilon_k + \frac{1}{2!}f''(x_k + \theta\varepsilon_k)\varepsilon_k^2 \tag{3.15}$$

ただし $0 < \theta < 1$ である．これから ε_k が次のように表せる．

$$\varepsilon_k = -\frac{f(x_k)}{f'(x_k)} - \frac{f''(x_k + \theta\varepsilon_k)}{2f'(x_k)}\varepsilon_k^2 \tag{3.16}$$

ゆえに α が次のように書ける．

$$\alpha = x_k + \varepsilon_k = x_k - \frac{f(x_k)}{f'(x_k)} - \frac{f''(x_k + \theta\varepsilon_k)}{2f'(x_k)}\varepsilon_k^2 \tag{3.17}$$

$k+1$ 回目の反復の値 x_{k+1} との誤差を ε_{k+1} とすれば

$$\alpha = x_{k+1} + \varepsilon_{k+1} \tag{3.18}$$

であり，ニュートン法の反復の公式は $x_{k+1} = x_k - f(x_k)/f'(x_k)$ である．ゆえに式 (3.17), (3.18) より ε_{k+1} が次のように書ける．

$$\varepsilon_{k+1} = -\frac{f''(x_k + \theta \varepsilon_k)}{2f'(x_k)}\varepsilon_k^2 \tag{3.19}$$

関数 $f(x)$ が連続かつ滑らかであり，$f'(\alpha) \neq 0$ であれば，$x = \alpha$ の近傍で

$$\left|\frac{f''(x_k + \theta \varepsilon_k)}{2f'(x_k)}\right| \approx \left|\frac{f''(\alpha)}{2f'(\alpha)}\right| \ (\equiv K) \tag{3.20}$$

と書ける．ここに K は関数 $f(x)$ と解 α のみにより，ニュートン法の反復には無関係な定数である．ゆえに式 (3.19) から次のことが分かる．

$$|\varepsilon_{k+1}| \approx K|\varepsilon_k|^2 \tag{3.21}$$

ニュートン法の反復 $x_0, x_1, x_2, ...$ が解 α に収束すれば，各ステップの誤差 $\varepsilon_0, \varepsilon_1, \varepsilon_2, ...$ は 0 に収束する．式 (3.21) は $k+1$ 回目の誤差の大きさ $|\varepsilon_{k+1}|$ が k 回目の誤差の大きさ $|\varepsilon_k|$ の **2 乗に比例**することを表している．このような収束を **2 次収束**と呼ぶ．

例えば x_k が小数点以下 m 桁正しいとする．これは $|\varepsilon_k| \approx 10^{-m}$ ということである．すると $|\varepsilon_{k+1}| \approx K \times 10^{-2m}$ である．普通 K のオーダーはほぼ 1 程度であるから，これは x_{k+1} は「小数点以下 $2m$ 桁正しい」ことになる．このように，小数点以下の**正しい桁が反復するごとにほぼ 2 倍**になる．これが 2 次収束の特徴である．したがって次のように言える．

【命題 3.1】ニュートン法は通常は 2 次収束し，解に近い初期値から出発すれば小数点以下の正しい桁が反復ごとにほぼ 2 倍になる．

【例 3.2】与えられた正数 a の平方根 $\sqrt{a}$ を四則演算のみで計算したい．平方根 $\sqrt{a}$ は方程式 $x^2 - a = 0$ の解である．そこで

$$f(x) = x^2 - a, \qquad f'(x) = 2x \tag{3.22}$$

と置いて，ニュートン法の反復公式 (3.3) を作ると次のようになる．

表 3.1 $\sqrt{2}$ の計算．小数点以下の正しい桁（下線）が反復の度にほぼ 2 倍になる．

k	x_k
0	1.000000000000000
1	1.500000000000000
2	1.416666666666667
3	1.414215686274510
4	1.414213562374690
5	1.414213562373095

$$x_k = x_{k-1} - \frac{f(x_{k-1})}{f'(x_{k-1})} = x_{k-1} - \frac{x_{k-1}^2 - a}{2x_{k-1}} = x_{k-1} - \frac{x_{k-1}}{2} + \frac{a}{2x_{k-1}}$$
$$= \frac{1}{2}\left(x_{k-1} + \frac{a}{x_{k-1}}\right) \tag{3.23}$$

例えば $a = 2$ の場合の $\sqrt{2}$ を計算してみる．初期値 $x_0 = 1$ から出発して倍精度で計算すると，反復は表 3.1 のようになり，5 回で収束する．下線は小数点以下の正しい桁であり，反復の度にほぼ 2 倍に増えている．古代バビロニア人もこの方法で平方根を計算していたと言われ，今日でも電卓ではこの方法，あるいはその変形によって平方根を計算している．

この例から分かるようにニュートン法の収束は非常に速く，小数点以下 1 桁目が正しくなれば，以下のステップでほぼ 2 桁，4 桁，8 桁，16 桁となるので，倍精度計算ではこれで終了である．ニュートン法の反復が数十回とか数百回ということはあり得ない．

ノート 3.4 滑らか，すなわち何階でも微分可能な関数 $f(x)$ の**テイラー展開**は次のようになる．($\hookrightarrow$ 第 1 章：ノート 1.1)

$$f(x+h) = f(x) + f'(x)h + \frac{1}{2!}f''(x)h^2 + \frac{1}{3!}f'''(x)h^3 + \cdots + \frac{1}{(n-1)!}f^{(n-1)}h^{n-1} + R_n \tag{3.24}$$

ただし $f^{(k)}(x)$ は $f(x)$ の k 階微分を表す．最後の R_n は**剰余項**と呼ばれ，次のように表せる（**テイラーの定理**）．

$$R_n = \frac{1}{n!}f^{(n)}(x+\theta h)h^n, \ 0 < \theta < 1 \tag{3.25}$$

ノート 3.5 関数 $f(x)$ が $x = \alpha$ において**連続**であるとは $\lim_{x \to \alpha} f(x) = f(\alpha)$ が成り立つことである．この $\lim_{x \to \alpha}$ の意味を正確に述べると次のようになる．「任

意の正数 ϵ に対してある正数 δ が存在し，x が $|x-\alpha|<\delta$ となる区間において $|f(x)-f(\alpha)|<\epsilon$ が成り立つ」．

ノート**3.6**　ニュートン法によって $f(x)=0$ の解 α を求めるときは通常は $f'(\alpha)\neq 0$ を仮定している．すなわち $y=f(x)$ のグラフが $x=\alpha$ において x 軸を「横切る」と仮定している．このとき，$f''(x)/2f'(x)$ が $x=\alpha$ で連続であれば $f''(\alpha)/2f'(\alpha)=K$ とするとき，任意の正数 ϵ に対してある δ が存在して，x の $|x-\alpha|<\delta$ の区間で $|f''(x)/2f'(x)-f''(\alpha)/2f'(\alpha)|<\epsilon$，すなわち $|f''(x)/2f'(x)-K|<\epsilon$ が成り立つ．ゆえにその区間で $f''(x)/2f'(x)\approx K$ である．

ニュートン法は $f'(\alpha)=0$ となる解 α を求める場合，すなわち $y=f(x)$ のグラフが $x=\alpha$ において x 軸に「接する」場合にも用いることができるが，前述の2次収束の証明は成立しない．ゆえに命題3.1も成立しない．この場合は反復が収束するまで非常に時間がかかることがある．

3.3　多項式の解の計算

3.3.1　次数低下法

$f(x)$ が多項式のとき $f(x)=0$ の解を計算することを考える．このとき，$f(x)$ が n 次式であれば最大 n 個の解が存在する．したがって，一つの初期値から出発すると，その初期値に近いある一つの解 α しか求まらない．残りの解を求めるよく知られた方法は $f(x)$ を $x-\alpha$ で割り算して，$f(x)=(x-\alpha)g(x)$ となる $g(x)$ を求め，$g(x)=0$ の解を再びニュートン法で計算することである．これによって解 β が求まれば，$g(x)=(x-\beta)h(x)$ となる $h(x)$ を求めて $h(x)=0$ を解く．以下これを繰り返す．これを**次数低下法**と呼ぶ．

3.3.2　組み立て除法

関数 $f(x)$ を $x-c$ で割る手順は次のようになる．$f(x)$ が次の形の n 次式であるとする（$a_0\neq 0$）．

$$f(x)=a_0x^n+a_1x^{n-1}+\cdots+a_{n-1}x+a_n \tag{3.26}$$

これを $x-c$ で割るとは

$$f(x)=(x-c)g(x)+r \tag{3.27}$$

となる $n-1$ 次式（**商**）と定数 r（**余り**または**剰余**）を求めることである．そこで $g(x)$ を次のように置く．

$$g(x) = b_0 x^{n-1} + b_1 x^{n-2} + \cdots + b_{n-2} x + b_{n-1} \tag{3.28}$$

これを式 (3.27) に代入すると次のようになる．

$$\begin{aligned}
f(x) &= (x-c)(b_0 x^{n-1} + b_1 x^{n-2} + \cdots + b_{n-2} x + b_{n-1}) + r \\
&= b_0 x^n + b_1 x^{n-1} + b_2 x^{n-2} + \cdots + b_{n-1} x \\
&\quad - cb_0 x^{n-1} - cb_1 x^{n-2} - \cdots - cb_{n-2} x - cb_{n-1} + r \\
&= b_0 x^n + (b_1 - cb_0) x^{n-1} + (b_2 - cb_1) x^{n-2} + \cdots + (b_{n-1} - cb_{n-2}) x \\
&\quad + (r - cb_{n-1})
\end{aligned} \tag{3.29}$$

これと式 (3.26) を比較すると次のようになる．

$$a_0 = b_0, \quad a_1 = b_1 - cb_0, \quad a_2 = b_2 - cb_1, \quad \ldots,$$
$$a_{n-1} = b_{n-1} - cb_{n-2}, \quad a_n = r - cb_{n-1} \tag{3.30}$$

ゆえに $b_0, b_1, \ldots, b_{n-1}, r$ が次のように逐次的に求まる．

$$b_0 = a_0, \quad b_1 = b_0 c + a_1, \quad b_2 = b_1 c + a_2, \quad \ldots, \quad b_{n-1} = b_{n-2} c + a_{n-1},$$
$$r = b_{n-1} c + a_n \tag{3.31}$$

これを図式的に書くと次のようになる．

$c\,)$	a_0	a_1	a_2	$\cdots$	a_{n-1}	a_n
		$b_0 c$	$b_1 c$	$\cdots$	$b_{n-2} c$	$b_{n-1} c$
$+$	$\downarrow$	$\downarrow\;\nearrow$	$\downarrow\;\nearrow$	$\nearrow\;\cdots\;\nearrow$	$\downarrow\;\nearrow$	$\downarrow$
	b_0	b_1	b_2	$\cdots$	b_{n-1}	r

この手順を**組み立て除法**と呼ぶ．

【**例 3.3**】 多項式

$$f(x) = 3x^6 - x^5 - 8x^4 + 3x^3 - 10x^2 - 7x + 4 \tag{3.32}$$

を $x-2$ で割る．組み立て除法を用いると次のようになる．

$$
\begin{aligned}
3 &= 3 \\
3 \times 2 - 1 &= 5 \\
5 \times 2 - 8 &= 2 \\
2 \times 2 + 3 &= 7 \\
7 \times 2 - 10 &= 4 \\
4 \times 2 - 7 &= 1 \\
1 \times 2 + 4 &= 6
\end{aligned}
$$

2)	3	−1	−8	3	−10	−7	4
		6	10	4	14	8	2
+	↓↗	↓↗	↓↗	↓↗	↓↗	↓↗	↓
	3	5	2	7	4	1	│6

ゆえに次のように書ける．

$$f(x) = (x-2)(3x^5 + 5x^4 + 2x^3 + 7x^2 + 4x + 1) + 6 \tag{3.33}$$

3.3.3 剰余定理とホーナー法

式 (3.27) に $x = c$ を代入すると $f(x) = r$ となる．これから次の**剰余定理**と**因数定理**が得られる．

【定理 3.1】（剰余定理）多項式 $f(x)$ を $x-c$ で割った余りは $f(c)$ である．

【定理 3.2】（因数定理） 多項式 $f(x)$ が $x-c$ で割り切れる必要十分条件は $f(c) = 0$ である．

剰余定理より，$f(c)$ を計算するには $f(x)$ を組み立て除法によって $x-c$ で割った余り r を求めてもよい．式 (3.31) において，形式的に $r = b_n$ と置くと，$a_0, a_1, \ldots, a_n$ から $b_0, b_1, \ldots, b_n (= r)$ を計算する手順はプログラム風に書くと次のようになる．

$$
\begin{aligned}
&b_0 = a_0; \\
&\textbf{for} \quad (k = 1, \ldots, n) \\
&\quad b_k = b_{k-1} * c + a_k;
\end{aligned}
\tag{3.34}
$$

これと第 2 章：2.2 節の例 2.2 および 2.3 節の手順 (2.28) と比較すると，ホーナー法の手順と同じであることが分かる．すなわち，次のように言える．

3.3 多項式の解の計算

【命題 3.2】 多項式 $f(x)$ の $x = c$ における値 $f(c)$ をホーナー法で計算する手順は，組み立て除法で $f(x)$ を $x - c$ で割った余りを計算する手順と同一である．

このことから次のことが分かる．

【命題 3.3】 多項式 $f(x)$ の $x = c$ における値 $f(c)$ をホーナー法で計算すると，その過程で $f(x) = (x - c)g(x) + f(c)$ となる多項式 $g(x)$ の係数も同時に計算されている．

これを利用するとニュートン法の次数低下法が次のように実行できる．ある初期値 x_0 から出発して k 回目の反復で $x_k \approx x_{k-1}$ になったとする．このとき $f(x_k) \approx 0$ であるから，ニュートン法の反復公式 (3.3) の右辺の $f(x_k)$ の計算をホーナー法で計算しているとすれば，その計算の過程で $f(x) \approx (x - x_k)g(x)$ となる多項式 $g(x)$ が計算されていることになる．ゆえに次の解は $g(x) = 0$ の解をニュートン法で計算すればよく，$f(x)$ の**割り算を行う必要がない**．ただし，第 2 章：2.2 節の例 2.2 および 2.3 節の手順 (2.28) では途中経過を変数 y として次々と値を書き換えているが，$g(x)$ を求めるには手順 (3.34) のように，途中経過を $b_0, b_1, ...$ と別々の変数として保存しておく必要がある．もちろん加減乗除の演算数は変化しない．

> **ノート 3.7** ニュートン法の反復ステップでは $f(x)$ と $f'(x)$ の両方を計算する．$f(x)$ が多項式の場合は第 2 章：2.3 節の手順 (2.30) によって $f(x)$ と $f'(x)$ をホーナー法によって同時に計算できるので，次数低下法も効率よく計算できる．しかし，必ずしも実用的とはいえない．それはニュートン法が収束しても打ち切り誤差のために，解において厳密に $f(x) = 0$ となっているとは限らないからである．その誤差が $g(x) = 0$ の解の計算に伝搬し，その誤差が次の解の計算に伝搬していく．特に $f(x)$ の次数が高いとき後に計算する解ほど精度が低下する．これを防ぐ一つの方法は，そのようにして求めた各解を初期値として改めて $f(x) = 0$ のニュートン法の反復を行うことである．あらかじめ $y = f(x)$ のグラフの概形を描いて複数の解の近似値を推定して，そこからニュートン法を反復するのも実際的である．ただし，解が密集しておのおのの解の近似値を別々に推定するのが困難な場合は次数低下法が有効である．

> **ノート 3.8** 式 (3.26) の多項式 $f(x)$ に対する n 次方程式 $f(x) = 0$ は複素数の範囲では重解を含めて n 個の解を持つ（**代数学の基本定理**）．それら n 個の解をすべて同

時に計算する方法としてよく用いられるのは**固有値法**と呼ばれる方法である．これは次の関係に基づいている．

$$
\begin{vmatrix}
x+a_1/a_0 & a_2/a_0 & a_3/a_0 & \cdots & a_n/a_0 \\
-1 & x & & & \\
& -1 & x & & \\
& & \ddots & \ddots & \\
& & & -1 & x
\end{vmatrix}
= \frac{a_0 x^n + a_1 x^{n-1} + \cdots + a_{n-1}x + a_n}{a_0}
\tag{3.35}
$$

これは次のように証明できる．第1行に関して余因子展開すると次のようになる．

$$
\left(x+\frac{a_1}{a_0}\right)
\begin{vmatrix}
x & & & & \\
-1 & x & & & \\
& -1 & x & & \\
& & \ddots & \ddots & \\
& & & -1 & x
\end{vmatrix}
- \frac{a_2}{a_0}
\begin{vmatrix}
-1 & & & & \\
& x & & & \\
& -1 & x & & \\
& & \ddots & \ddots & \\
& & & -1 & x
\end{vmatrix}
$$

$$
+\frac{a_3}{a_0}
\begin{vmatrix}
-1 & x & & & \\
& -1 & & & \\
& & x & & \\
& & -1 & \ddots & \\
& & & \ddots & x \\
& & & & -1 & x
\end{vmatrix}
+ \cdots + (-1)^{n-1}\frac{a_n}{a_0}
\begin{vmatrix}
-1 & x & & & \\
& -1 & x & & \\
& & -1 & \ddots & \\
& & & \ddots & x \\
& & & & -1
\end{vmatrix}
$$

$$
= \left(x+\frac{a_1}{a_0}\right)x^{n-1} - \frac{a_2}{a_0}(-x^{n-2}) + \cdots + (-1)^{n-1}\frac{a_n}{a_0}(-1)^{n-1}
$$

$$
= \frac{a_0 x^n + a_1 x^{n-1} + \cdots + a_n}{a_0}
\tag{3.36}
$$

ゆえに式 (3.35) が得られる．ただし，三角行列（対角要素の右上または左下がすべて0の行列）の行列式は対角要素の積に等しいこと，および公式 $\begin{vmatrix} \boldsymbol{A} & \boldsymbol{O} \\ \boldsymbol{O} & \boldsymbol{B} \end{vmatrix} = |\boldsymbol{A}| \cdot |\boldsymbol{B}|$ を用いた．以上より，式 (3.26) の $f(x)$ に対して $f(x) = 0$ となる x を計算するには式 (3.35) の左辺の行列式が 0 になる x を計算すればよい．行列式が 0 である必要十分条件は連立1次方程式

$$
\begin{pmatrix}
x+a_1/a_0 & a_2/a_0 & a_3/a_0 & \cdots & a_n/a_0 \\
-1 & x & & & \\
& -1 & x & & \\
& & \ddots & \ddots & \\
& & & -1 & x
\end{pmatrix}
\begin{pmatrix}
u_1 \\ u_2 \\ \vdots \\ u_{n-1} \\ u_n
\end{pmatrix}
=
\begin{pmatrix}
0 \\ 0 \\ \vdots \\ 0 \\ 0
\end{pmatrix}
\tag{3.37}
$$

が自明な解 $u_1 = u_2 = \cdots = u_{n-1} = u_n = 0$ 以外の解を持つことである．式 (3.37) は次のように変形できる．

$$\begin{pmatrix} -a_1/a_0 & -a_2/a_0 & \cdots & -a_{n-1}/a_0 & -a_n/a_0 \\ 1 & & & & 0 \\ & 1 & & & 0 \\ & & \ddots & & \vdots \\ & & & 1 & 0 \end{pmatrix} \begin{pmatrix} u_1 \\ u_2 \\ \vdots \\ u_{n-1} \\ u_n \end{pmatrix} = x \begin{pmatrix} u_1 \\ u_2 \\ \vdots \\ u_{n-1} \\ u_n \end{pmatrix} \quad (3.38)$$

左辺の行列形を**同伴行列**と呼ぶ．上式は $f(x) = 0$ の解 x が同伴行列の**固有値**であることを意味している．そして，式 (3.36) がその同伴行列の**固有多項式**となっている．$n \times n$ 行列の固有値（一般に複素数）を n 個すべて計算する方法はよく知られているので，それを利用して $f(x) = 0$ の解をすべて計算することができる．

3.4 導関数を用いない方法

方程式 $f(x) = 0$ をニュートン法で解くには導関数 $f'(x)$ を計算する必要があるが，場合によっては微分 $f'(x)$ が計算できない場合がある．例えば $y = f(x)$ のグラフに折れ線のように角があって，必ずしも微分が存在しないことがある．あるいは関数 $f(x)$ を計算するプログラム中で複雑な関数が組み合わされ，条件（**if**文など）や反復（**for**文，**while**文など）を含んでいて，導関数 $f'(x)$ が明らかでない場合がある．そのような関数 $f(x)$ の $f(x) = 0$ となる解を計算する代表的な方法に**2分法**と**はさみうち法**がある．

3.4.1 2分法

$y = f(x)$ のグラフの概形を描いて，グラフが x 軸と区間 $x_L < x < x_R$ 内の 1 点で交わることが分かったとする．このとき，解の候補を中点 $x_C = (x_L + x_R)/2$ とする（図 3.5）．もし $f(x_C) = 0$ であれば x_C が解である．そうでない場合に，$f(x_L)f(x_C) < 0$ なら解は区間 $x_L < x < x_C$ にあり，$f(x_C)f(x_R) < 0$ なら解は区間 $x_C < x < x_R$ にある．いずれの場合もその半分の長さの区間の中点を計算し，同じ操作を繰り返す．得られる区間の幅が十分小さくなればその中点を返して終了する．プログラム風に書くと次のようになる．

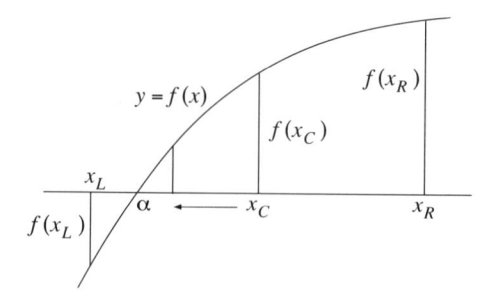

図3.5 2分法.

$$f_L = f(x_L); \quad f_R = f(x_R);$$
$$\textbf{while } (|x_R - x_L| \geq \epsilon)$$
$$\{x = (x_L + x_R)/2;$$
$$f = f(x);$$
$$\textbf{if } (f = 0) \ \ \textbf{break}; \tag{3.39}$$
$$\textbf{if } (f_L f < 0) \ \{x_R = x; \ f_R = f;\}$$
$$\textbf{else } \{x_L = x; \ f_L = f;\}$$
$$\}$$

このようにすると毎回の反復で$f(x)$の計算は一度だけである．$f(x)$は導関数$f'(x)$が計算できないような複雑な関数であることを想定しているので，その計算の回数をなるべく少なくすることが大切である．上記の反復では解xをはさむ区間の長さがϵより小さくなったとき終了するので，解の絶対誤差はほぼϵであるとみなせる．もしd桁まで正しい値を求めたい場合は相対誤差を評価して**while**文の条件を$|x_R - x_L|/x \geq 10^{-d}$とすればよい．ただし，こうしてよいのは考えている区間が0を含んでいない場合である．

ノート3.9　2分法では反復ごとに解をはさむ区間が半分になる．このことは解に含まれる誤差が反復ごとにほぼ1/2になるとみなせる．k回目の解x_kの誤差をε_kと書くと，これは

$$|\varepsilon_{k+1}| \approx C|\varepsilon_k|, \ C \approx 0.5 \tag{3.40}$$

と書ける．絶対値で考えたとき，このように誤差が直前の反復の誤差のほぼ定数倍に等しいとき，解は**1次収束**するという．ニュートン法では式(3.21)のように誤差が直前の反復の誤差のほぼ2乗に比例する2次収束であり，小数点以下の正しい桁が反

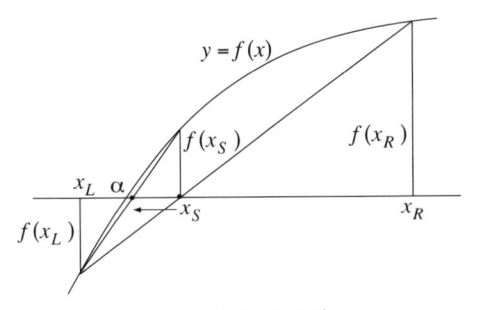

図3.6 はさみうち法.

復ごとに約2倍になるが，1次収束の場合は正しい桁が反復ごとに一定数しか増えない．2分法の $C \approx 0.5$ の場合は1回の反復当たり約0.3桁，すなわち約3.3回の反復で1桁しか増えない．このように2分法の収束は非常に遅い．

3.4.2 はさみうち法

2分法と同様に解は区間 $x_L < x < x_R$ 内にただ一つ存在することが分かっているとする．このとき中点ではなく，2点 $(x_L, f(x_L))$, $(x_R, f(x_R))$ を通る直線と x 軸との交点 x_S を解の候補とする（図3.6）．以下，2分法と同様に，$f(x_S) = 0$ であれば x_S を解とし，$f(x_L)f(x_S) < 0$ なら解は区間 $x_L < x < x_S$ を，$f(x_S)f(x_R) < 0$ なら解は区間 $x_S < x < x_R$ を調べる．2点 $(x_L, f(x_L))$, $(x_R, f(x_R))$ を通る直線は次のように書ける．

$$y = \frac{f(x_R) - f(x_L)}{x_R - x_L}(x - x_L) + f(x_L) \tag{3.41}$$

これを0と置いて x について解いたものが x_S である．計算すると次のようになる．

$$x_S = x_L - \frac{f(x_L)(x_R - x_L)}{f(x_R) - f(x_L)} \tag{3.42}$$

プログラム風に書くと次のようになる．

$$
\begin{aligned}
&f_L = f(x_L); \quad f_R = f(x_R); \\
&\text{while } (|x_R - x_L| \geq \epsilon) \\
&\quad \{ x = x_L - f(x_L)(x_R - x_L)/(f(x_R) - f(x_L)); \\
&\quad\quad f = f(x); \\
&\quad\quad \text{if } (f = 0) \text{ break}; \\
&\quad\quad \text{if } (f_L f < 0) \ \{ x_R = x; \ f_R = f; \} \\
&\quad\quad \text{else } \{ x_L = x; \ f_L = f; \} \\
&\quad \}
\end{aligned}
\tag{3.43}
$$

ノート 3.10 関数 $\tilde{f}(x)$ を

$$\tilde{f}(x) = \frac{f(x_R) - f(x)}{x_R - x} \tag{3.44}$$

と定義すると，式 (3.42) は次のように書ける．

$$x_S = x_L - \frac{f(x_L)}{\tilde{f}(x_L)} \tag{3.45}$$

これとニュートン法の反復式 (3.3) とを比較すると，はさみうち法はニュートン法において導関数 $f'(x)$ を $\tilde{f}(x)$ で近似したものとみなせる．$f'(x)$ は曲線 $y = f(x)$ の点 $(x, f(x))$ における「接線の傾き」であるのに対して，$\tilde{f}(x)$ はその点と $(x_R, f(x_R))$ を結ぶ「線分の傾き」である．微分の定義より次の関係が成り立つ．

$$\lim_{x_R \to x} \tilde{f}(x) = \lim_{x_R \to x} \frac{f(x_R) - f(x)}{x_R - x} = f'(x) \tag{3.46}$$

したがって，解をはさむ区間が短くなるにつれて $\tilde{f}(x)$ は導関数 $f'(x)$ に近づき（図 3.7(a)），解の収束も 2 次収束に近づく．

ノート 3.11 はさみうち法は常に 2 分法より速く収束するとは限らない．例えば図 3.7(b) のように解の近辺で $y = f(x)$ のグラフ接線の傾き $f'(x)$ が 0 に近いときはなかなか収束しない．一方，2 分法の収束は関数の形によらず，毎回解をはさむ区間が半分になる（3.3 回の反復ごとに正しい桁数が一つ増える）．

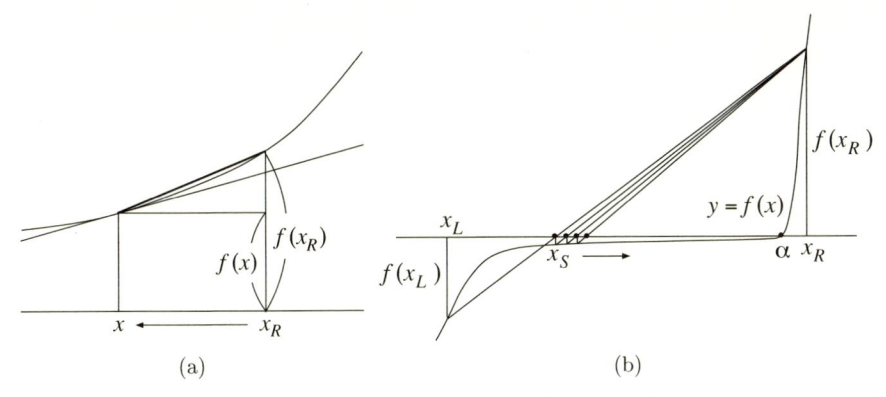

図 3.7 (a) 2 点 $(x, f(x))$, $(x_R, f(x_R))$ を結ぶ線分の傾き $(f(x_R) - f(x))/(x_R - x)$ は $x_R \to x$ の極限で接線の傾き $f'(x)$ に一致する．(b) 解の近辺で $y = f(x)$ のグラフの接線の傾き $f'(x)$ が 0 に近いときはなかなか収束しない．

練習問題

1. 与えられた実数 a の立方根 $\sqrt[3]{a}$ を計算するニュートン法の公式を導け（ヒント：3 次方程式 $x^3 - a = 0$ を解けばよい）．
2. 与えられた実数 a の逆数 $1/a$ を割り算を使わないで計算する方法を導け（ヒント：方程式 $1/x - a = 0$ をニュートン法で解けばよい）．
3. 数列 $x_0, x_1, x_2, x_3, \ldots$ が収束するとき，$\lim_{k \to \infty} |x_{k+1} - x_k| = 0$ であることを証明せよ．
4. 数列 $x_0, x_1, x_2, x_3, \ldots$ が x に収束するとき，各項の誤差を $e_k = x - x_k$ と置く．このときある定数 C が存在して

$$e_{k+1} \approx C e_k$$

となっているとき，この数列は 1 次収束するという．このとき，各 x_k と x を小数で表したとき，小数点以下連続して一致する桁を「正しい桁」と呼ぶことにすれば，正しい桁が毎回ほぼ $-\log_{10} |C|$ 桁ずつ増えることを示せ．

5. 3 次方程式

$$256x^3 - 130x^2 + x + 2 = 0$$

の 3 個の解をニュートン法で計算せよ．左辺を $f(x)$ と置き，$x = -0.2, 0, 0.2, 0.4, 0.6$ で $f(x)$ を計算して $y = f(x)$ のグラフの概形を描くとよい．

6. 4 次多項式

$$f(x) = 2x^4 + 4x^3 - 3x^2 + 7x - 5$$

の $x = -3$ での値 $f(-3)$ を求めたい．これを組立除法によって $f(x)$ を $x + 3$ で割って剰余を計算することによって求めよ．またこのとき商 $q(x)$ は何か．

7. 多項式 $f(x)$ が $(x-c)^2$ で割り切れる必要十分条件が $f(c) = 0$ かつ $f'(c) = 0$ であることを証明せよ．

8. 多項式 $f(x)$ と実数 c が与えられたとき，
$$f(x) = (x^2 - c)g(x) + ax + b$$
となる多項式 $g(x)$ と実数 a, b を計算するアルゴリズムを導け．

第4章

連立1次方程式

本章では連立1次方程式の解法について学ぶ．連立1次方程式は線形代数学の中心的なテーマであるが，本章では計算アルゴリズムという観点から線形代数学を見直す．まずクラメルの公式を示し，計算には向いていないことを示す．そして，実際的な計算として最も基本となるはきだし法について述べ，行列の行や列に関する基本操作の組合せで解を計算する方法を示す．これにより，同じ基本操作で逆行列や行列式も計算できることが示される．次にガウス消去法について述べ，計算効率やプログラムの構成法，および三角行列の性質を示す．さらにLU分解と呼ぶ方法についても触れる．

4.1 クラメルの公式

次の連立1次方程式を考える．

$$\begin{aligned} a_{11}x_1 + a_{12}x_2 + \cdots + a_{1n}x_n &= b_1 \\ a_{21}x_1 + a_{22}x_2 + \cdots + a_{2n}x_n &= b_2 \\ &\cdots \\ a_{n1}x_1 + a_{n2}x_2 + \cdots + a_{nn}x_n &= b_n \end{aligned} \tag{4.1}$$

行列 A とベクトル x, b を

と定義すると，式 (4.1) は次のように書ける．

$$Ax = b \tag{4.3}$$

解 x は次のように直接的に書くことができる．

$$x_i = \begin{vmatrix} a_{11} & \cdots & \overset{(i)}{b_1} & \cdots & a_{1n} \\ a_{21} & \cdots & b_2 & \cdots & a_{2n} \\ \vdots & \cdots & \vdots & \cdots & \vdots \\ a_{n1} & \cdots & b_n & \cdots & a_{nn} \end{vmatrix} \Bigg/ \begin{vmatrix} a_{11} & a_{12} & \cdots & a_{1n} \\ a_{21} & a_{22} & \cdots & a_{2n} \\ \vdots & \vdots & \ddots & \vdots \\ a_{n1} & a_{n2} & \cdots & a_{nn} \end{vmatrix}, \quad i = 1, \ldots, n \tag{4.4}$$

上式の分子は分母の第 i 列をベクトル b で置き換えたものである．これを**クラメルの公式**と呼ぶ．

【例 4.1】 2 次元連立 1 次方程式

$$\begin{aligned} Ax + By &= P \\ Cx + Dy &= Q \end{aligned} \tag{4.5}$$

の解は次のように書ける．

$$x = \frac{\begin{vmatrix} P & B \\ Q & D \end{vmatrix}}{\begin{vmatrix} A & B \\ C & D \end{vmatrix}} = \frac{PD - QB}{AD - BC}, \quad y = \frac{\begin{vmatrix} A & P \\ C & Q \end{vmatrix}}{\begin{vmatrix} A & B \\ C & D \end{vmatrix}} = \frac{AQ - CP}{AD - BC} \tag{4.6}$$

分母の $AD - BC$ は一度だけ計算すればよいから，必要な演算は乗除算 8 回，加減算 3 回，合計 11 回である．

【例 4.2】 3次元連立1次方程式

$$\begin{aligned} 2x + 3y + 4z &= 6 \\ 3x + 5y + 2z &= 5 \\ 4x + 3y + 30z &= 32 \end{aligned} \tag{4.7}$$

をクラメルの公式によって解く．まず係数行列の行列式は次のようになる．

$$\begin{aligned} \Delta &= \begin{vmatrix} 2 & 3 & 4 \\ 3 & 5 & 2 \\ 4 & 3 & 30 \end{vmatrix} \\ &= 2\cdot 5\cdot 30 + 3\cdot 2\cdot 4 + 4\cdot 3\cdot 3 - 4\cdot 5\cdot 4 - 3\cdot 3\cdot 30 - 2\cdot 3\cdot 2 = -2 \end{aligned} \tag{4.8}$$

ゆえに x, y, z は次のようになる．

$$\begin{aligned} x &= \frac{1}{\Delta} \begin{vmatrix} 6 & 3 & 4 \\ 5 & 5 & 2 \\ 32 & 3 & 30 \end{vmatrix} \\ &= (6\cdot 5\cdot 30 + 3\cdot 2\cdot 32 + 4\cdot 3\cdot 5 - 4\cdot 5\cdot 32 - 3\cdot 5\cdot 30 - 6\cdot 3\cdot 2)/(-2) \\ &= -13 \\ y &= \frac{1}{\Delta} \begin{vmatrix} 2 & 6 & 4 \\ 3 & 5 & 2 \\ 4 & 32 & 30 \end{vmatrix} \\ &= (2\cdot 5\cdot 30 + 6\cdot 2\cdot 4 + 4\cdot 32\cdot 3 - 4\cdot 5\cdot 4 - 6\cdot 3\cdot 30 - 2\cdot 32\cdot 2)/(-2) = 8 \\ z &= \frac{1}{\Delta} \begin{vmatrix} 2 & 3 & 6 \\ 3 & 5 & 5 \\ 4 & 3 & 32 \end{vmatrix} \\ &= (2\cdot 5\cdot 32 + 3\cdot 5\cdot 4 + 6\cdot 3\cdot 3 - 6\cdot 5\cdot 4 - 3\cdot 3\cdot 32 - 2\cdot 3\cdot 5)/(-2) = 2 \end{aligned} \tag{4.9}$$

この計算で用いた演算は乗除算 51 回，加減算 20 回，合計 71 回である．

ノート 4.1　n 次元の場合の演算数を考える．クラメルの公式を計算するには $n+1$ 個の $n \times n$ 行列式を計算しなければならない（$x_1, \ldots, x_n$ に対する n 個の分子と共

通の分母）．$n \times n$ 行列式は $n!$ 個の項から成り，各項は行列 $\boldsymbol{A}$ の n 個の要素の積である．各項を計算するのに $n-1$ 回の乗算が必要であるから，一つの行列式の計算に乗算 $n!(n-1)$ 回，加減算 $n!-1$ 回必要である．これを $n+1$ 個計算して，各 x_i に割り算を行うと

$$\begin{array}{l} 乗除算 \ n!(n^2-1)+n \\ 加減算 \ (n+1)(n!-1) \end{array} \tag{4.10}$$

の演算が必要である．これを合計すると全演算数は次のようになる．

$$n!n(n+1)-1 \tag{4.11}$$

$n=10$ ならこれは 399,167,999（約 4 億）となり，$n=20$ なら 1,021,818,843,434,188,799,999（約 10 垓[1]）である．これは今日のスーパーコンピュータを使っても計算不可能な数である．しかし，実際的な工学の問題では数百変数，数千変数，場合によっては数万変数の連立方程式を解くことが頻繁に生じる．クラメルの公式は解が直接に式として表せるのが利点であるが，このように実際には 2 変数か高々 3 変数の場合しか有効でない．

> **ノート 4.2** 式 (4.2) の行列 $\boldsymbol{A}=(a_{ij})$ の行列式の定義は次のとおりである．
>
> $$|\boldsymbol{A}|=\sum_{i_1,i_2,\ldots,i_n=1,\ldots,n} \mathrm{sgn}(i_1,i_2,\ldots,i_n)\,a_{1i_1}a_{2i_2}\cdots a_{ni_n} \tag{4.12}$$

式中の $\mathrm{sgn}(i_1,i_2,\ldots,i_n)$ は順列 $(i_1,i_2,\ldots,i_n)$ の**符号**であり，$(i_1,i_2,\ldots,i_n)$ が $(1,2,\ldots,n)$ の**偶置換**（二つの数の偶数回の交換で得られる）なら 1，**奇置換**（二つの数の奇数回の交換で得られる）なら -1，それ以外は 0 と約束する．したがって式 (4.12) は $n!$ 個の項の和であり，各項は $\boldsymbol{A}$ の n 個の要素の積である．

4.2 はきだし法

4.2.1 手順

（ガウス・ジョルダンの）**はきだし法**は式 (4.1) において，第 1 式以外から x_1 を消去し，第 2 式以外から x_2 を消去し，$\ldots$, 第 n 式以外から x_n を消去して解を得る方法である．その手順を具体例で示すと次のようになる．

【例 4.3】 例 4.2 の連立 1 次方程式を考える．

---

[1] 1 垓（がい）は 1 京（けい）の 1 万倍，1 京は 1 兆の 1 万倍．

$$2x + 3y + 4z = 6 \qquad (1)$$
$$3x + 5y + 2z = 5 \qquad (2) \qquad (4.13)$$
$$4x + 3y + 30z = 32 \qquad (3)$$

まず (1) を 2 で割ると $x + 1.5y + 2z = 3$ となる．これを 3 倍，4 倍してそれぞれ (2), (3) から引く．その結果，次のようになる．

$$(1)/2 \qquad x + 1.5y + 2z = 3 \qquad (4)$$
$$(2) - (4) \times 3 \qquad 0.5y - 4z = -4 \qquad (5) \qquad (4.14)$$
$$(3) - (4) \times 4 \qquad -3y + 22z = 20 \qquad (6)$$

次に (5) を 0.5 で割ると $y - 8z = -8$ となる．これに $1.5, -3$ を掛けてそれぞれ (4), (6) から引くと次のようになる．

$$(4) - (7) \times 1.5 \qquad x 14z = 15 \qquad (8)$$
$$(5)/0.5 \qquad y - 8z = -8 \qquad (7) \qquad (4.15)$$
$$(6) - (7) \times (-3) \qquad -2z = -4 \qquad (9)$$

最後に (9) を -2 で割ると $z = 2$ となる．これに $14, -8$ を掛けてそれぞれ (8), (7) から引くと次のようになる．

$$(8) - (10) \times 14 \qquad x = -13 \qquad (11)$$
$$(7) - (10) \times (-8) \qquad y = 8 \qquad (12) \qquad (4.16)$$
$$(9)/(-2) \qquad z = 2 \qquad (10)$$

ゆえに解 $x = -13, y = 8, z = 2$ が得られる．用いた演算は乗除算 18 回，加減算 12 回，合計 30 回であり，例 4.2 のクラメルの公式（乗除算 51 回，加減算 20 回，合計 71 回）に比べて効率的である．

はきだし法の手順を一般化すると次のようになる．

$$
\begin{aligned}
a_{11}x_1 + a_{12}x_2 + a_{13}x_3 + \cdots + a_{1n}x_n &= b_1 \quad (0\text{-}1) \\
a_{21}x_1 + a_{22}x_2 + a_{23}x_3 + \cdots + a_{2n}x_n &= b_2 \quad (0\text{-}2) \\
a_{31}x_1 + a_{32}x_2 + a_{33}x_3 + \cdots + a_{3n}x_n &= b_3 \quad (0\text{-}3) \\
&\cdots \qquad \vdots \\
a_{n1}x_1 + a_{n2}x_2 + a_{n3}x_3 + \cdots + a_{nn}x_n &= b_n \quad (0\text{-}n)
\end{aligned}
\qquad (4.17)
$$

まず (0-1) を a_{11} で割る．その結果，次のようになる．

$$x_1 + a_{12}^{(1)} x_2 + a_{13}^{(1)} x_3 + \cdots + a_{1n}^{(1)} x_n = b_1^{(1)} \quad \text{(1-1)} \tag{4.18}$$

ただし，$a_{12}^{(1)} = a_{12}/a_{11}, a_{13}^{(1)} = a_{13}/a_{11}, \ldots, a_{1n}^{(1)} = a_{1n}/a_{11}, b_1^{(1)} = b_1/a_{11}$ である．(1-1) に a_{21} を掛けて (0-2) から引くと x_1 が消去される．同様に (1-1) に $a_{31}, a_{41}, \ldots, a_{n1}$ を掛けてそれぞれ (0-3), (0-4), $\ldots$, (0-n) から引くと次のようになる．

$$\begin{aligned}
x_1 + a_{12}^{(1)} x_2 + a_{13}^{(1)} x_3 + \cdots + a_{1n}^{(1)} x_n &= b_1^{(1)} & \text{(1-1)} \\
a_{22}^{(1)} x_2 + a_{23}^{(1)} x_3 + \cdots + a_{2n}^{(1)} x_n &= b_2^{(1)} & \text{(1-2)} \\
a_{32}^{(1)} x_2 + a_{33}^{(1)} x_3 + \cdots + a_{3n}^{(1)} x_n &= b_3^{(1)} & \text{(1-3)} \\
\cdots & & \vdots \\
a_{n2}^{(1)} x_2 + a_{n3}^{(1)} x_3 + \cdots + a_{nn}^{(1)} x_n &= b_n^{(1)} & \text{(1-n)}
\end{aligned} \tag{4.19}$$

ただし，$a_{ij}^{(1)} = a_{ij} - a_{1j}^{(1)} a_{i1}, b_i^{(1)} = b_i - b_1^{(1)} a_{i1}, i, j = 2, 3, \ldots, n$ である．次に (1-1) を $a_{22}^{(1)}$ で割ると次のようになる．

$$x_2 + a_{23}^{(2)} x_3 + \cdots + a_{2n}^{(2)} x_n = b_2^{(2)} \quad \text{(2-2)} \tag{4.20}$$

これに $a_{12}^{(1)}, a_{32}^{(1)}, a_{42}^{(1)}, \ldots, a_{n2}^{(1)}$ を掛けて，それぞれ (1-1), (1-3), (1-4), $\ldots$, (1-n) から引くと x_2 が消去され，次のようになる．

$$\begin{aligned}
x_1 \quad + a_{13}^{(2)} x_3 + \cdots + a_{1n}^{(2)} x_n &= b_1^{(2)} & \text{(2-1)} \\
x_2 + a_{23}^{(2)} x_3 + \cdots + a_{2n}^{(2)} x_n &= b_2^{(2)} & \text{(2-2)} \\
a_{33}^{(2)} x_3 + \cdots + a_{3n}^{(2)} x_n &= b_3^{(2)} & \text{(2-3)} \\
\cdots & & \vdots \\
a_{n3}^{(2)} x_3 + \cdots + a_{nn}^{(2)} x_n &= b_n^{(2)} & \text{(2-n)}
\end{aligned} \tag{4.21}$$

次に (2-3) を $a_{33}^{(2)}$ で割り，$a_{13}^{(2)}, a_{23}^{(2)}, a_{43}^{(2)}, \ldots, a_{n3}^{(2)}$ を掛けて，それぞれ (2-1), (2-2), (2-4), $\ldots$, (2-n) から引く．これを続けると最終的に次のようになる．

$$
\begin{aligned}
x_1 &= b_1^{(n)} & (n\text{-}1) \\
x_2 &= b_2^{(n)} & (n\text{-}2) \\
x_3 &= b_3^{(n)} & (n\text{-}3) \\
&\ddots \quad \vdots & \\
x_n &= b_n^{(n)} & (n\text{-}n)
\end{aligned}
\tag{4.22}
$$

以上の手順をよく見ると，連立1次方程式の係数を次々と変化させていることが分かる．したがって，この計算は係数を行列の形に書いて，要素を次のように書き換えることによって実行できる．まず次のように置く．

$$
\begin{pmatrix}
a_{11} & a_{12} & a_{13} & \cdots & a_{1n} & b_1 \\
a_{21} & a_{22} & a_{23} & \cdots & a_{2n} & b_2 \\
a_{31} & a_{32} & a_{33} & \cdots & a_{3n} & b_3 \\
\vdots & \vdots & \vdots & \ddots & \vdots & \vdots \\
a_{n1} & a_{n2} & a_{n3} & \cdots & a_{nn} & b_n
\end{pmatrix}
\tag{4.23}
$$

これが式 (4.17) を表している．この第1行を a_{11} で割ると (11) 要素が1となる．それに $a_{21}, a_{31}, \ldots, a_{n1}$ を掛けて，それぞれ第2行，第3行，…，第n行から引くと次の形となる．

$$
\begin{pmatrix}
1 & a_{12}^{(1)} & a_{13}^{(1)} & \cdots & a_{1n}^{(1)} & b_1^{(1)} \\
  & a_{22}^{(1)} & a_{23}^{(1)} & \cdots & a_{2n}^{(1)} & b_2^{(1)} \\
  & a_{32}^{(1)} & a_{33}^{(1)} & \cdots & a_{3n}^{(1)} & b_3^{(1)} \\
  & \vdots & \vdots & \ddots & \vdots & \vdots \\
  & a_{n2}^{(1)} & a_{n3}^{(1)} & \cdots & a_{nn}^{(1)} & b_n^{(1)}
\end{pmatrix}
\tag{4.24}
$$

これが式 (4.19) を表している．この第2行を $a_{22}^{(1)}$ で割ると (22) 要素が1となる．それに $a_{12}^{(1)}, a_{32}^{(1)}, \ldots, a_{n2}^{(1)}$ を掛けて，それぞれ第1行，第3行，…，第n行から引くと次の形となる．

$$\begin{pmatrix} 1 & a_{13}^{(2)} & \cdots & a_{1n}^{(2)} & b_1^{(2)} \\ & 1 & a_{23}^{(2)} & \cdots & a_{2n}^{(2)} & b_2^{(2)} \\ & & a_{33}^{(2)} & \cdots & a_{3n}^{(2)} & b_3^{(2)} \\ & & \vdots & \ddots & \vdots & \vdots \\ & & a_{n3}^{(2)} & \cdots & a_{nn}^{(2)} & b_n^{(2)} \end{pmatrix} \tag{4.25}$$

これが式 (4.21) を表している．この第 3 行を $a_{33}^{(2)}$ で割ると (33) 要素が 1 となる．それに $a_{13}^{(2)}, a_{23}^{(2)}, \ldots, a_{n3}^{(2)}$ を掛けて，それぞれ第 1 行，第 2 行，$\ldots$，第 n 行から引き，以下同様にすると，最終的に次のようになる．

$$\begin{pmatrix} 1 & & & & & b_1^{(n)} \\ & 1 & & & & b_2^{(n)} \\ & & 1 & & & b_3^{(n)} \\ & & & \ddots & & \vdots \\ & & & & 1 & b_n^{(n)} \end{pmatrix} \tag{4.26}$$

これが式 (4.22) を表している．したがって，この第 $n+1$ 列が解となっている．上式の行列の第 $n+1$ 列を除いた $n \times n$ の部分は対角要素が 1 でそれ以外がすべて 0 の単位行列になっている．はきだし法は連立 1 次方程式の係数行列の行を何倍かしたり，何倍かした行を他の行に足したりして，最終的に $n \times n$ の部分が**単位行列**になるようにするものと言える．

【例 4.4】 例 4.3 の解法を行列の形で書くと次のようになる．

$$\begin{pmatrix} 2 & 3 & 4 & 6 \\ 3 & 5 & 2 & 5 \\ 4 & 3 & 30 & 32 \end{pmatrix} \to \begin{pmatrix} 1 & 1.5 & 2 & 3 \\ 3 & 5 & 2 & 5 \\ 4 & 3 & 30 & 32 \end{pmatrix} \to \begin{pmatrix} 1 & 1.5 & 2 & 3 \\ & 0.5 & -4 & -4 \\ & -3 & 22 & 20 \end{pmatrix} \to \begin{pmatrix} 1 & 1.5 & 2 & 3 \\ & 1 & -8 & -8 \\ & 3 & 22 & 20 \end{pmatrix}$$

$$\to \begin{pmatrix} 1 & & 14 & 15 \\ & 1 & -8 & -8 \\ & & -2 & -4 \end{pmatrix} \to \begin{pmatrix} 1 & & 14 & 15 \\ & 1 & -8 & -8 \\ & & 1 & 2 \end{pmatrix} \to \begin{pmatrix} 1 & & & -13 \\ & 1 & & 8 \\ & & 1 & 2 \end{pmatrix} \tag{4.27}$$

4.2.2 プログラム

前節の手順は結局,式 (4.23) の行列に対して

- 各行を何倍かする.
- ある行を何倍かして他の行に加える.

という操作を施して,式 (4.26) の形にすることである.この二つの操作を行列の(行の)**基本操作**(あるいは**はきだし操作**)と呼ぶ.はきだし法のプログラムを書くには第2章で述べたように,**途中経過を考える**ことである.いま,式 (4.23) の行列の左上の $(k-1) \times (k-1)$ 部分が既に**単位行列**になっているとする.

$$\begin{pmatrix} 1 & & & \vdots & \cdots & \vdots & \cdots \\ & \ddots & & a_{ik} & \cdots & a_{ij} & \cdots \\ & & 1 & \vdots & \cdots & \vdots & \cdots \\ & & & a_{kk} & \cdots & a_{kj} & \cdots \\ & & & \vdots & \cdots & \vdots & \cdots \end{pmatrix} \begin{matrix} \\ (i) \\ \\ (k) \\ \\ \end{matrix} \qquad (4.28)$$

ただし,a_{ij} などはプログラム作成のために同じ変数名を用いているが,その値は式 (4.23) 中の値から変化している.この左上を $k \times k$ の単位行列に広げるには次の操作を行えばよい.まず第 k 行を a_{kk} で割る.

$$\begin{aligned} &\textbf{for}\ \ (j = k, k+1, \ldots, n+1) \\ &\quad a_{kj} = a_{kj}/a_{kk}; \end{aligned} \qquad (4.29)$$

ただし,式 (4.28) の行列の第 $n+1$ 行の要素 $b_1, b_2, \ldots, b_n$ をそれぞれ $a_{1,n+1}, a_{2,n+1}, \ldots, a_{n,n+1}$ と同一視している.次に,第 k 行に a_{ik} を掛けて第 i 行から引く.

$$\begin{aligned} &\textbf{for}\ \ (j = k, k+1, \ldots, n+1) \\ &\quad a_{ij} = a_{ij} - a_{kj} * a_{ik}; \end{aligned} \qquad (4.30)$$

これを $i = 1, \ldots, k-1, k+1, \ldots, n$ に対して行えばよい.この結果,式 (4.28) は次の形となる.

$$
\begin{pmatrix}
1 & & & & \overset{(k+1)}{\vdots} & \cdots \cdots \\
& \ddots & & & \vdots & \cdots \cdots \\
& & 1 & & \vdots & \cdots \cdots \\
& & & a_{k+1,k+1} & \cdots \cdots & \\
& & & & \vdots & \cdots \cdots
\end{pmatrix}_{(k+1)}
\tag{4.31}
$$

式 (4.28) から式 (4.31) への変換を a_{kk} を**枢軸**とするはきだしと呼ぶ．この操作を枢軸として a_{11} から始めて，$k = 1, 2, \ldots, n$ に対して行えば最終的に式 (4.26) の形になる．このとき，式 (4.29), (4.30) の **for** $(j = k, k+1, \ldots, n+1)$ の $j = k$ に対する計算はしなくてよい（↪ノート4.3）．ゆえに，はきだし法のプログラムは次のように書ける．ただし，第 $n+1$ 列の要素 b_i を $a_{i,n+1}$ と書いている．

$$
\begin{aligned}
&\textbf{for } (k = 1, \ldots, n) \\
&\{/*\ (k-1) \times (k-1)\ \text{部分が単位行列になっている．}\ */ \\
&\quad \textbf{for } (j = k+1, \ldots, n+1) \\
&\quad \{/*\ j\ \text{列について計算する．}\ */ \\
&\qquad a_{kj} = a_{kj}/a_{kk}; \\
&\qquad \textbf{for } (i = 1, \ldots, n, i \neq k) \\
&\qquad \{/*\ i\ \text{行について計算する．}\ */ \\
&\qquad\quad a_{ij} = a_{ij} - a_{kj} * a_{ik}; \\
&\qquad \}/*\ j\ \text{列の要素が}\ i\ \text{行以外}\ 0\ \text{になった．}\ */ \\
&\quad \}/*\ k \times k\ \text{部分が単位行列になった．}\ */ \\
&\}/*\ \text{すべてが単位行列になった．}\ */
\end{aligned}
\tag{4.32}
$$

この結果，解は $x_i = a_{i,n+1}\ (= b_i)$ となる．

ノート4.3 式 (4.29), (4.30) の **for** $(j = k, k+1, \ldots, n+1)$ の $j = k$ に対する計算はしなくてよい．なぜなら，式 (4.29) によって a_{kk} は 1 になり，式 (4.30) によって $a_{1k}, \ldots, a_{k-1,k}, a_{k+1,k}, \ldots, a_{nk}$ はすべて 0 になることが分かっているので，0 や 1 にするために操作を行うのは無駄だからである．その代わりに $a_{kk} = 1, a_{ik} = 0$,

$i = 1, \ldots, k-1, k+1, \ldots, n$ と「代入」すれば演算数が減らせる．しかし，1 や 0 になった要素はその後の計算では用いないから，代入せずに単に「そうなった」と思えばよい．実際，式 (4.32) の実行の後では行列の最初の $n \times n$ の部分は式 (4.26) のような単位行列ではなく，計算途中で使われた数値（「ゴミ」）がそのまま残っている．しかし，わざわざそこに単位行列を代入する必要はない．

ノート 4.4　枢軸が 0 になることもある．すなわち，式 (4.28) の行列が

$$
\begin{pmatrix}
1 & & & \vdots^{(k)} & \cdots & \cdots \\
& \ddots & & \vdots & \cdots & \cdots \\
& & 1 & \vdots & \cdots & \cdots \\
& & & 0 & \cdots & \cdots \\
& & & \vdots & \cdots & \cdots \\
& & & a_{mk} & \cdots & \cdots \\
& & & \vdots & \cdots & \cdots
\end{pmatrix} {}^{(k)} \tag{4.33}
$$

となっていると次に進めない．このときは第 k 列の $k+1$ 行目以下を調べて 0 でない要素を探す．第 m 行の a_{mk} が 0 でないとすれば，**第 k 行と第 m 行を交換する**．こうすれば計算が続行できる．式 (4.23) の行列は式 (4.17) の n 個の方程式を表しているから，行を交換することは「方程式の順序を変える」ことに相当する．連立方程式では式の順序は自由であるから，はきだし法の途中で行を任意に交換しても解が同じである．このことから本節の冒頭の基本操作に次の操作を付け加えてもよい．

- ある行を別の行と交換する．

もし 0 でない要素 a_{mk} が見つからない場合，すなわち，式 (4.28) の行列が次の形ならどうすればよいのであろうか．

$$
\begin{pmatrix}
1 & & & \vdots^{(k)} & \cdots & \cdots \\
& \ddots & & \vdots & \cdots & \cdots \\
& & 1 & \vdots & \cdots & \cdots \\
& & & 0 & \cdots & \cdots \\
& & & 0 & \cdots & \cdots \\
& & & \vdots & \cdots & \cdots \\
& & & 0 & \cdots & \cdots
\end{pmatrix} {}^{(k)} \tag{4.34}
$$

この最初の $k-1$ 行の表す方程式は $x_1 = \cdots, x_2 = \cdots, \ldots, x_{k-1} = \cdots$ の形に表せる．ただし $\cdots$ の部分は $x_k, \ldots, x_n$ の式である．したがって，$x_k, \ldots, x_n$ が求まれば，$x_1, \ldots, x_{k-1}$ が定まる．一方，第 k 行から第 n 行は $n-k$ 個の未知数 $x_{k+1}, \ldots, x_n$ に対する $n-k+1$ 個の方程式であり，方程式の数が未知数より多い．このため，方程式を満たす $x_{k+1}, \ldots, x_n$ が存在しない可能性がある．仮に存在しても x_k を含んでいないので x_k が定まらない．すなわち，x_k の値の選び方だけ無数に解が存在する．そこで，このようなことが生じたらウォーニングメッセージを出して計算を中止する．このことは式 (4.17) の方程式を式 (4.3) のように書いたとき，行列 A の行列式が $0 (|A| = 0)$ となることを意味している（→4.2.3項）．以上の考察から，**連立1次方程式は係数行列の行列式が 0 のときは，(1) 解が存在しない（不能）か (2) 解が無数に存在する（不定）のどちらかである**ことが分かる．このときは式 (4.4) の分母が 0 となり，クラメルの公式も計算できない．

ノート4.5 はきだし法における枢軸 a_{kk} は絶対値が大きいのが望ましい．なぜなら，第 k 行を a_{kk} で割るので，$|a_{kk}|$ が小さければ各要素が増大し，各要素に含まれていた誤差も増大するからである．その行は何倍かされて他の行に加えられるので，拡大した誤差が他の要素に伝搬する．これを防ぐためによく行われるのが，前述の行の交換を常に行うことである．具体的には第 k 列の枢軸要素 a_{kk} より下で絶対値が最大になる要素を探し，もし a_{mk} の絶対値が最大であれば，第 k 行と第 m 行を交換する．これは**枢軸の部分選択**と呼ばれ，これによって解の精度が向上する．

さらに枢軸 a_{kk} の右下の部分から絶対値が最大になる要素を探して，それが (kk) 要素に来るように行と列を交換することも行われる．例えば a_{kk} の右下で a_{mn} の絶対値が最大であれば，第 k 行と第 m 行を交換し，第 k 列と第 n 列を交換する．これを**枢軸の完全選択**と呼ぶ．式 (4.23) の行列は式 (4.17) の n 個の方程式を表しているので，列を交換することは「変数の順序を変える」ことに相当する．連立方程式では変数の順序は自由であるから，任意に列を交換しても解が同じである．このことから本節の冒頭の基本操作に次の操作を付け加えてもよい．

- ある列を別の列と交換する．

だだし，どの列とどの列を交換したかを記録しておかなければならない．例えば第 i 列と第 j 列と交換したら，最終的に求まった x_i の値は x_j の値であり，x_j の値は x_i の値になっている．多くのプログラムライブラリのはきだし法のプログラムではこのような枢軸の選択が行われている．

ノート4.6 はきだし法の演算回数を調べる．式 (4.32) のプログラムの一番内側の **for** $(i = 1, \ldots, n, i \neq k)$ では $n-1$ 回の掛け算と引き算が行われる．したがって，それを含む **for** $(j = k+1, \ldots, n+1)$ では乗除算が $(n-k+1)(1+(n-1))$ 回，加減算が $(n-k+1)(n-1)$ 回行われる．したがって，それを含む一番外側の **for** $(k = 1, \ldots, n)$ で行われる演算は

$$\text{乗除算} \sum_{k=1}^{n} n(n-k+1) = \frac{1}{2}n^2(n+1) \text{ 回}$$
$$\text{加減算} \sum_{k=1}^{n} (n-1)(n-k+1) = \frac{1}{2}n(n-1)(n+1) \text{ 回} \tag{4.35}$$

となり，合計は次のようになる．

$$\frac{1}{2}n(n+1)(2n-1) \text{ 回} \tag{4.36}$$

例えば $n = 10$ では 1045 回であり，$n = 20$ では 8190 回である．この程度の演算は計算機で計算するのに何の問題もなく，クラメルの方法に比べて著しく効率的であることが分かる．ただし，例えば $n = 10000$（1万）にまで増えると演算回数が約1兆回となり，今日の計算機でも負担である．しかし，このような大規模な問題を解くことは物理学や工学の問題にしばしば現れる．そのような場合は次章で述べる反復法を用いる．

4.2.3 複数の連立1次方程式

式 (4.3) の連立1次方程式 $\boldsymbol{Ax} = \boldsymbol{b}$ は工学の多くの問題で $\boldsymbol{b}$ を「入力」とするときに「出力」$\boldsymbol{x}$ を記述することが多い．そのような入出力関係を持つシステムを**線形システム**と呼び，電気回路や構造物の釣り合い条件など非常に多くの現象を記述することができる．上述の $\boldsymbol{Ax} = \boldsymbol{b}$ を解くはきだし法は，$n \times n$ 行列 $\boldsymbol{A}$ の右側に $\boldsymbol{b}$ を加えた $n \times (n+1)$ 行列 $\begin{pmatrix} \boldsymbol{A} & \boldsymbol{b} \end{pmatrix}$ に基本操作を行って $\begin{pmatrix} \boldsymbol{I} & \boldsymbol{c} \end{pmatrix}$ の形に変換すれば $\boldsymbol{c}$ が解 $\boldsymbol{x}$ になるというものである．ただし，$\boldsymbol{I}$ は単位行列である．

$$\boldsymbol{I} = \begin{pmatrix} 1 & & \\ & \ddots & \\ & & 1 \end{pmatrix} \tag{4.37}$$

工学の多くの応用で，線形システム $\boldsymbol{Ax} = \boldsymbol{b}$ の入力を例えば $\boldsymbol{b}_1, \boldsymbol{b}_2, \ldots, \boldsymbol{b}_m$ と変化させたときの出力 $\boldsymbol{x}_1, \boldsymbol{x}_2, \ldots, \boldsymbol{x}_m$ を計算する必要がよく生じる．これは $\boldsymbol{Ax}_1 = \boldsymbol{b}_1, \boldsymbol{Ax}_2 = \boldsymbol{b}_2, \ldots, \boldsymbol{Ax}_m = \boldsymbol{b}_m$ をそれぞれ別々にはきだし法で解いてもよいが，行列 $\boldsymbol{A}$ が共通なので，同じような計算を繰り返すことになり，無駄である．なぜなら，$\boldsymbol{Ax}_1 = \boldsymbol{b}_1$ を解くには $n \times (n+1)$ 行列 $\begin{pmatrix} \boldsymbol{A} & \boldsymbol{b}_1 \end{pmatrix}$ に基本操作を行ってこれを $\begin{pmatrix} \boldsymbol{I} & \boldsymbol{c}_1 \end{pmatrix}$ の形にして，解 $\boldsymbol{x}_1 = \boldsymbol{c}_1$ が得られ，$\boldsymbol{Ax}_2 = \boldsymbol{b}_2$ を解

くには $n \times (n+1)$ 行列 $\begin{pmatrix} A & b_2 \end{pmatrix}$ に基本操作を行ってこれを $\begin{pmatrix} I & c_2 \end{pmatrix}$ の形にして，解 $x_2 = c_2$ が得られるが，A が I になるようにする加える基本操作は同じである．したがって始めから $n \times (n+2)$ 行列 $\begin{pmatrix} A & b_1 & b_2 \end{pmatrix}$ に基本操作を行ってこれを $\begin{pmatrix} I & c_1 & c_2 \end{pmatrix}$ の形に直せば，解 $x_1 = c_1$, $x_2 = c_2$ が同時に得られる．同様に $n \times (n+m)$ 行列

$$\begin{pmatrix} A & b_1 & b_2 & \cdots & b_m \end{pmatrix} \tag{4.38}$$

に基本操作を加えて

$$\begin{pmatrix} I & c_1 & c_2 & \cdots & c_m \end{pmatrix} \tag{4.39}$$

とすれば，解 $x_1 = c_1, \ldots, x_m = c_m$ が一度に得られる．

4.2.4 逆行列

行列 A の逆行列 A^{-1} とは

$$AA^{-1} = I \tag{4.40}$$

となる行列 A^{-1} のことである．これを計算するには A^{-1} の第 i 列を x_i として

$$A^{-1} = \begin{pmatrix} x_1 & x_2 & \cdots & x_n \end{pmatrix} \tag{4.41}$$

と置いて $x_1, x_2, \ldots, x_n$ を求めればよい．ベクトル $e_1, e_2, \ldots, e_n$ を

$$e_1 = \begin{pmatrix} 1 \\ 0 \\ \vdots \\ 0 \end{pmatrix}, \quad e_2 = \begin{pmatrix} 0 \\ 1 \\ \vdots \\ 0 \end{pmatrix}, \quad \ldots, \quad e_n = \begin{pmatrix} 0 \\ 0 \\ \vdots \\ 1 \end{pmatrix} \tag{4.42}$$

と定義すれば，単位行列 I は $I = \begin{pmatrix} e_1 & e_2 & \cdots & e_n \end{pmatrix}$ と書ける．式 (4.41) を式 (4.40) に代入すると次のようになる．

$$A \begin{pmatrix} x_1 & x_2 & \cdots & x_n \end{pmatrix} = \begin{pmatrix} e_1 & e_2 & \cdots & e_n \end{pmatrix} \tag{4.43}$$

行列の掛け算の約束から右辺の第 1 列 e_1 は左辺の Ax_1 になっていることが分かる．同様に右辺の第 2 列 e_2 は左辺の Ax_2 であり，式 (4.43) は次のように書

ける．

$$A x_1 = e_1, \quad A x_2 = e_2, \quad \ldots, \quad A x_n = e_n \tag{4.44}$$

前項に述べたように，これらを解くには $n \times 2n$ 行列

$$\begin{pmatrix} A & e_1 & e_2 & \cdots & e_n \end{pmatrix} \tag{4.45}$$

に基本操作を加えて

$$\begin{pmatrix} I & c_1 & c_2 & \cdots & c_n \end{pmatrix} \tag{4.46}$$

の形にすれば $x_1 = c_1, x_2 = c_2, \ldots, x_n = c_n$ が得られる．式 (4.45) の行列は $\begin{pmatrix} A & I \end{pmatrix}$ とも書ける．そして式 (4.46) の $\begin{pmatrix} c_1 & c_2 & \cdots & c_n \end{pmatrix}$ の部分が A^{-1} になっている．以上より，次の命題が得られる．

【命題 4.1】 $n \times 2n$ 行列 $\begin{pmatrix} A & I \end{pmatrix}$ の A の部分が単位行列 I になるような基本操作を加えると $\begin{pmatrix} I & A^{-1} \end{pmatrix}$ となる．

【例 4.5】 次の行列 A の逆行列 A^{-1} を計算する．

$$A = \begin{pmatrix} 2 & 4 & 2 \\ 3 & 4 & 5 \\ 2 & 5 & 3 \end{pmatrix} \tag{4.47}$$

はきだしを行うと次のようになる．

$$\begin{pmatrix} 2 & 4 & 2 & 1 & & \\ 3 & 4 & 5 & & 1 & \\ 2 & 5 & 3 & & & 1 \end{pmatrix} \to \begin{pmatrix} 1 & 2 & 1 & 0.5 & & \\ 3 & 4 & 5 & & 1 & \\ 2 & 5 & 3 & & & 1 \end{pmatrix} \to \begin{pmatrix} 1 & 2 & 1 & 0.5 & & \\ & -2 & 2 & -1.5 & 1 & \\ & 1 & 1 & -1 & & 1 \end{pmatrix}$$

$$\to \begin{pmatrix} 1 & 2 & 1 & 0.5 & & \\ & 1 & -1 & 0.75 & -0.5 & \\ & 1 & 1 & -1 & & 1 \end{pmatrix} \to \begin{pmatrix} 1 & & 3 & -1 & 1 & \\ & 1 & -1 & 0.75 & -0.5 & \\ & & 2 & -1.75 & 0.5 & 1 \end{pmatrix}$$

$$\to \begin{pmatrix} 1 & & 3 & -1 & 1 & \\ & 1 & -1 & 0.75 & -0.5 & \\ & & 1 & -0.875 & 0.25 & 0.5 \end{pmatrix} \to \begin{pmatrix} 1 & & & 1.626 & 0.25 & -1.5 \\ & 1 & & -0.125 & -0.25 & 0.5 \\ & & 1 & -0.875 & 0.25 & 0.5 \end{pmatrix} \tag{4.48}$$

ゆえに逆行列 $\boldsymbol{A}^{-1}$ が次のようになる．

$$\boldsymbol{A}^{-1} = \begin{pmatrix} 1.626 & 0.25 & -1.5 \\ -0.125 & -0.25 & 0.5 \\ -0.875 & 0.25 & 0.5 \end{pmatrix} \tag{4.49}$$

4.2.5 行列式

行列 $\boldsymbol{A}$ を単位行列 $\boldsymbol{I}$ に変換する基本操作は各行を何倍かする，ある行を何倍かして他の行に加えることであった．よく知られているように，ある行を定数倍すると行列式も同じだけ定数倍されるが，ある行を何倍かして他の行に加えても行列式は変化しない．最終的な単位行列 $\boldsymbol{I}$ の行列式は 1 であるから，はきだしにおいて定数倍が生じるのは式 (4.28) の形の行列を枢軸 a_{kk} で割る個所である．これによって行列式が $1/a_{kk}$ になる．これを続けて最終的に行列式が 1 になるのであるから，行列式 $|\boldsymbol{A}|$ ははきだしの途中で割った枢軸の積に等しい．すなわち次の命題を得る．

【命題 4.2】 行列 $\boldsymbol{A}$ の行列式は次のように計算できる．

$$|\boldsymbol{A}| = a_{11}^{(1)} a_{22}^{(2)} \cdots a_{nn}^{(n)} \tag{4.50}$$

ただし，$a_{kk}^{(k)}$ ははきだしの k 段階における (kk) 要素である．

はきだしの過程で行や列を交換してもよい（↪ ノート 4.4, 4.5）．よく知られているように，行や列を交換する度に行列式は符号を変える．行や列を交換する場合は何回交換したかを記録しておいて，偶数回なら式 (4.50) のまま，奇数回であれば式 (4.50) の符号を変える．

【例 4.6】 例 4.5 の式 (4.47) の行列 $\boldsymbol{A}$ の行列式を計算する．はきだしの過程は

$$\begin{pmatrix} \boxed{2} & 4 & 2 \\ 3 & 4 & 5 \\ 2 & 5 & 3 \end{pmatrix} \to \begin{pmatrix} 1 & 2 & 1 \\ & \boxed{-2} & 2 \\ & 1 & 1 \end{pmatrix} \to \begin{pmatrix} 1 & & 3 \\ & 1 & -1 \\ & & \boxed{2} \end{pmatrix} \to \begin{pmatrix} 1 & & \\ & 1 & \\ & & 1 \end{pmatrix} \tag{4.51}$$

であるから，行列式は次のようになる．

$$|\boldsymbol{A}| = 2 \times (-2) \times 2 = -8 \tag{4.52}$$

4.3 ガウス消去法

4.3.1 手順

ガウス消去法ははきだし法によく似た方法であるが，変数の消去の回数を減らすものである．その手順を具体例で示すと次のようになる．

【例 4.7】 例 4.2, 4.3 と同じ次の連立 1 次方程式を考える．

$$
\begin{aligned}
2x + 3y + 4z &= 6 \quad &(1) \\
3x + 5y + 2z &= 5 \quad &(2) \\
4x + 3y + 30z &= 32 \quad &(3)
\end{aligned}
\tag{4.53}
$$

まず (1) を 2 で割ると $x + 1.5y + 2z = 3$ となる．これを 3 倍，4 倍してそれぞれ (2), (3) から引く．その結果，次のようになる．

$$
\begin{aligned}
(1)/2 \qquad & x + 1.5y + 2z = 3 \quad &(4) \\
(2) - (3) \times 3 \qquad & 0.5y - 4z = -4 \quad &(5) \\
(3) - (4) \times 4 \qquad & -3y + 22z = 20 \quad &(6)
\end{aligned}
\tag{4.54}
$$

次に (5) を 0.5 で割ると $y - 8z = -8$ となる．これに -3 を掛けて (6) から引くと次のようになる．

$$
\begin{aligned}
& x + 1.5y + 2z = 3 \quad &(4) \\
(5)/0.5 \qquad & y - 8z = -8 \quad &(7) \\
(6) - (7) \times (-3) \qquad & -2z = -4 \quad &(8)
\end{aligned}
\tag{4.55}
$$

最後に (8) を -2 で割ると次のようになる．

$$
\begin{aligned}
& x + 1.5y + 2z = 3 \quad &(4) \\
& y - 8z = -8 \quad &(7) \\
(8)/(-2) \qquad & z = 2 \quad &(9)
\end{aligned}
\tag{4.56}
$$

これらは次のように書き直せる．

$$
\begin{aligned}
z &= 2 \\
y &= -8 + 8z \\
x &= 3 - 2z - 1.5y
\end{aligned}
\tag{4.57}
$$

ゆえに解が次のように求まる．

$$\begin{aligned} z &= 2 \\ y &= -8 + 8 \times 2 = 8 \\ x &= 3 - 2 \times 2 - 1.5 \times 8 = -13 \end{aligned} \quad (4.58)$$

用いた演算は乗除算 17 回，加減算 11 回，合計 28 回であり，例 4.3 のはきだし法（乗除算 18 回，加減算 12 回，合計 30 回）より効率的である．

上の手順を一般化すると次のようになる．

$$\begin{array}{llllll} a_{11}x_1 & + a_{12}x_2 & + a_{13}x_3 & + \cdots + a_{1n}x_n & = b_1 & \text{(0-1)} \\ a_{21}x_1 & + a_{22}x_2 & + a_{23}x_3 & + \cdots + a_{2n}x_n & = b_2 & \text{(0-2)} \\ a_{31}x_1 & + a_{32}x_2 & + a_{33}x_3 & + \cdots + a_{3n}x_n & = b_3 & \text{(0-3)} \\ & & \cdots & & \vdots & \\ a_{n1}x_1 & + a_{n2}x_2 & + a_{n3}x_3 & + \cdots + a_{nn}x_n & = b_n & \text{(0-n)} \end{array} \quad (4.59)$$

まず (1) を a_{11} で割る．その結果，次のようになる．

$$x_1 + a_{12}^{(1)}x_2 + a_{13}^{(1)}x_3 + \cdots + a_{1n}^{(1)}x_n = b_1^{(1)} \quad \text{(1-1)} \quad (4.60)$$

ただし，$a_{12}^{(1)} = a_{12}/a_{11}, a_{13}^{(1)} = a_{13}/a_{11}, \ldots, a_{1n}^{(1)} = a_{1n}/a_{11}, b_1^{(1)} = b_1/a_{11}$ である．(1-1) に a_{21} を掛けて (2) から引くと x_1 が消去される．同様に (1-1) に a_{31}, $a_{41}, \ldots, a_{n1}$ を掛けてそれぞれ (0-3), (0-4), $\ldots$, (0-n) から引くとそれらの式から x_1 が消去される．その結果，次のようになる．

$$\begin{array}{llllll} x_1 & + a_{12}^{(1)}x_2 & + a_{13}^{(1)}x_3 & + \cdots + a_{1n}^{(1)}x_n & = b_1^{(1)} & \text{(1-1)} \\ & a_{22}^{(1)}x_2 & + a_{23}^{(1)}x_3 & + \cdots + a_{2n}^{(1)}x_n & = b_2^{(1)} & \text{(1-2)} \\ & a_{32}^{(1)}x_2 & + a_{33}^{(1)}x_3 & + \cdots + a_{3n}^{(1)}x_n & = b_3^{(1)} & \text{(1-3)} \\ & & \cdots & & \vdots & \\ & a_{n2}^{(1)}x_2 & + a_{n3}^{(1)}x_3 & + \cdots + a_{nn}^{(1)}x_n & = b_n^{(1)} & \text{(1-n)} \end{array} \quad (4.61)$$

ただし，$a_{ij}^{(1)} = a_{ij} - a_{1j}^{(1)} a_{i1}, b_i^{(1)} = b_i - b_1^{(1)} a_{i1}, i, j = 2, 3, \ldots, n$ である．次に (1-2) を $a_{22}^{(1)}$ で割るその結果，次のようになる．

$$x_2 + a_{23}^{(2)}x_3 + \cdots + a_{2n}^{(2)}x_n = b_2^{(2)} \quad \text{(2-2)} \quad (4.62)$$

これに $a_{32}^{(1)},\dots,a_{n2}^{(1)}$ を掛けて，それぞれ (1-3), (1-4),..., (1-n) から引くと x_2 が消去され，次のようになる．

$$
\begin{aligned}
x_1 \ +a_{12}^{(1)}x_2\ +a_{13}^{(1)}x_3\ +\cdots+a_{1n}^{(1)}x_n &= b_1^{(1)} & \text{(1-1)} \\
x_2\ +a_{23}^{(2)}x_3\ +\cdots+a_{2n}^{(2)}x_n &= b_2^{(2)} & \text{(2-2)} \\
a_{33}^{(2)}x_3\ +\cdots+a_{3n}^{(2)}x_n &= b_3^{(2)} & \text{(2-3)} \\
\cdots\quad\vdots\quad& & \\
a_{n3}^{(2)}x_3\ +\cdots+a_{nn}^{(2)}x_n &= b_n^{(2)} & \text{(2-n)}
\end{aligned}
\qquad (4.63)
$$

次に (2-3) を $a_{33}^{(2)}$ で割り，$a_{43}^{(2)},\dots,a_{n3}^{(2)}$ を掛けて，それぞれ (2-4),..., (2-n) から引く．これを続けると，最終的に次のようになる．

$$
\begin{aligned}
x_1\ +a_{12}^{(1)}x_2\ +a_{13}^{(1)}x_3\ +\cdots+a_{1n}^{(1)}x_n &= b_1^{(1)} & \text{(1-1)} \\
x_2\ +a_{23}^{(2)}x_3\ +\cdots+a_{2n}^{(2)}x_n &= b_2^{(2)} & \text{(2-2)} \\
x_3\ +\cdots+a_{3n}^{(3)}x_n &= b_3^{(3)} & \text{(3-3)} \\
\ddots\quad\vdots\quad\vdots\quad& & \\
x_n &= b_n^{(n)} & \text{(n-n)}
\end{aligned}
\qquad (4.64)
$$

このように変形することを**前進消去**と呼ぶ．上式を下から順に $x_n, x_{n-1},\dots,x_1$ について解くと次のようになる．

$$
\begin{aligned}
x_n &= b_n^{(n)} \\
x_{n-1} &= b_{n-1}^{(n-1)} - a_{n-1,n}^{(n-1)}x_n \\
&\ \vdots \qquad\qquad\qquad \ddots \\
x_2 &= b_2^{(2)}\quad - a_{2n}^{(2)}x_n\quad -\cdots - a_{23}^{(2)}x_3 \\
x_1 &= b_1^{(1)}\quad - a_{1n}^{(1)}x_n\quad -\cdots - a_{13}^{(1)}x_2 - a_{12}^{(1)}x_2
\end{aligned}
\qquad (4.65)
$$

第1式の x_n を第2式に代入して x_{n-1} を求め，それらを第3式に代入して x_{n-2} を求め，以下同様に，計算した値を次に代入していけば，最後に x_1 が求まる．この計算を**後退代入**と呼ぶ．

前進消去の部分を係数のみの行列変形の形で書くと次のようになる．まず式 (4.59) を次の行列で表す．

$$\begin{pmatrix} a_{11} & a_{12} & a_{13} & \cdots & a_{1n} & b_1 \\ a_{21} & a_{22} & a_{23} & \cdots & a_{2n} & b_2 \\ a_{31} & a_{32} & a_{33} & \cdots & a_{3n} & b_3 \\ \vdots & \vdots & \vdots & \ddots & \vdots & \vdots \\ a_{n1} & a_{n2} & a_{n3} & \cdots & a_{nn} & b_n \end{pmatrix} \tag{4.66}$$

の第1行を a_{11} で割ると (11) 要素が1となる．それに $a_{21}, a_{31}, \ldots, a_{n1}$ を掛けて，それぞれ第2行，第3行，$\ldots$，第 n 行から引くと次の形となる．

$$\begin{pmatrix} 1 & a_{12}^{(1)} & a_{13}^{(1)} & \cdots & a_{1n}^{(1)} & b_1^{(1)} \\ & a_{22}^{(1)} & a_{23}^{(1)} & \cdots & a_{2n}^{(1)} & b_2^{(1)} \\ & a_{32}^{(1)} & a_{33}^{(1)} & \cdots & a_{3n}^{(1)} & b_3^{(1)} \\ & \vdots & \vdots & \ddots & \vdots & \vdots \\ & a_{n2}^{(1)} & a_{n3}^{(1)} & \cdots & a_{nn}^{(1)} & b_n^{(1)} \end{pmatrix} \tag{4.67}$$

これが式 (4.61) を表している．この第2行を $a_{22}^{(1)}$ で割ると (22) 要素が1となる．それに $a_{32}^{(1)}, \ldots, a_{n2}^{(1)}$ を掛けて，それぞれ第3行，$\ldots$，第 n 行から引くと次の形となる．

$$\begin{pmatrix} 1 & a_{12}^{(1)} & a_{13}^{(1)} & \cdots & a_{1n}^{(1)} & b_1^{(1)} \\ & 1 & a_{23}^{(2)} & \cdots & a_{2n}^{(2)} & b_2^{(2)} \\ & & a_{33}^{(2)} & \cdots & a_{3n}^{(2)} & b_3^{(2)} \\ & & \vdots & \ddots & \vdots & \vdots \\ & & a_{n3}^{(2)} & \cdots & a_{nn}^{(2)} & b_n^{(2)} \end{pmatrix} \tag{4.68}$$

これが式 (4.63) を表している．この第3行を $a_{33}^{(2)}$ で割ると (33) 要素が1となる．それに $a_{43}^{(2)}, \ldots, a_{n3}^{(2)}$ を掛けて，それぞれ第4行，$\ldots$，第 n 行から引き，以下同様にすると，最終的に次のようになる．

$$\begin{pmatrix} 1 & a_{12}^{(1)} & a_{13}^{(1)} & \cdots & a_{1n}^{(1)} & b_1^{(1)} \\ & 1 & a_{23}^{(2)} & \cdots & a_{2n}^{(2)} & b_2^{(2)} \\ & & 1 & \cdots & a_{3n}^{(3)} & b_3^{(3)} \\ & & & \ddots & \vdots & \vdots \\ & & & & 1 & b_n^{(n)} \end{pmatrix} \tag{4.69}$$

これが式 (4.64) を表している．上式の行列の第 $n+1$ 列を除いた $n \times n$ の部分は対角要素の下の要素がすべて 0 である．そのような行列を**上三角行列**と呼ぶ．ガウスの消去法の前進消去は連立 1 次方程式の係数行列に**基本操作**を行って上三角行列に変換するものであると言える．

【例 4.8】 例 4.7 の前進消去の部分を行列の形で書くと次のようになる．

$$\begin{pmatrix} 2 & 3 & 4 & 6 \\ 3 & 5 & 2 & 5 \\ 4 & 3 & 30 & 32 \end{pmatrix} \to \begin{pmatrix} 1 & 1.5 & 2 & 3 \\ 3 & 5 & 2 & 5 \\ 4 & 3 & 30 & 32 \end{pmatrix} \to \begin{pmatrix} 1 & 1.5 & 2 & 3 \\ & 0.5 & -4 & -4 \\ & -3 & 22 & 20 \end{pmatrix}$$

$$\to \begin{pmatrix} 1 & 1.5 & 2 & 3 \\ & 1 & -8 & -8 \\ & -3 & 22 & 20 \end{pmatrix} \to \begin{pmatrix} 1 & 1.5 & 2 & 3 \\ & 1 & -8 & -8 \\ & & -2 & -4 \end{pmatrix} \to \begin{pmatrix} 1 & 1.5 & 2 & 3 \\ & 1 & -8 & -8 \\ & & 1 & -2 \end{pmatrix} \quad (4.70)$$

4.3.2 プログラム

ガウス消去法のプログラムを書くにははきだし法と同様に，**途中経過を考える**ことが大切である．まず前進消去の部分を考える．いま，式 (4.59) の行列の左上の $(k-1) \times (k-1)$ 部分が既に**上三角行列**になっているとする．

$$\begin{pmatrix} 1 & \cdots & \cdots & \cdots & \cdots & \cdots \\ & \ddots & \cdots & \cdots & \cdots & \cdots \\ & & 1 & \cdots & \cdots & \cdots \\ & & & a_{kk} & \cdots & a_{kj} & \cdots \\ & & & \vdots & \cdots & \vdots & \cdots \\ & & & a_{ik} & \cdots & a_{ij} & \cdots \\ & & & \vdots & \cdots & \vdots & \cdots \end{pmatrix} \begin{matrix} \\ \\ \\ (k) \\ \\ (i) \\ \\ \end{matrix} \quad (4.71)$$

ただし，a_{ij} などはプログラム作成のために同じ変数名を用いているが，その値は式 (4.59) 中の値から変化している．この左上を $k \times k$ の上三角行列に広げるには次の操作を行えばよい．まず第 k 行を a_{kk} で割る．

$$\textbf{for } (j = k, k+1, \ldots, n+1)$$
$$a_{kj} = a_{kj}/a_{kk};$$
(4.72)

次に,第 k 行に a_{ik} を掛けて第 i 行から引く.

$$\textbf{for } (j = k, k+1, \ldots, n+1)$$
$$a_{ij} = a_{ij} - a_{kj} * a_{ik};$$
(4.73)

これを $i = k+1, \ldots, n$ に対して行えばよい.この結果,式 (4.71) は次の形となる.

$$\begin{pmatrix} 1 & \cdots & \cdots & \overset{(k+1)}{\cdots} & \cdots & \cdots \\ & \ddots & \cdots & \cdots & \cdots & \cdots \\ & & 1 & \cdots & \cdots & \cdots \\ & & & a_{k+1,k+1} & \cdots & \cdots \\ & & & \vdots & \cdots & \cdots \end{pmatrix} {}_{(k+1)}$$
(4.74)

はきだし法と同様に a_{kk} をこの操作の**枢軸**と呼ぶ.この操作を枢軸として a_{11} から始めて,$k = 1, 2, \ldots, n$ に対して行えば最終的に次の形になる.

$$\begin{pmatrix} 1 & a_{12} & \cdots & \cdots & a_{1,n+1} \\ & 1 & a_{23} & \cdots & a_{2,n+1} \\ & & \ddots & \cdots & \vdots \\ & & & 1 & a_{n,n+1} \end{pmatrix}$$
(4.75)

はきだし法と同様に,式 (4.72), (4.73) の **for** $(j = k, k+1, \ldots, n+1)$ の $j = k$ に対する計算はしなくてよい (↪ ノート 4.3).ゆえに,ガウス消去法のプログラムは次のように書ける.ただし,第 $n+1$ 列の要素 b_i を $a_{i,n+1}$ と書いている.

```
for (k = 1, ..., n)
  {/* (k-1)×(k-1) 部分が上三角行列になっている. */
  for (j = k+1, ..., n+1)
    {/* j 列について計算する. */
    a_{kj} = a_{kj}/a_{kk};
    for (i = k+1, ..., n)
      {/* i 行について計算する. */
      a_{ij} = a_{ij} - a_{kj} * a_{ik};
      }/* j 列の要素が i+1 行以下 0 になった. */
    }/* k×k 部分が上三角行列になった. */
  }/* すべてが上三角行列になった. */
```
(4.76)

次に後退代入の部分を考える. 式 (4.75) の第 k 列は次の方程式を表している.

$$x_k + a_{k,k+1}x_{k+1} + \cdots + a_{kn}x_n = a_{k,n+1} \tag{4.77}$$

これは次のように書き直せる.

$$x_k = a_{k,n+1} - a_{k,k+1}x_{k+1} - \cdots - a_{kn}x_n = a_{k,n+1} - \sum_{j=k+1}^{n} a_{k,j}x_j \tag{4.78}$$

これを $x_n = a_{n,n+1}$ から始めて $k = n, n-1, \ldots, 1$ と順に計算すればよい. プログラム風に書くと次のようになる.

```
x_n = a_{n,n+1};
for (k = n-1, ..., 1)
  {/* x_n, ..., x_{k+1} まで計算されている. */
  x_k = a_{k,n+1};
  for (j = k+1, ..., n)
    x_k = x_k - a_{kj}x_j;
    /* x_n, ..., x_k まで計算された. */
  }/* x_n, ..., x_1 まで計算された. */
```
(4.79)

ノート 4.7 はきだし法と同様に，枢軸が0になるときは第k列の$k+1$行目以下を調べて0でない要素を探し，その行と第k行を交換する．第k列の$k+1$行目以下で絶対値最大の要素がある行と第k行を常に交換することも精度向上に役立つ（枢軸の部分選択）．さらに枢軸a_{kk}の右下の部分から絶対値が最大になる要素を探して，それが(kk)要素に来るように行と列を交換することも有効である（枢軸の完全選択）．ただし，列を入れ替えると変数の順序が変わるので，それを記録しておかなければならない．

ノート 4.8 ガウス消去法の演算回数を調べる．式(4.76)の前進消去のプログラムの一番内側の**for** $(i=k+1,\ldots,n)$では$n-k$回の掛け算と引き算が行われる．したがってその外側の**for** $(j=k+1,\ldots,n+1)$では$(n-k+1)(1+(n-k))$回の乗除算と$(n-k+1)(n-k)$回の加減算が行われる．そして一番外側の**for** $(k=1,\ldots,n)$では次のようになる．

$$\begin{aligned}乗除算\ &\sum_{k=1}^{n}(n-k+1)^2 = \frac{1}{6}n(n+1)(2n+1)\ 回 \\ 加減算\ &\sum_{k=1}^{n}(n-k)(n-k+1) = \frac{1}{3}n(n-1)(n+1)\ 回\end{aligned} \quad (4.80)$$

その後，式(4.79)の後退代入では**for** $(j=k+1,\ldots,n)$の部分で掛け算と引き算が$n-k$回行われる．これが$k=n-1,\ldots,1$に対して行われるので，合計

$$\sum_{k=1}^{n}(n-k) = \frac{1}{2}n(n-1) \quad (4.81)$$

の乗算と加減算が必要となる．以上を合計すると

$$\begin{aligned}乗除算\ &\frac{1}{3}n(n^2+3n-1)\ 回 \\ 加減算\ &\frac{1}{6}n(n-1)(2n+5)\ 回\end{aligned} \quad (4.82)$$

となり，全演算数は次のようになる．

$$\frac{1}{6}n(4n^2+9n-7)\ 回 \quad (4.83)$$

これと式(4.36)を比較すると，はきだし法ではnが大きいとき総演算数がほぼn^3であるのに対して，ガウス消去法ではほぼ$\frac{2}{3}n^3$であり，はきだし法のほぼ2/3の演算数で済む．このように計算速度の面ではガウス消去法のほうがはきだし法より優れている．歴史的には数学者ガウスがまずこのガウス消去法を考え，後に数学者ジョルダンがこれを（ガウス・ジョルダンの）はきだし法に「改良」した．当時は計算速度は

あまり重視されず，はきだし法のほうが形が一貫していて，逆行列の計算にも応用できることが重視されたようである．このため以後，線形代数の教科書では通常はきだし法が採用されるようになった．

ノート 4.9 ガウス消去法では別の流儀がある．それは式 (4.59) で (1) を a_{11} で割らずにそのままにしておいて，(1) に $a_{21}/a_{11}, a_{31}/a_{11}, \ldots, a_{n1}/a_{11}$ を掛けてそれぞれ (3), (4), ..., (n) から引くものである．以下，同様にして，第 k 段では第 k 式を枢軸 a_{kk} で割らずに，それ以下の方程式から $a_{k+1,k}/a_{kk}, \ldots, a_{n,k}/a_{kk}$ で割って上三角行列を作る．この前進消去の結果，係数を並べた行列は次の形となる．

$$\begin{pmatrix} a_{11} & a_{12} & \cdots & \cdots & a_{1,n+1} \\ & a_{22} & a_{23} & \cdots & a_{2,n+1} \\ & & \ddots & \cdots & \vdots \\ & & & a_{nn} & a_{n,n+1} \end{pmatrix} \tag{4.84}$$

この第 k 列は次の方程式を表している．

$$a_{kk}x_k + a_{k,k+1}x_{k+1} + \cdots + a_{kn}x_n = a_{k,n+1} \tag{4.85}$$

これは次のように書き直せる．

$$x_k = \frac{a_{k,n+1} - a_{k,k+1}x_{k+1} - \cdots - a_{kn}x_n}{a_{kk}} = \frac{a_{k,n+1} - \sum_{j=k+1}^{n} a_{kj}x_j}{a_{kk}} \tag{4.86}$$

これを $x_n = a_{nn}$ から始めて $k = n, n-1, \ldots, 1$ と後退代入して解が求まる．このようにしても演算回数は同じになる．

4.3.3 LU 分解

はきだし法では連立 1 次方程式 $Ax = b$ の「入力」b をいろいろ変化させた「出力」x を一度に計算することができる．それは b が変化しても A を単位行列に変換する基本操作は同じだからである．ガウス消去法でも同様に，b が変化しても A を上三角行列に変換する基本操作は同じである．このことを利用した計算法がある．これは行列 A をあらかじめ次の形に分解しておくことである．

$$A = LU, \quad L = \begin{pmatrix} l_{11} & & & \\ l_{21} & l_{22} & & \\ \vdots & \vdots & \ddots & \\ l_{n1} & l_{n2} & \cdots & l_{nn} \end{pmatrix}, \quad U = \begin{pmatrix} 1 & u_{12} & \cdots & u_{1n} \\ & \ddots & \cdots & \vdots \\ & & 1 & u_{n-1,n} \\ & & & 1 \end{pmatrix} \tag{4.87}$$

行列 L は対角要素より上がすべて 0 である．このような行列を**下三角行列**と呼ぶ．行列 U は対角要素より下が 0 の上三角行列である．このように分解することを **LU 分解**と呼ぶ．行列 A がこのように分解されていれば，$Ax = b$ は次のように書ける．

$$Ax = L\underbrace{Ux}_{\equiv y} = Ly = b, \qquad y \equiv Ux \tag{4.88}$$

与えられた b に対して $Ly = b$ となる y を計算することは簡単である．これは要素ごとに書くと次のようになる．

$$\begin{aligned} l_{11}y_1 &= b_1 \\ l_{21}y_1 + l_{22}y_2 &= b_2 \\ \vdots \quad \vdots \quad \ddots &\quad \vdots \\ l_{n1}y_1 + l_{n2}y_2 + \cdots + l_{nn}y_n &= b_n \end{aligned} \tag{4.89}$$

第 1 式から y_1 が定まり，それを用いると第 2 式から y_2 が定まり，以下 y_3, $y_4, \ldots, y_n$ が順に計算できる．具体的には次のようになる．

$$\begin{aligned} y_1 &= b_1/l_{11} \\ y_2 &= (b_2 - l_{21}y_1)/l_{22} \\ \vdots &\quad \cdots \\ y_n &= (b_n - l_{n1}y_1 - \cdots - l_{n-1,n-1}y_{n-1})/l_{nn} \end{aligned} \tag{4.90}$$

これを**前進代入**と呼ぶ．このようにして y が求まれば，$Ux = y$ となる x を計算することはガウス消去法の後退代入と同様である．要素で書くと次のようになる．

$$\begin{aligned} x_1 + u_{12}x_2 + u_{13}x_3 + \cdots + u_{1n}x_n &= y_1 \\ x_2 + u_{23}x_3 + \cdots + u_{2n}x_n &= y_2 \\ x_3 + \cdots + u_{3n}x_n &= y_3 \\ \ddots \quad \vdots & \\ x_n &= y_n \end{aligned} \tag{4.91}$$

第 n 式から x_n が定まり，それを用いると第 $n-1$ 式から x_{n-1} が定まり，以下 $x_{n-2}, \ldots, x_2, x_1$ が順に計算できる．具体的には次のようになる．

$$
\begin{aligned}
x_n &= y_n \\
x_{n-1} &= y_{n-1} - u_{n-1,n} x_n \\
&\vdots \quad \cdots \\
x_1 &= y_1 - u_{12} x_2 - u_{13} x_3 - \cdots - u_{1n} x_n
\end{aligned}
\tag{4.92}
$$

【例 4.9】 次の連立1次方程式を考える.

$$
\begin{pmatrix} 1 & 2 & 1 \\ -2 & -1 & 1 \\ 1 & 1 & 2 \end{pmatrix} \begin{pmatrix} x \\ y \\ z \end{pmatrix} = \begin{pmatrix} 4 \\ 1 \\ 3 \end{pmatrix}
\tag{4.93}
$$

係数行列は次のようにLU分解される.

$$
\begin{pmatrix} 1 & 2 & 1 \\ -2 & -1 & 1 \\ 1 & 1 & 2 \end{pmatrix} = \begin{pmatrix} 1 & & \\ -2 & 3 & \\ 1 & -1 & 2 \end{pmatrix} \begin{pmatrix} 1 & 2 & 1 \\ & 1 & 1 \\ & & 1 \end{pmatrix}
\tag{4.94}
$$

ゆえに式 (4.93) は次のように書き直せる.

$$
\begin{pmatrix} 1 & & \\ -2 & 3 & \\ 1 & -1 & 2 \end{pmatrix} \underbrace{\begin{pmatrix} 1 & 2 & 1 \\ & 1 & 1 \\ & & 1 \end{pmatrix} \begin{pmatrix} x \\ y \\ z \end{pmatrix}}_{= \begin{pmatrix} x' \\ y' \\ z' \end{pmatrix} \text{と置く}} = \begin{pmatrix} 4 \\ 1 \\ 3 \end{pmatrix}
\tag{4.95}
$$

したがって,次の二つの連立1次方程式に分解される.

$$
\begin{pmatrix} 1 & & \\ -2 & 3 & \\ 1 & -1 & 2 \end{pmatrix} \begin{pmatrix} x' \\ y' \\ z' \end{pmatrix} = \begin{pmatrix} 4 \\ 1 \\ 3 \end{pmatrix}, \quad \begin{pmatrix} x' \\ y' \\ z' \end{pmatrix} = \begin{pmatrix} 1 & 2 & 1 \\ & 1 & 1 \\ & & 1 \end{pmatrix} \begin{pmatrix} x \\ y \\ z \end{pmatrix}
\tag{4.96}
$$

まず第1式から前進代入によって x', y', z' が次のように計算される.

$$
\begin{array}{l}
\begin{aligned}
x' &= 4 \\
-2x' + 3y' &= 1 \\
x' - y' + 2z' &= 3
\end{aligned}
\quad \rightarrow \quad
\begin{aligned}
x' &= 4 \\
y' &= \frac{1 + 2x'}{3} = 3 \\
z' &= \frac{3 - x' + y'}{2} = 1
\end{aligned}
\end{array}
\tag{4.97}
$$

式 (4.96) の第 2 式から後退代入によって x, y, z が次のように求まる．

$$
\begin{aligned}
x + 2y + z &= 4 \\
y + z &= 3 \\
z &= 1
\end{aligned}
\quad \rightarrow \quad
\begin{aligned}
z &= 1 \\
y &= 3 - z = 2 \\
x &= 4 - 2y - z = -1
\end{aligned}
\tag{4.98}
$$

残る課題は与えられた行列 $\boldsymbol{A}$ を式 (4.87) のように分解することであるが，これは簡単である．式 (4.87) の $\boldsymbol{L}$ と $\boldsymbol{U}$ を掛けると $\boldsymbol{A}$ の各要素 a_{ij} が $\boldsymbol{L}$ と $\boldsymbol{U}$ の要素の積の和で表せるので，それを順に解いていけばよい．まず $a_{11} = l_{11}$ であり，l_{11} が求まる．また $a_{21} = l_{21}$ であり，l_{21} が求まる．そして，$a_{12} = l_{11}u_{12}$ であり，これから u_{12} が定まる．さらに $a_{22} = l_{21}u_{12} + l_{22}$ であり，これから l_{22} が定まる．以下同様にしてすべての l_{ij}, u_{ij} を定めることができる．この手順を**クラウト法**と呼ぶ．これは実質的にガウス消去法を行うのと同じであり，上三角行列 $\boldsymbol{U}$ がガウス消去法で得られるものと同じである（→ ノート 4.10）．このようにして $\boldsymbol{A}$ を LU 分解しておけば，$\boldsymbol{b}$ をいろいろに変えたときの $\boldsymbol{Ax} = \boldsymbol{b}$ の解 $\boldsymbol{x}$ が式 (4.90) の前進代入と式 (4.92) の後退代入のみによって得られる．

【例 4.10】式 (4.94) の LU 分解は次のようにして得られる．まず次のように置く．

$$
\begin{aligned}
\begin{pmatrix} 1 & 2 & 1 \\ -2 & -1 & 1 \\ 1 & 1 & 2 \end{pmatrix}
&= \begin{pmatrix} l_{11} & & \\ l_{21} & l_{22} & \\ l_{31} & l_{32} & l_{33} \end{pmatrix}
\begin{pmatrix} 1 & u_{12} & u_{13} \\ & 1 & u_{23} \\ & & 1 \end{pmatrix} \\
&= \begin{pmatrix} l_{11} & l_{11}u_{12} & l_{11}u_{13} \\ l_{21} & l_{21}u_{12} + l_{22} & l_{21}u_{13} + l_{22}u_{23} \\ l_{31} & l_{31}u_{12} + l_{32} & l_{31}u_{13} + l_{32}u_{33} + l_{33} \end{pmatrix}
\end{aligned}
\tag{4.99}
$$

この式の両辺を比較して次のように l_{ij}, u_{ij} が求まる．

1. (11) 要素を比較して $l_{11} = 1$
2. (12) 要素を比較して $l_{11}u_{12} = u_{12} = 2$
3. (13) 要素を比較して $l_{11}u_{13} = u_{13} = 1$
4. (21) 要素を比較して $l_{21} = -2$
5. (22) 要素を比較して $l_{21}u_{12} + l_{22} = (-2) \cdot 2 + l_{22} = -1$ より $l_{22} = 3$
6. (23) 要素を比較して $l_{21}u_{13} + l_{22}u_{23} = (-2) \cdot 1 + 3u_{23} = 1$ より $u_{23} = 1$
7. (31) 要素を比較して $l_{31} = 1$
8. (32) 要素を比較して $l_{31}u_{12} + l_{32} = 1 \cdot 2 + l_{32} = 1$ より $l_{32} = -1$
9. (33) 要素を比較して $l_{31}u_{13} + l_{32}u_{23} + l_{33} = 1 \cdot 1 + (-1) \cdot 1 + l_{33} = 2$ より $l_{33} = 2$

ノート 4.10 LU 分解とガウス消去法の関係は次のようになる．ガウス消去法の k 段階目が次のようになっているとする．

$$\begin{pmatrix} 1 & \cdots & & \cdots & & \cdots \\ & \ddots & & \cdots & & \cdots \\ & & a_{kk}^{(k)} & \cdots & & \\ & & a_{k+1,k}^{(k)} & \cdots & & \\ & & \vdots & \cdots & & \\ & & a_{nk}^{(k)} & \cdots & & \end{pmatrix} \begin{pmatrix} x_1 \\ \vdots \\ x_k \\ x_{k+1} \\ \vdots \\ x_n \end{pmatrix} = \begin{pmatrix} b_1^{(k)} \\ \vdots \\ b_k^{(k)} \\ b_{k+1}^{(k)} \\ \vdots \\ b_n^{(k)} \end{pmatrix} \quad (4.100)$$

第 k 式を枢軸 $a_{kk}^{(k)}$ で割ると次のようになる．

$$\begin{pmatrix} 1 & \cdots & & \cdots & & \cdots \\ & \ddots & & \cdots & & \cdots \\ & & 1 & \cdots & & \\ & & a_{k+1,k}^{(k)} & \cdots & & \\ & & \vdots & \cdots & & \\ & & a_{nk}^{(k)} & \cdots & & \end{pmatrix} \begin{pmatrix} x_1 \\ \vdots \\ x_k \\ x_{k+1} \\ \vdots \\ x_n \end{pmatrix} = \begin{pmatrix} b_1^{(k)} \\ \vdots \\ b_k^{(k)}/a_{kk}^{(k)} \\ b_{k+1}^{(k)} \\ \vdots \\ b_n^{(k)} \end{pmatrix} \quad (4.101)$$

第 k 式に $a_{k+1,k}^{(k)}, a_{k+2,k}^{(k)}, \ldots, a_{n,k}^{(k)}$ を掛けてそれぞれ第 $k+1$ 式, 第 $k+2$ 式, $\ldots$, 第 n 式から引くと第 $k+1$ 段目に進む．

$$\begin{pmatrix} 1 \cdots\cdots & \cdots & \cdots \\ \ddots \cdots & \cdots & \cdots \\ & 1 & \cdots & \cdots \\ & a_{k+1,k+1}^{(k+1)} & \cdots \\ & \vdots & \cdots \\ & a_{n,k+1}^{(k+1)} & \cdots \end{pmatrix} \begin{pmatrix} x_1 \\ \vdots \\ x_k \\ x_{k+1} \\ \vdots \\ x_n \end{pmatrix} = \begin{pmatrix} b_1^{(k)} \\ \vdots \\ b_k^{(k)}/a_{kk}^{(k)} \\ b_{k+1}^{(k)} - (b_k^{(k)}/a_{kk}^{(k)})a_{k+1,k}^{(k)} \\ \vdots \\ b_n^{(k)} - (b_k^{(k)}/a_{kk}^{(k)})a_{n,k}^{(k)} \end{pmatrix}$$

$$= \begin{pmatrix} 1 \\ & \ddots \\ & & 1/a_{kk}^{(k)} \\ & & -a_{k+1,k}^{(k)}/a_{kk}^{(k)} & 1 \\ & & \vdots & & \ddots \\ & & -a_{n,k}^{(k)}/a_{kk}^{(k)} & & & 1 \end{pmatrix} \begin{pmatrix} b_1^{(k)} \\ \vdots \\ b_k^{(k)} \\ b_{k+1}^{(k)} \\ \vdots \\ b_n^{(k)} \end{pmatrix} \quad (4.102)$$

次式が成り立つことは簡単に確かめることができる.

$$\begin{pmatrix} 1 \\ & \ddots \\ & & a_{kk}^{(k)} \\ & & a_{k+1,k}^{(k)} & 1 \\ & & \vdots & & \ddots \\ & & a_{n,k}^{(k)} & & & 1 \end{pmatrix} \begin{pmatrix} 1 \\ & \ddots \\ & & 1/a_{kk}^{(k)} \\ & & -a_{k+1,k}^{(k)}/a_{kk}^{(k)} & 1 \\ & & \vdots & & \ddots \\ & & -a_{n,k}^{(k)}/a_{kk}^{(k)} & & & 1 \end{pmatrix} = \begin{pmatrix} 1 \\ & \ddots \\ & & 1 \\ & & & 1 \\ & & & & \ddots \\ & & & & & 1 \end{pmatrix}$$
$$(4.103)$$

上式の先頭の行列を式 (4.102) の両辺に掛けると次のようになる.

$$\begin{pmatrix} 1 \\ & \ddots \\ & & a_{kk}^{(k)} \\ & & a_{k+1,k}^{(k)} & 1 \\ & & \vdots & & \ddots \\ & & a_{n,k}^{(k)} & & & 1 \end{pmatrix} \begin{pmatrix} 1 \cdots \cdots & \cdots & \cdots \\ \ddots \cdots & \cdots & \cdots \\ & 1 & \cdots & \cdots \\ & a_{k+1,k+1}^{(k+1)} & \cdots \\ & \vdots & \cdots \\ & a_{n,k+1}^{(k+1)} & \cdots \end{pmatrix} \begin{pmatrix} x_1 \\ \vdots \\ x_k \\ x_{k+1} \\ \vdots \\ x_n \end{pmatrix} = \begin{pmatrix} b_1^{(k)} \\ \vdots \\ b_k^{(k)} \\ b_{k+1}^{(k)} \\ \vdots \\ b_n^{(k)} \end{pmatrix}$$
$$(4.104)$$

これは式 (4.100) と同じになるはずであるから, 次の関係を得る.

$$
\begin{pmatrix} 1 & \cdots & & \cdots & & \cdots \\ & \ddots & \cdots & & \cdots \\ & & a_{kk}^{(k)} & \cdots \\ & & a_{k+1,k}^{(k)} & \cdots \\ & & \vdots & \cdots \\ & & a_{nk}^{(k)} & \cdots \end{pmatrix} = \begin{pmatrix} 1 & & & & \\ & \ddots & & & \\ & & a_{kk}^{(k)} & & \\ & & a_{k+1,k}^{(k)} & 1 & \\ & & \vdots & & \ddots \\ & & a_{n,k}^{(k)} & & & 1 \end{pmatrix} \begin{pmatrix} 1 & \cdots & \cdots & & \cdots & & \cdots \\ & \ddots & \cdots & & \cdots & & \cdots \\ & & 1 & & \cdots & & \cdots \\ & & & a_{k+1,k+1}^{(k+1)} & \cdots \\ & & & \vdots & \cdots \\ & & & a_{n,k+1}^{(k+1)} & \cdots \end{pmatrix}
$$
(4.105)

この関係を $k = 1, 2, \ldots n$ に対して適用すると次のようになる.

$$
\begin{aligned}
\boldsymbol{A} &= \begin{pmatrix} a_{11}^{(1)} & & & \\ a_{21}^{(1)} & 1 & & \\ \vdots & & \ddots & \\ a_{n1}^{(1)} & & & 1 \end{pmatrix} \begin{pmatrix} 1 & a_{12}^{(2)} & \cdots \\ & a_{22}^{(2)} & \cdots \\ & \vdots & \cdots \\ & a_{n2}^{(2)} & \cdots \end{pmatrix} \\
&= \begin{pmatrix} a_{11}^{(1)} & & & \\ a_{21}^{(1)} & 1 & & \\ \vdots & & \ddots & \\ a_{n1}^{(1)} & & & 1 \end{pmatrix} \begin{pmatrix} 1 & & & \\ & a_{22}^{(2)} & & \\ & a_{32}^{(2)} & 1 & \\ & \vdots & & \ddots \\ & a_{n2}^{(2)} & & 1 \end{pmatrix} \begin{pmatrix} 1 & a_{12}^{(2)} & a_{13}^{(2)} & \cdots \\ & 1 & a_{23}^{(3)} & \cdots \\ & & a_{33}^{(3)} & \cdots \\ & & \vdots & \cdots \\ & & a_{n3}^{(3)} & \cdots \end{pmatrix} \\
&= \begin{pmatrix} a_{11}^{(1)} & & & \\ a_{21}^{(1)} & a_{22}^{(2)} & & \\ a_{31}^{(1)} & a_{32}^{(2)} & 1 & \\ \vdots & \vdots & & \ddots \\ a_{n1}^{(1)} & a_{n2}^{(2)} & & 1 \end{pmatrix} \begin{pmatrix} 1 & a_{12}^{(2)} & a_{13}^{(2)} & \cdots \\ & 1 & a_{23}^{(3)} & \cdots \\ & & a_{33}^{(3)} & \cdots \\ & & \vdots & \cdots \\ & & a_{n3}^{(3)} & \cdots \end{pmatrix} \\
&= \begin{pmatrix} a_{11}^{(1)} & & & & \\ a_{21}^{(1)} & a_{22}^{(2)} & & & \\ a_{31}^{(1)} & a_{32}^{(2)} & a_{33}^{(3)} & & \\ \vdots & \vdots & \vdots & \ddots & \\ a_{n1}^{(1)} & a_{n2}^{(2)} & a_{n3}^{(3)} & & 1 \end{pmatrix} \begin{pmatrix} 1 & a_{12}^{(2)} & a_{13}^{(2)} & a_{14}^{(2)} & \cdots \\ & 1 & a_{23}^{(3)} & a_{24}^{(3)} & \cdots \\ & & 1 & a_{34}^{(4)} & \cdots \\ & & & a_{44}^{(4)} & \cdots \\ & & & \vdots & \cdots \\ & & & a_{n4}^{(4)} & \cdots \end{pmatrix} = \cdots
\end{aligned}
$$

$$
= \begin{pmatrix} a_{11}^{(1)} & & & & \\ a_{21}^{(1)} & a_{22}^{(2)} & & & \\ a_{31}^{(1)} & a_{32}^{(2)} & a_{33}^{(3)} & & \\ \vdots & \vdots & \vdots & \ddots & \\ a_{n1}^{(1)} & a_{n2}^{(2)} & a_{n3}^{(3)} & \cdots & a_{nn}^{(n)} \end{pmatrix} \begin{pmatrix} 1 & a_{12}^{(2)} & a_{13}^{(2)} & \cdots & a_{1n}^{(2)} \\ & 1 & a_{23}^{(3)} & \cdots & a_{2n}^{(3)} \\ & & 1 & \cdots & \vdots \\ & & & \ddots & a_{n-1,n}^{(n)} \\ & & & & 1 \end{pmatrix} \quad (4.106)
$$

これが LU 分解に他ならない．このように L も U も A をガウス消去法によって上三角行列に変換する第 k 段階に現れる要素 $a_{ij}^{(k)}$ によって表すことができる．

ノート 4.11 LU 分解は式 (4.87) でなく

$$
A = LU, \quad L = \begin{pmatrix} 1 & & & \\ l_{21} & 1 & & \\ \vdots & \vdots & \ddots & \\ l_{n1} & l_{n2} & \cdots & 1 \end{pmatrix}, \quad U = \begin{pmatrix} u_{11} & u_{12} & \cdots & & u_{1n} \\ & \ddots & \cdots & & \vdots \\ & & & u_{n-1,n-1} & u_{n-1,n} \\ & & & & u_{nn} \end{pmatrix}
$$
(4.107)

のように L の対角要素を 1 とする流儀もある．このようにしても分解は同様にできる．まず $a_{11} = u_{11}$ から u_{11} が求まる．また $a_{21} = l_{21}u_{11}$ であり，l_{21} が求まる．そして，$a_{12} = u_{12}$ であり，u_{12} が定まる．さらに $a_{22} = l_{21}u_{12} + u_{22}$ であり，これから u_{22} が定まる．以下同様にしてすべての l_{ij}, u_{ij} を定めることができる．この手順を**ドゥーリトル法**と呼ぶ．これは実質的にノート 4.9 に示したガウス消去法を行うのと同じである．このときは式 (4.106) に対応する関係は次のようになる．

$$
A = \begin{pmatrix} 1 & & & & \\ \hat{a}_{21}^{(1)} & 1 & & & \\ \hat{a}_{31}^{(1)} & \hat{a}_{32}^{(2)} & 1 & & \\ \vdots & \vdots & \vdots & \ddots & \\ \hat{a}_{n1}^{(1)} & \hat{a}_{n2}^{(2)} & \hat{a}_{n3}^{(3)} & \cdots & 1 \end{pmatrix} \begin{pmatrix} a_{11}^{(1)} & a_{12}^{(1)} & a_{13}^{(1)} & \cdots & a_{1n}^{(1)} \\ & a_{22}^{(2)} & a_{23}^{(2)} & \cdots & a_{2n}^{(2)} \\ & & a_{33}^{(3)} & \cdots & \vdots \\ & & & \ddots & a_{n-1,n}^{(n-1)} \\ & & & & a_{nn}^{(n)} \end{pmatrix}, \quad \hat{a}_{ik}^{(k)} \equiv \frac{a_{ik}^{(k)}}{a_{kk}^{(k)}}
$$
(4.108)

ノート 4.12 物理学や工学の多くの応用では A が正値対称行列（固有値がすべて正の対称行列）あるいは半正値対称行列（固有値がすべて正または 0 の対称行列）になっていることが多い．この場合は $A = LU$ において $U = L^\top$ となるように L, U を決めることができる．すなわちある下三角行列 K を用いて $A = KK^\top$ と表すことができる．これは**コレスキー分解**と呼ばれる．この場合もクラウト法とドゥーリトル法を合わせたような形で K を逐次的に計算することができる．

4.3.4 行列式

ガウス消去法の前進消去は行列 A に基本操作を行って式 (4.87) の上三角行列 U に変換するものである．上三角行列，下三角の行列式はともに対角要素の積であることが知られているから，U の行列式は 1 である．はきだし法の場合と同様に，ある行を定数倍すると行列式も同じだけ定数倍されるが，ある行を何倍かして他の行に加えても行列式は変化しない．そして最終的に行列式が 1 になるのであるから，行列式 $|A|$ は途中で割った枢軸の積に等しい．すなわち次の命題を得る．

【命題 4.3】 行列 A の行列式は次のように計算できる．

$$|A| = a_{11}^{(1)} a_{22}^{(2)} \cdots a_{nn}^{(n)} \tag{4.109}$$

ただし，$a_{kk}^{(k)}$ はガウス消去法の k 段階における (kk) 要素である．

はきだし法の場合と同様に，途中で行や列を交換する場合は何回交換したかを記録しておいて，偶数回なら式 (4.109) のまま，奇数回であれば式 (4.109) の符号を変える．

【例 4.11】 例 4.5 の式 (4.47) の行列 A を考える．前進消去によって上三角行列に変換すると次のようになる．

$$\begin{pmatrix} \boxed{2} & 4 & 2 \\ 3 & 4 & 5 \\ 2 & 5 & 3 \end{pmatrix} \to \begin{pmatrix} 1 & 2 & 1 \\ 3 & 4 & 5 \\ 2 & 5 & 3 \end{pmatrix} \to \begin{pmatrix} 1 & 2 & 1 \\ & \boxed{-2} & 2 \\ & 1 & 1 \end{pmatrix}$$

$$\to \begin{pmatrix} 1 & 2 & 1 \\ & 1 & -1 \\ & 1 & 1 \end{pmatrix} \to \begin{pmatrix} 1 & 2 & 1 \\ & 1 & -1 \\ & & \boxed{2} \end{pmatrix} \to \begin{pmatrix} 1 & 2 & 1 \\ & 1 & -1 \\ & & 1 \end{pmatrix} \tag{4.110}$$

ゆえに行列式は次のようになる．

$$|A| = 2 \times (-2) \times 2 = -8 \tag{4.111}$$

よく知られているように，行列の積の行列式はそれぞれの行列の行列式の積に等しい．したがって，行列 A が式 (4.87) のように LU 分解されていれば $|A|$

は次のように書ける.

$$|A| = |L| \cdot |U| = l_{11} l_{22} \cdots l_{nn} \tag{4.112}$$

ノート4.13 LU分解はガウス消去法によって式(4.106)のように表せるから,式(4.112)は式(4.109)と同じであることが分かる.式(4.107)のLU分解であれば次のようになる.

$$|A| = |L| \cdot |U| = u_{11} u_{22} \cdots u_{nn} \tag{4.113}$$

これも式(4.108)と比較すれば式(4.109)と同じであることが分かる.

練習問題

1. 次の連立1次方程式をクラメルの公式を用いて解き,x, y, zをa, b, c, dの式で表せ.ただし,a, b, c, dは互いに相異なる数とする.

$$\begin{aligned} x + y + z &= 1 \\ ax + by + cz &= d \\ a^2 x + b y^2 + c^2 z &= d^2 \end{aligned}$$

2. 次の連立1次方程式をクラメルの公式を用いて解け.

$$\begin{aligned} -x + 2y + 2z &= -3 \\ 2x + y + 4z &= 7 \\ x + 3z &= 7 \end{aligned}$$

3. 上問の連立1次方程式をはきだし法で解け.
4. はきだし法のプログラムを書いて,次の連立1次方程式を解け.

$$\begin{aligned} -3x + 2y + z + 3w &= 1 \\ 2x + 4y + 2z + 3w &= 0 \\ 3x + y + 2w &= 2 \\ -x + 2y + z + w &= 3 \end{aligned}$$

5. 行列式の定義より式(4.34)の形の行列の行列式が0になることを示せ.
6. 式(4.35)の両式の左辺の和が右辺のように書けることを示せ.
7. 式(4.43)から式(4.44)が得られることを行列の掛け算の約束に基づいて示せ.
8. はきだし法により次の行列の逆行列と行列式を計算せよ.

$$A = \begin{pmatrix} 1 & 2 & -1 \\ -1 & 1 & 2 \\ 1 & -1 & 1 \end{pmatrix}$$

9. 問2の連立1次方程式をガウス消去法で解け.
10. ガウス消去法のプログラムを書いて，問4の連立1次方程式を解け.
11. 式 (4.80) の左辺の和が右辺のように書けることを示せ.
12. 式 (4.81) の左辺の和が右辺のように書けることを示せ.
13. 式 (4.94) の左辺の行列に前進消去を行って右辺の LU 分解を導け.
14. 上三角行列および下三角行列の行列式は対角要素の積に等しいことを示せ.

第 5 章

反復法と収束

本章では連立 1 次方程式を反復によって解く方法を学ぶ．これにはヤコビ反復法と呼ぶ方法とガウス・ザイデル反復法と呼ぶ二つの方法があり，反復の方式が異なる．この違いは反復の収束の速度に影響を与える．本章ではこのような収束速度を理論的に解析する手法を紹介する．その解析の一般論は第 7 章でより詳しく学ぶ．

5.1 ヤコビ反復法

【例 5.1】次の連立 1 次方程式を考える．

$$
\begin{aligned}
7x + y + 2z &= 10 \\
x + 8y + 3z &= 8 \\
2x + 3y + 9z &= 6
\end{aligned}
\tag{5.1}
$$

これを次のように書き直す．

$$
\begin{aligned}
x &= \frac{10 - y - 2z}{7} \\
y &= \frac{8 - x - 3z}{8} \\
z &= \frac{6 - 2x - 3y}{9}
\end{aligned}
\tag{5.2}
$$

右辺に初期値 $x = x^{(0)}, y = y^{(0)}, z = z^{(0)}$ を代入し，左辺に得られる値を $x = x^{(1)}, y = y^{(1)}, z = z^{(1)}$ とし，これを再び右辺に代入してこれを反復する．す

表 5.1 式 (5.3) の反復の収束の様子．正しい桁（下線）がほぼ一定の割合で増えている．

k	$x^{(k)}$	$y^{(k)}$	$z^{(k)}$
0	0.0000000	0.0000000	0.0000000
1	<u>1</u>.4285714	1.0000000	0.6666667
2	<u>1</u>.0952381	0.5714286	0.0158731
3	<u>1</u>.3424036	0.8571429	0.2328042
4	<u>1</u>.2396070	<u>0.7</u>448980	0.0826404
5	<u>1.2</u>985459	<u>0.8</u>140590	<u>0.1</u>428991
6	<u>1.2</u>714490	<u>0.7</u>840946	<u>0.1</u>067479
7	<u>1.2</u>860585	<u>0.8</u>010384	<u>0.1</u>227576
8	<u>1.2</u>790637	<u>0.79</u>32086	<u>0.1</u>138631
9	<u>1.2</u>827236	<u>0.79</u>74184	<u>0.1</u>180274
10	<u>1.2</u>809324	<u>0.795</u>3993	<u>0.1</u>158109
11	<u>1.281</u>8541	<u>0.796</u>4544	<u>0.116</u>8819
12	<u>1.281</u>3974	<u>0.796</u>9375	<u>0.116</u>3254
13	<u>1.2816</u>302	<u>0.7962</u>033	<u>0.1165</u>992
14	<u>1.2815</u>140	<u>0.7960</u>715	<u>0.1164</u>588
15	<u>1.2815</u>729	<u>0.7961</u>387	<u>0.1165</u>286
16	<u>1.2815</u>434	<u>0.7961</u>052	<u>0.1164</u>931
17	<u>1.28155</u>84	<u>0.79612</u>22	<u>0.11651</u>08
18	<u>1.28155</u>09	<u>0.79611</u>36	<u>0.11650</u>19
19	<u>1.28155</u>47	<u>0.796117</u>9	<u>0.11650</u>64
20	<u>1.281552</u>8	<u>0.796115</u>8	<u>0.116505</u>1
21	<u>1.281553</u>7	<u>0.796116</u>9	<u>0.116502</u>2
22	<u>1.281553</u>2	<u>0.796116</u>3	<u>0.116504</u>7
23	<u>1.281553</u>5	<u>0.796116</u>6	<u>0.116505</u>0
24	<u>1.281553</u>4	<u>0.796116</u>5	<u>0.116504</u>8

なわち，次の反復を行う．

$$\begin{aligned} x^{(k+1)} &= \frac{10 - y^{(k)} - 2z^{(k)}}{7} \\ y^{(k+1)} &= \frac{8 - x^{(k)} - 3z^{(k)}}{8} \quad , \quad k = 0, 1, 2, \ldots \\ z^{(k+1)} &= \frac{6 - 2x^{(k)} - 3y^{(k)}}{9} \end{aligned} \quad (5.3)$$

例えば $x^{(0)} = 0, y^{(0)} = 0, z^{(0)} = 0$ から始めて単精度で計算し，終了条件を

$$|x^{(k+1)} - x^{(k)}| < 10^{-7}, \ |y^{(k+1)} - y^{(k)}| < 10^{-7}, \ |z^{(k+1)} - z^{(k)}| < 10^{-7} \quad (5.4)$$

とすれば表 5.1 のようになる．真の解は次のとおりである．

$$x = 1.281553398058252\cdots$$
$$y = 0.796116504854369\cdots \quad (5.5)$$
$$z = 0.116504854368932\cdots$$

表5.1から正しい桁数がほぼ一定の割合で増えていることが分かる．

このような解法を**ヤコビ反復法**と呼ぶ．これを一般的に書くと次のようになる．連立1次方程式

$$
\begin{aligned}
a_{11}x_1 + a_{12}x_2 + a_{13}x_3 + \cdots + a_{1n}x_n &= b_1 \\
a_{21}x_1 + a_{22}x_2 + a_{23}x_3 + \cdots + a_{2n}x_n &= b_2 \\
a_{31}x_1 + a_{32}x_2 + a_{33}x_3 + \cdots + a_{3n}x_n &= b_3 \\
&\cdots \\
a_{n1}x_1 + a_{n2}x_2 + a_{n3}x_3 + \cdots + a_{nn}x_n &= b_n
\end{aligned}
\quad (5.6)
$$

を次のように書き直す．

$$
\begin{aligned}
x_1 &= \frac{b_1 - a_{12}x_2 - a_{13}x_3 - \cdots - a_{1n}x_n}{a_{11}} \\
x_2 &= \frac{b_2 - a_{21}x_1 - a_{23}x_3 - \cdots - a_{2n}x_n}{a_{22}} \\
x_3 &= \frac{b_3 - a_{31}x_1 - a_{32}x_2 - \cdots - a_{3n}x_n}{a_{33}} \\
&\cdots \\
x_n &= \frac{b_n - a_{n1}x_1 - a_{n2}x_2 - \cdots - a_{n,n-1}x_{n-1}}{a_{nn}}
\end{aligned}
\quad (5.7)
$$

右辺に初期値 $x_1 = x_1^{(0)}, x_2 = x_2^{(0)}, \ldots, x_n = x_n^{(0)}$ を代入し，左辺に得られる値を $x_1 = x_1^{(1)}, x_2 = x_2^{(1)}, \ldots, x_n = x_n^{(1)}$ とし，これを再び右辺に代入してこれを反復する．すなわち，次の反復を行う．

$$x_1^{(k+1)} = \frac{b_1 - a_{12}x_2^{(k)} - a_{13}x_3^{(k)} - \cdots - a_{1n}x_n^{(k)}}{a_{11}}$$

$$x_2^{(k+1)} = \frac{b_2 - a_{21}x_1^{(k)} - a_{23}x_3^{(k)} - \cdots - a_{2n}x_n^{(k)}}{a_{22}}$$

$$x_3^{(k+1)} = \frac{b_3 - a_{31}x_1^{(k)} - a_{32}x_2^{(k)} - \cdots - a_{3n}x_n^{(k)}}{a_{33}} \tag{5.8}$$

$$\cdots$$

$$x_n^{(k+1)} = \frac{b_n - a_{n1}x_1^{(k)} - a_{n2}x_2^{(k)} - \cdots - a_{n,n-1}x_{n-1}^{(k)}}{a_{nn}}$$

終了条件は例えば絶対誤差により

$$\max{}_{i=1}^{n}(|x_i^{(k+1)} - x_i^{(k)}|) < \epsilon \tag{5.9}$$

とするか，あるいは相対誤差により次の形にする (↪ 第 3 章：3.1.2 項).

$$\max{}_{i=1}^{n}\left(\left|\frac{x_i^{(k+1)} - x_i^{(k)}}{x_i^{(k+1)}}\right|\right) < 10^{-d} \tag{5.10}$$

以上をプログラムに書くときは次のようにすればよい．式 (5.1) の第 i 式は次のようになっている．

$$a_{i1}x_1 + \cdots + a_{ii}x_i + \cdots + a_{in}x_n = b_i \tag{5.11}$$

これを x_i について解くと，次のようになる．

$$x_i = \frac{b_i - \sum_{j \neq i} a_{ij}x_j}{a_{ii}} \tag{5.12}$$

終了条件として式 (5.9) を用いてプログラム風にまとめると次のようになる．

for $(i = 1, \ldots, n)$ $x_i = 0$;
do
{ for $(i = 1, \ldots, n)$
  { $s = b_i$;
    for $(j = 1, \ldots, n, j \neq i)$ $s = s - a_{ij} * x_j$;
    $x'_i = s/a_{ii}$;
  }
  $e = 0$;
  for $(i = 1, \ldots, n)$ if $(e < |x'_i - x_i|)$ $e = |x'_i - x_i|$;
  for $(i = 1, \ldots, n)$ $x_i = x'_i$;
} while $(e \geq \epsilon)$;
$$\tag{5.13}$$

ノート 5.1 ヤコビ反復法が有効なのは変数の数 n が非常に大きい大規模システムである．実際の応用で変数の多い大規模システムのほとんどはネットワーク構造をしている．代表的なものは電気回路や骨組構造物であるが，列車や航空機の交通網や計算機ネットワークもそうである．さらには電磁場，弾性物体，流体のような連続的な場を計算機で扱える離散構造として近似するとやはりネットワーク構造となる．ネットワーク構造の特徴は，各変数が個々の要素の状態を表し，それがその要素と連結している要素の状態および外部入力とに関係づけられていることである．例えば各要素が番号の隣接する要素と連結しているとすると，次の形の連立 1 次方程式が得られる．

$$\begin{aligned}
a_{11}x_1 + a_{12}x_2 &= b_1 \\
a_{21}x_1 + a_{22}x_2 + a_{23}x_3 &= b_2 \\
a_{32}x_2 + a_{33}x_3 + a_{34}x_4 &= b_3 \\
&\cdots \\
a_{n-1,n-2}x_{n-2} + a_{n-1,n-1}x_{n-1} + a_{n-1,n}x_n &= b_{n-1} \\
a_{n,n-1}x_{n-1} + a_{n-1,n}x_n &= b_n
\end{aligned} \tag{5.14}$$

これを行列の形で書くと次のようになる．

$$\begin{pmatrix} a_{11} & a_{12} & & & & \\ a_{21} & a_{22} & a_{23} & & & \\ & a_{32} & a_{33} & a_{34} & & \\ & & \ddots & \ddots & \ddots & \\ & & & a_{n-1,n-2} & a_{n-1,n-1} & a_{n-1,n} \\ & & & & a_{n,n-1} & a_{nn} \end{pmatrix} \begin{pmatrix} x_1 \\ x_2 \\ x_3 \\ \vdots \\ x_{n-1} \\ x_n \end{pmatrix} = \begin{pmatrix} b_1 \\ b_2 \\ b_3 \\ \vdots \\ b_{n-1} \\ b_n \end{pmatrix} \tag{5.15}$$

左辺の行列のように対角要素の左右にのみ一定の数の 0 でない要素があるものを**帯行列**と呼ぶ．この場合は幅 3 の帯行列である．帯行列のように多くの要素が 0 の行列を**疎行列**と呼ぶ．ネットワーク構造のシステムの方程式の係数行列はほとんどが疎行列であり，帯行列であることが多い．このような場合，例えば式 (5.14) をヤコビ反復法で解くには次の形の計算を反復する．

$$
\begin{aligned}
x_1^{(k+1)} &= (b_1 - a_{12}x_2^{(k)})/a_{11} \\
x_2^{(k+1)} &= (b_2 - a_{21}x_1^{(k)} - a_{23}x_3^{(k)})/a_{33} \\
x_3^{(k+1)} &= (b_3 - a_{32}x_2^{(k)} - a_{34}x_4^{(k)})/b_{33} \\
&\cdots \\
x_{n-1}^{(k+1)} &= (b_{n-1} - a_{n-1,n-2}x_{n-2}^{(k)} - a_{n-1,n}x_n^{(k)})/a_{n-1,n-1} \\
x_n^{(k+1)} &= (b_n - a_{n,n-1}x_{n-1}^{(k)})/a_{nn}
\end{aligned}
\tag{5.16}
$$

これを 1 回反復するための乗除算は $3n-2$ 回，加減算は $2(n-1)$ 回，合計 $5n-4$ 回である．例えば $n=1000$ とし，収束までの反復が例え 100 回であるとしても，合計で約 500,000（五十万）回である．一方，ガウス消去法であれば約 700,000,000（七億）回となる（↪ 第 4 章：ノート 4.8）．このように疎行列に対してはヤコビ反復法のほうが圧倒的に効率的である．

5.2　ヤコビ反復法の収束

式 (5.8) の漸化式をベクトルと行列で表すと次のようになる．

$$
\boldsymbol{x}^{(k+1)} = \boldsymbol{d} + \boldsymbol{B}\boldsymbol{x}^{(k)} \tag{5.17}
$$

ただし，次のように置いた．

$$
\boldsymbol{x}^{(k)} = \begin{pmatrix} x_1^{(k)} \\ x_2^{(k)} \\ \vdots \\ x_n^{(k)} \end{pmatrix}, \quad \boldsymbol{d} = \begin{pmatrix} b_1/a_{11} \\ b_2/a_{22} \\ \vdots \\ b_n/a_{nn} \end{pmatrix} \tag{5.18}
$$

$$B = -\begin{pmatrix} 0 & a_{12}/a_{11} & a_{13}/a_{11} & \cdots & a_{1n}/a_{11} \\ a_{21}/a_{22} & 0 & a_{23}/a_{22} & \cdots & a_{2n}/a_{22} \\ a_{31}/a_{33} & a_{32}/a_{33} & 0 & \cdots & a_{3n}/a_{33} \\ \vdots & \vdots & \vdots & \ddots & \vdots \\ a_{n1}/a_{nn} & a_{n2}/a_{nn} & a_{n3}/a_{nn} & \cdots & 0 \end{pmatrix} \quad (5.19)$$

解 x に対しては式 (5.7) が成り立つから

$$x = d + Bx \quad (5.20)$$

である．これは式 (5.6) を書き直したものになっている．式 (5.17) から式 (5.20) を両辺それぞれで引き算すると次のようになる．

$$x^{(k+1)} - x = B(x^{(k)} - x) \quad (5.21)$$

k 回目の反復の値 $x^{(k)}$ の誤差を

$$e^{(k)} = x^{(k)} - x \quad (5.22)$$

と定義すると式 (5.21) は次のように書ける．

$$e^{(k+1)} = Be^{(k)} \quad (5.23)$$

反復を繰り返すとき $x^{(k)}$ が x に収束する必要十分条件は次のように書ける．

$$\lim_{k \to \infty} e^{(k)} = 0 \quad (5.24)$$

これが成り立つかどうかを調べるために，次のように置いてみる．

$$e^{(k)} = \lambda^k p \quad (5.25)$$

これを式 (5.23) に代入すると

$$\lambda^{k+1} p = B \lambda^k p \quad (5.26)$$

となるから，次の関係を得る．

$$Bp = \lambda p \quad (5.27)$$

すなわち，λ は行列 B の固有値であり，p はその固有ベクトルである．ゆえに固有値 λ は次の固有方程式の解である（↪ノート 5.3）．

$$\phi(\lambda) = |\lambda I - B| = \begin{vmatrix} \lambda & a_{12}/a_{11} & a_{13}/a_{11} & \cdots & a_{1n}/a_{11} \\ a_{21}/a_{22} & \lambda & a_{23}/a_{22} & \cdots & a_{2n}/a_{22} \\ a_{31}/a_{33} & a_{32}/a_{33} & \lambda & \cdots & a_{3n}/a_{33} \\ \vdots & \vdots & \vdots & \ddots & \vdots \\ a_{n1}/a_{nn} & a_{n2}/a_{nn} & a_{n3}/a_{nn} & \cdots & \lambda \end{vmatrix} = 0 \quad (5.28)$$

これは λ の n 次方程式であるから一般に複素数の範囲で重複を込めて n 個の解 $\lambda_1, \lambda_2, \ldots, \lambda_n$ を持つ．それぞれに対する固有ベクトルを $p_1, p_2, \ldots, p_n$ とすれば，漸化式 (5.23) の一般解は次のように書ける（↪ノート 5.5）．

$$e^{(k)} = c_1 \lambda_1^k p_1 + c_2 \lambda_2^k p_2 + \cdots + c_n \lambda_n^k p_n \quad (5.29)$$

ここに $c_1, c_2, \ldots, c_n$ は任意の定数である．初期値 $e^{(0)}$ が与えられたときは，上式が $k = 0$ のとき $e^{(0)}$ になるように $c_1, c_2, \ldots, c_n$ を選ぶ．

式 (5.28) の n 次式 $\phi(\lambda)$ を式 (5.17) のヤコビ反復法の**特性多項式**と呼び，$\phi(\lambda) = 0$ の解を**特性根**と呼ぶ．式 (5.29) で $k \to \infty$ とするとき $e^{(k)}$ が 0 に収束する必要十分条件は $|\lambda_i| < 1, i = 1, \ldots, n$ である．ゆえに次の定理を得る．

【定理 5.1】 ヤコビ反復法が任意の初期値から始めて真の解に収束する必要十分条件はすべての特性根の絶対値が 1 より小さいことである．

【例 5.2】 例 5.1 の例では特性多項式 $\phi(\lambda)$ は次のようになる．

$$\phi(\lambda) = \begin{vmatrix} \lambda & 1/7 & 2/7 \\ 1/8 & \lambda & 3/8 \\ 2/9 & 3/9 & \lambda \end{vmatrix} = \lambda^3 - \frac{13}{63}\lambda + \frac{1}{42} \quad (5.30)$$

3 次方程式 $\phi(\lambda) = 0$ の解，すなわち特性根は次のようになる．

$$\begin{aligned} \lambda_1 &= -0.503613522\cdots \\ \lambda_2 &= 0.378807833\cdots \\ \lambda_3 &= 0.124805687\cdots \end{aligned} \quad (5.31)$$

いずれも絶対値が1より小さいからヤコビ反復法は収束する．

式 (5.29) において，すべての i で $|\lambda_i| < 1$ であるとしても，例えば $|\lambda_1| < |\lambda_2|$ であれば λ_1^k と λ_2^k とでは k が大きくなるにつれて $|\lambda_1^k| \ll |\lambda_2^k|$ となる．したがって，次の命題を得る．

【命題 5.1】 ヤコビ反復法の k 回目の誤差 $e^{(k)}$ のノルムは k が大きいとき，次のように近似できる．

$$\|e^{(k)}\| \approx C\lambda_{\max}^k \tag{5.32}$$

ただし，C は k によらないある定数であり，$\lambda_{\max}$ は絶対値最大の特性根である．

式 (5.32) から次の関係が成り立つ．

$$\|e^{(k+1)}\| \approx \lambda_{\max} e^{(k)} \tag{5.33}$$

ゆえにヤコビ反復法の収束は1次収束である（$\hookrightarrow$ 第3章：ノート3.9）．したがって，反復後ごとの正しい桁数が一定の割合で増加する．正しい桁数が1桁増えるのは誤差が $1/10$ になることであり，s 回反復して誤差が $1/10$ になるとすれば $|\lambda_{\max}|^s = 10^{-1}$ である．すなわち，$s = -1/\log_{10}|\lambda_{\max}|$ である．このことから次のことが言える．

【命題 5.2】 ヤコビ反復法の収束は1次であり，$\lambda_{\max}$ を絶対値最大の特性根とすれば，$-1/\log_{10}|\lambda_{\max}|$ 回の反復ごとに正しい桁数が一つ増える．

【例 5.3】 例5.1の例では $\lambda_{\max} = -0.503613522\cdots$ であるから，$-1/\log_{10}|\lambda_{\max}| = 3.356801655\cdots$ である．ゆえに $3\sim4$ 回に1桁の割合で正しい桁が増える．表5.1の結果もほぼそうなっている．

定理5.1を用いて反復法が収束するかどうかを調べるには特性根を知らなければならないが，行列が大きくなると計算するのに手間がかかる．しかし，次の定理を使えば特性根を計算する必要がない（証明はノート5.4参照）．これは収束することの十分条件を与えるだけであるが，実際によく現れる問題ではほとんどの場合これが満たされている．

【定理 5.2】（優対角定理）連立 1 次方程式 $Ax = b$ のヤコビ反復法は行列 A が次の関係を満たすなら，初期値に無関係に収束する．

$$|a_{ii}| > \sum_{j \neq i} |a_{ij}|, \quad i = 1, 2, \ldots, n \tag{5.34}$$

このとき A は**優対角**（または**対角優位**）であるという．

【例 5.4】 式 (5.34) はどの対角要素の絶対値も，その行の残りの要素の絶対値の和より大きいということを表している．例 5.1 の式 (5.1) では

$$A = \begin{pmatrix} \boxed{7} & 1 & 2 \\ 1 & \boxed{8} & 3 \\ 2 & 3 & \boxed{9} \end{pmatrix}, \quad \begin{matrix} |7| > |1| + |2| \\ |8| > |1| + |3| \\ |9| > |2| + |3| \end{matrix} \tag{5.35}$$

であるから，これは優対角である．ゆえにヤコビ反復法は収束する．

ノート 5.2 実際によく現れるネットワーク構造の大規模システムのほとんどは係数が帯行列か帯行列に近い疎行列である（↪ ノート 5.1）．そのようなシステムでは対角要素 a_{ii} は第 i 要素の特性を表しているのに対して，非対角要素 a_{ij} は第 i 要素と第 j 要素の結合の程度を表す定数である．システムが大きいほど要素間の結合は疎になり，結合の程度も弱くなるので，ほとんどの場合が対角優位になっている．

ノート 5.3 $n \times n$ 行列 B に対して

$$Bp = \lambda p \tag{5.36}$$

となる 0 でないベクトル p が存在するとき，p を B の**固有ベクトル**，λ をその**固有値**という（↪ 第 3 章：ノート 3.8）．上式は次のように書ける（I は単位行列）．

$$(\lambda I - B)p = 0 \tag{5.37}$$

これは p に関する連立 1 次方程式であり，$p = 0$ が解（**自明な解**）である．それ以外の解が存在する必要十分条件は係数行列の行列式が 0 であること，すなわち次式が成り立つことである（↪ 第 4 章：ノート 4.4）．

$$\phi(\lambda) = |\lambda I - B| = 0 \tag{5.38}$$

$\phi(\lambda)$ は λ の n 次多項式であり，B の**固有多項式**と呼ぶ．そしてそれを 0 と置いた上式を B の**固有方程式**と呼ぶ．これは一般に重複を含めて n 個の解 $\lambda_1, \lambda_2, \ldots, \lambda_n$ を持つ．そしてそれに対応する固有ベクトル $p_1, p_2, \ldots, p_n$ が存在する．固有値およ

び固有ベクトルの各要素は一般に複素数である．B が対称行列の場合は固有値も固有ベクトルもすべて実数であり，異なる固有値に対する固有ベクトルは互いに直交する．

式 (5.27), (5.28) において行列 B が対称でない場合は式 (5.29) が成り立つような B の固有値 $\lambda_1, \lambda_2, \ldots, \lambda_n$ や B の固有ベクトル $p_1, p_2, \ldots, p_n$ が存在しない場合がある．しかし，その場合でも定理 5.1 は成立する．実際問題によく現れるネットワーク構造の方程式 $Ax = b$ に対しては A がほとんど常に対称行列であり，したがって式 (5.19) の行列 B も対称行列である．

ノート 5.4 定理 5.2 は次のように証明される．λ をある一つの特性根とする．すなわち，式 (5.27) が成り立っているとする．式 (5.27) を要素で書くと次のようになる．

$$\lambda p_i = \sum_{j=1}^{n} B_{ij} p_j, \quad i = 1, \ldots, n \tag{5.39}$$

$|p_1|, |p_2|, \ldots, |p_n|$ の最大値を $|p_{k^*}|$ とすると，次の式を得る．

$$|\lambda p_{k^*}| = |\sum_{j=1}^{n} B_{k^*j} p_j| \leq \sum_{j=1}^{n} |B_{k^*j}| \cdot |p_j| \leq |p_{k^*}| \sum_{j=1}^{n} |B_{k^*j}| \tag{5.40}$$

辺々を $|p_{k^*}|$ で割ると次の関係を得る．

$$|\lambda| \leq \sum_{j=1}^{n} |B_{k^*j}| = \sum_{j \neq k^*} \frac{|a_{k^*j}|}{|a_{k^*k^*}|} = \frac{\sum_{j \neq k^*} |a_{k^*j}|}{|a_{k^*k^*}|} \tag{5.41}$$

行列 A が優対角であれば，優対角の定義よりこれは 1 より小さい．任意の特性根 λ についてこれが成り立つから，すべての特性根の絶対値は 1 より小さい．ゆえに定理 5.1 よりヤコビ反復法が収束する．

ノート 5.5 式 (5.29) が式 (5.23) の一般解であることは次のようにして分かる．式 (5.27) を満たす p と λ が存在すれば，式 (5.25) の $e^{(k)}$ が式 (5.23) を満たす．しかし，任意の定数 C に対して $Ce^{(k)}$ も式 (5.23) を満たす．実際

$$\left(Ce^{(k+1)}\right) = B\left(Ce^{(k)}\right) \tag{5.42}$$

である．また $e_1^{(k)}, e_2^{(k)}$ が式 (5.23) を満たすとき，$e_1^{(k)} + e_2^{(k)}$ も式 (5.23) を満たす．実際

$$B\left(e_1^{(k)} + e_2^{(k)}\right) = Be_1^{(k)} + Be_2^{(k)} = e_1^{(k+1)} + e_2^{(k+1)} \tag{5.43}$$

である．ゆえに式 (5.27) の固有値問題に固有値が n 個 $\lambda_1, \lambda_2, \ldots, \lambda_n$ あり，その固有ベクトルが $p_1, p_2, \ldots, p_n$ であるとき，$\lambda_1^k p_1, \lambda_2^k p_2, \ldots, \lambda_n^k p_n$ の任意の線形結合も式 (5.23) を満たす．したがって，式 (5.29) が式 (5.23) の一般解である．

5.3 ガウス・ザイデル反復法

ヤコビ反復法に似た方法に**ガウス・ザイデル反復法**がある．まず例で示す．

【例 5.5】式 (5.1) の連立 1 次方程式を考える．これを式 (5.47) のように書き直し，右辺に初期値 $x = x^{(0)}, y = y^{(0)}, z = z^{(0)}$ を代入する．そして，左辺に得られる値を逐次右辺に代入し，これを反復する．すなわち，次の反復を行う．

$$x^{(k+1)} = \frac{10 - y^{(k)} - 2z^{(k)}}{7}$$
$$y^{(k+1)} = \frac{8 - x^{(k+1)} - 3z^{(k)}}{8} \quad , \quad k = 0, 1, 2, \ldots \quad (5.44)$$
$$z^{(k+1)} = \frac{6 - 2x^{(k+1)} - 3y^{(k+1)}}{9}$$

ヤコビ反復法と異なるのは，$y^{(k+1)}$ の計算に直前で計算した $x^{(k+1)}$ を直ちに用いることである．同様に，$z^{(k+1)}$ の計算にその前に計算した $x^{(k+1)}, y^{(k+1)}$ を用いる．$x^{(0)} = 0, y^{(0)} = 0, z^{(0)} = 0$ から始めて単精度で計算し，式 (5.4) の終了条件を用いれば，表 5.2 のようになる．式 (5.5) の真の解と比較すると，正しい桁数がほぼ一定の割合で増えているが，表 5.1 と比較すると，ヤコビ反復法より速い速度で収束していることが分かる．

これを一般的に書くと次のようになる．まず連立 1 次方程式 (5.6) を式 (5.7) のように書き直す．そして右辺に初期値 $x_1^{(0)}, x_2^{(0)}, \ldots, x_n^{(0)}$ を代入し，左辺に

表 5.2 式 (5.44) の反復の収束の様子．正しい桁（下線）が表 5.1 のヤコビ反復法より速い速度で増加している．

k	$x^{(k)}$	$y^{(k)}$	$z^{(k)}$
0	0.0000000	0.0000000	0.0000000
1	<u>1</u>.4285714	0.8214286	0.0753968
2	<u>1.2</u>896825	0.8105186	<u>0.1</u>098986
3	<u>1.28</u>13838	0.7986150	<u>0.1</u>157097
4	<u>1.2814</u>236	0.7964309	<u>0.116</u>4289
5	<u>1.2815</u>301	0.7961479	<u>0.1164</u>995
6	<u>1.28155</u>04	0.7961187	<u>0.11650</u>47
7	<u>1.281553</u>1	0.7961166	<u>0.116504</u>9
8	<u>1.2815534</u>	0.7961165	<u>0.1165049</u>

得られる値を $x_1^{(1)}, x_2^{(1)}, \ldots, x_n^{(1)}$ とする．このとき，$x_2^{(1)}$ の計算では既に計算した $x_1^{(1)}$ を用い，$x_3^{(1)}$ の計算では既に計算した $x_1^{(1)}, x_2^{(1)}$ を用い，以下同様にして，$x_n^{(1)}$ の計算には既に計算した $x_1^{(1)}, x_2^{(1)}, \ldots, x_{n-1}^{(1)}$ を用いる．そしてこれらを再び右辺に代入して反復する．すなわち，次の反復を行う．

$$
\begin{aligned}
x_1^{(k+1)} &= \frac{b_1 - a_{12}x_2^{(k)} - a_{13}x_3^{(k)} - \cdots - a_{1n}x_n^{(k)}}{a_{11}} \\
x_2^{(k+1)} &= \frac{b_2 - a_{21}x_1^{(k+1)} - a_{23}x_3^{(k)} - \cdots - a_{2n}x_n^{(k)}}{a_{22}} \\
x_3^{(k+1)} &= \frac{b_3 - a_{31}x_1^{(k+1)} - a_{32}x_2^{(k+1)} - \cdots - a_{3n}x_n^{(k)}}{a_{33}} \\
&\cdots \\
x_n^{(k+1)} &= \frac{b_n - a_{n1}x_1^{(k+1)} - a_{n2}x_2^{(k+1)} - \cdots - a_{n,n-1}x_{n-1}^{(k+1)}}{a_{nn}}
\end{aligned}
\tag{5.45}
$$

終了条件に式 (5.9) を用いてプログラム風に書くときは次のようになる．

$$
\begin{aligned}
&\textbf{for } (i=1,\ldots,n) \ x_i = 0; \\
&\textbf{do} \\
&\quad \{ \textbf{for } (i=1,\ldots,n) \ x_i' = x_i; \\
&\quad \ \textbf{for } (i=1,\ldots,n) \\
&\quad \quad \{ s = b_i; \\
&\quad \quad \ \ \textbf{for } (j=1,\ldots,n, j \neq i) \quad s = s - a_{ij} * x_j; \\
&\quad \quad \ \ x_i = s/a_{ii}; \\
&\quad \ \} \\
&\quad e = 0; \\
&\quad \textbf{for } (i=1,\ldots,n) \quad \textbf{if } (e < |x_i' - x_i|) \ e = |x_i' - x_i|; \\
&\} \textbf{ while } (e \geq \epsilon);
\end{aligned}
\tag{5.46}
$$

この **do-while** 文中の最初の **for** 文でまず現在の x_i の値を変数 x_i' に保存し，それから次の **for** 文で x_i の値を次々と書き換えて，最後に x_i' と x_i の値を比較している．それに対して式 (5.11) のヤコビ反復法ではまず x_i の値から x_i' を計算し，x_i' と x_i を比較してから x_i' の値を x_i に置き換えている．

5.4 ガウス・ザイデル反復法の収束

式 (5.45) は次のように書き直せる.

$$
\begin{aligned}
x_1^{(k+1)} &= \frac{b_1 - a_{12}x_2^{(k)} - a_{13}x_3^{(k)} - \cdots - a_{1n}x_n^{(k)}}{a_{11}} \\
\frac{a_{21}x_1^{(k+1)}}{a_{22}} + x_2^{(k+1)} &= \frac{b_2 - a_{23}x_3^{(k)} - \cdots - a_{2n}x_n^{(k)}}{a_{22}} \\
\frac{a_{31}x_1^{(k+1)} + a_{32}x_2^{(k+1)}}{a_{33}} + x_3^{(k+1)} &= \frac{b_3 - a_{34}x_4^{(k)} - \cdots - a_{3n}x_n^{(k)}}{a_{33}} \\
&\cdots \\
\frac{a_{n1}x_1^{(k+1)} + a_{n2}x_2^{(k+1)} + \cdots + a_{n,n-1}x_{n-1}^{(k+1)}}{a_{nn}} + x_n^{(k+1)} &= \frac{b_n}{a_{nn}}
\end{aligned}
\tag{5.47}
$$

これをベクトルと行列で書くと次のようになる.

$$
Cx^{(k+1)} = d + Dx^{(k)} \tag{5.48}
$$

ただし, ベクトル $x^{(k)}$ と d は式 (5.18) に定義したものであり, 行列 C と D は次のように置いた.

$$
C = \begin{pmatrix}
1 & 0 & 0 & \cdots & 0 \\
a_{21}/a_{22} & 1 & 0 & \cdots & 0 \\
a_{31}/a_{33} & a_{32}/a_{33} & 1 & \cdots & 0 \\
\vdots & \vdots & \vdots & \ddots & \vdots \\
a_{n1}/a_{nn} & a_{n2}/a_{nn} & a_{n3}/a_{nn} & \cdots & 1
\end{pmatrix} \tag{5.49}
$$

$$
D = -\begin{pmatrix}
0 & a_{12}/a_{11} & a_{13}/a_{11} & \cdots & a_{1n}/a_{11} \\
0 & 0 & a_{23}/a_{22} & \cdots & a_{2n}/a_{22} \\
0 & 0 & 0 & \cdots & a_{3n}/a_{33} \\
\vdots & \vdots & \vdots & \ddots & \vdots \\
0 & 0 & 0 & \cdots & 0
\end{pmatrix} \tag{5.50}
$$

解 x に対しては式 (5.47) の両辺が等しいから

$$
Cx = d + Dx \tag{5.51}
$$

である．式(5.48)から式(5.51)の辺々を引き，k回目の反復の値$\bm{x}^{(k)}$の誤差を式(5.22)のように置くと次の式を得る．

$$\bm{C}\bm{e}^{(k+1)} = \bm{D}\bm{e}^{(k)} \tag{5.52}$$

反復を繰り返すとき$\bm{x}^{(k)}$が$\bm{x}$に収束する必要十分条件は式(5.25)であり，式(5.25)のように置いて式(5.52)に代入すると次のようになる．

$$\lambda\bm{C}\bm{p} = \bm{D}\bm{p} \tag{5.53}$$

このようなλと$\bm{p}$をそれぞれ行列$\bm{D}$の$\bm{C}$に関する**一般固有値**および**一般固有ベクトル**と呼ぶ．そして一般固有値λは次の方程式の解である（↪ノート5.6）．

$$\phi(\lambda) = |\lambda\bm{C} - \bm{D}| = \begin{vmatrix} \lambda & a_{12}/a_{11} & a_{13}/a_{11} & \cdots & a_{1n}/a_{11} \\ \lambda a_{21}/a_{22} & \lambda & a_{23}/a_{22} & \cdots & a_{2n}/a_{22} \\ \lambda a_{31}/a_{33} & \lambda a_{32}/a_{33} & \lambda & \cdots & a_{3n}/a_{33} \\ \vdots & \vdots & \vdots & \ddots & \vdots \\ \lambda a_{n1}/a_{nn} & \lambda a_{n2}/a_{nn} & \lambda a_{n3}/a_{nn} & \cdots & \lambda \end{vmatrix} = 0 \tag{5.54}$$

これはλのn次方程式であるから一般に複素数の範囲で重複を込めてn個の解$\lambda_1, \lambda_2, \ldots, \lambda_n$を持つ．それぞれに対する一般固有ベクトルを$\bm{p}_1, \bm{p}_2, \ldots, \bm{p}_n$とすれば，漸化式(5.52)の一般解は式(5.29)のように書ける．式(5.54)のn次式$\phi(\lambda)$を式(5.48)のガウス・ザイデル反復法の**特性多項式**と呼び，$\phi(\lambda)=0$の解を**特性根**と呼ぶ．$k \to \infty$とするとき$\bm{e}^{(k)}$が$\bm{0}$に収束する必要十分条件は$|\lambda_i| < 1, i = 1, \ldots, n$であり，ヤコビ反復法と同様のことが成り立つ．

【定理 5.3】 ガウス・ザイデル反復法が任意の初期値から始めて真の解に収束する必要十分条件はすべての特性根の絶対値が1より小さいことである．

【命題 5.3】 ガウス・ザイデル反復法のk回目の誤差$\bm{e}^{(k)}$のノルムはkが大きいとき，次のように近似できる．

$$\|\bm{e}^{(k)}\| \approx C\lambda_{\max}^k \tag{5.55}$$

ただし，Cはkによらないある定数であり，$\lambda_{\max}$は絶対値最大の特性根である．

【命題 5.4】 ガウス・ザイデル反復法の収束は 1 次であり，$\lambda_{\max}$ を絶対値最大の特性根とすれば，$-1/\log_{10}|\lambda_{\max}|$ 回の反復ごとに正しい桁数が一つ増える．

【例 5.6】 例 5.1 の例では特性多項式 $\phi(\lambda)$ は次のようになる．

$$\phi(\lambda) = \begin{vmatrix} \lambda & 1/7 & 2/7 \\ \lambda/8 & \lambda & 3/8 \\ 2\lambda/9 & 3\lambda/9 & \lambda \end{vmatrix} = \lambda^3 - \frac{7}{36}\lambda^2 + \frac{1}{84}\lambda \tag{5.56}$$

3 次方程式 $\phi(\lambda) = 0$ の解，すなわち特性根は次のようになる（i は虚数単位）．

$$\begin{aligned} \lambda_1 &= 0 \\ \lambda_2 &= 0.097222222\cdots + (0.049523745\cdots)i \\ \lambda_3 &= 0.097222222\cdots - (0.049523745\cdots)i \end{aligned} \tag{5.57}$$

λ_2, λ_3 は互いに複素共役であり，絶対値は次のようになる．

$$|\lambda_1| = |\lambda_2| = \sqrt{\frac{1}{84}} = 0.1091089451179962\cdots = |\lambda_{\max}| \tag{5.58}$$

$\lambda_1, \lambda_2, \lambda_3$ のどれも絶対値が 1 より小さいからガウス・ザイデル反復法は収束する．例 5.2 と比較すると，$|\lambda_{\max}|$ はヤコビ反復法の場合の $0.503613522\cdots$ よりも小さい．したがってヤコビ反復法より速く収束する．具体的には $-1/\log_{10}|\lambda_{\max}| = 1.039350168\cdots$ であるから，命題 5.4 よりほぼ毎回 1 桁の割合で正しい桁が増える．表 5.2 の結果もほぼそうなっている．

ガウス・ザイデル反復法でもやはり優対角定理が成り立つ（証明はノート 5.4 参照）．

【定理 5.4】（優対角定理）連立 1 次方程式 $\boldsymbol{Ax} = \boldsymbol{b}$ のガウス・ザイデル反復法は行列 $\boldsymbol{A}$ が優対角なら初期値に無関係に収束する．

さらに次の定理が成り立ち（証明省略），ガウス・ザイデル反復法の優秀性を裏付けている．

【定理 5.5】（シュタイン・ローゼンベルグの定理）行列 $\boldsymbol{A}$ のすべての要素が正または零のとき，連立 1 次方程式 $\boldsymbol{Ax} = \boldsymbol{b}$ のヤコビ反復法が収束すればガウス・ザイデル反復法も収束し，しかも収束が速い．

ただし，ガウス・ザイデル反復法がヤコビ反復法より常に優れているわけではない．行列 A に負の要素があると，ヤコビ反復法が収束してもガウス・ザイデル反復法が収束しない場合もある．さらにガウス・ザイデル反復法には大きな弱点がある．それは並列処理に向かないことである．第2章：2.2節で触れたように，今日のスーパーコンピュータでは複数のプロセッサーの並列処理によって計算速度を向上させている．ヤコビ反復法の n 個の反復式 (5.8) はそれぞれ別々のプロセッサーで同時に計算できる．しかし，ガウス・ザイデル反復法の反復式 (5.45) の各式は直前に計算した値を用いるので，それ以前の計算が終了するまで待たなければならない．ただし，ガウス・ザイデル反復法でも工夫すればある程度の並列化は可能である．

ノート5.6　$n \times n$ 行列 C, D に対して

$$\lambda Cp = Dp \tag{5.59}$$

となる 0 でないベクトル p が存在するとき，p を行列 D の C に関する**一般固有ベクトル**，λ をその**一般固有値**という．$C = I$（単位行列）のときが普通の固有値問題となる（↪ノート5.3）．式 (5.59) は次のように書ける．

$$(\lambda C - D)p = 0 \tag{5.60}$$

これは p に関する連立1次方程式であり，自明な解 $p = 0$ 以外の解が存在する必要十分条件は係数行列の行列式が0であること，すなわち次式が成り立つことである．

$$\phi(\lambda) = |\lambda C - D| = 0 \tag{5.61}$$

$\phi(\lambda)$ は λ の n 次多項式であり，上式は一般に重複を含めて n 個の解 $\lambda_1, \lambda_2, \ldots, \lambda_n$ を持つ．そしてそれに対応する一般固有ベクトル $p_1, p_2, \ldots, p_n$ が存在する．一般固有値および一般固有ベクトルの各要素は一般に複素数である．D が対称行列で，かつ C が正値対称行列（固有値がすべて正の対称行列）なら一般固有値も一般固有ベクトルもすべて実数であることが証明できる．式 (5.53), (5.54) においては式 (5.49), (5.50) の行列 C, D が対称でないので式 (5.29) が成り立つような $\lambda_1, \lambda_2, \ldots, \lambda_n$ や $p_1, p_2, \ldots, p_n$ が存在しない場合がある．しかし，その場合でも定理5.3は成立する．

ノート5.7　定理5.4は次のように証明される．λ をある一つの特性根とする．すなわち，式 (5.53) が成り立っているとする．ここで $\tilde{C} = C - I$ と置くと，式 (5.49) より $\tilde{C}$ の対角要素はすべて0となる．式 (5.53) に $C = I + \tilde{C}$ を代入すると次のようになる．

$$\lambda p = -\lambda \tilde{C} p + Dp \tag{5.62}$$

要素で書くと次のようになる．

$$\lambda p_i = -\lambda \sum_{j=1}^{n} \tilde{C}_{ij} p_j + \sum_{j=1}^{n} D_{ij} p_j, \quad i=1,\ldots,n \tag{5.63}$$

$|p_1|, |p_2|, \ldots, |p_n|$ の最大値を $|p_{k^*}|$ とすると，次の式を得る．

$$|\lambda| \cdot |p_{k^*}| \leq |\lambda| \sum_{j=1}^{n} |\tilde{C}_{k^*j}| \cdot |p_j| + \sum_{j=1}^{n} |D_{k^*j}| \cdot |p_j| \leq |\lambda| \cdot |p_{k^*}| \sum_{j=1}^{n} |\tilde{C}_{k^*j}|$$

$$+ |p_{k^*}| \sum_{j=1}^{n} |D_{k^*j}| \tag{5.64}$$

仮に $|\lambda| \geq 1$ と仮定してみる．辺々を $|p_{k^*}|$ で割ると，$\boldsymbol{A}$ が優対角なら次の関係を得る．

$$|\lambda| \leq |\lambda| \sum_{j=1}^{n} |\tilde{C}_{k^*j}| + \sum_{j=1}^{n} |D_{k^*j}| \leq |\lambda| \sum_{j=1}^{n} |\tilde{C}_{k^*j}| + |\lambda| \sum_{j=1}^{n} |D_{k^*j}|$$

$$= |\lambda| \sum_{j=1}^{n} (|\tilde{C}_{k^*j}| + |D_{k^*j}|) = |\lambda| \sum_{j \neq k^*} \frac{|a_{k^*j}|}{|a_{k^*k^*}|} < |\lambda| \tag{5.65}$$

これは $|\lambda| < |\lambda|$ となり矛盾である．ゆえに $|\lambda| < 1$ である．任意の特性根 λ についてこれが成り立つから，すべての特性根の絶対値は 1 より小さい．ゆえに定理 5.3 よりガウス・ザイデル反復法が収束する．

練習問題

1. 次の行列の固有値と固有ベクトルを求めよ．

$$\begin{pmatrix} 6 & -1 & -2 \\ 4 & 1 & -2 \\ 5 & -1 & -1 \end{pmatrix}$$

2. 連立 1 次方程式

$$8x + y = 9$$
$$x + 2y = 3$$

をヤコビ反復法で解くとき，特性根は何か．

3. 問 2 の連立 1 次方程式をガウス・ザイデル反復法で解くとき，特性根を計算して，ヤコビ反復法より速く収束することを示せ．

4. 連立1次方程式
$$\begin{aligned} 4x + y - 2w &= 5 \\ x + 4y - z + w &= -5 \\ -y + 4z - w &= 6 \\ -2x + y - z + 4w &= -8 \end{aligned}$$
を解くヤコビ反復法およびガウス・ザイデル反復法のプログラムを書き，初期値 $x = y = z = w = 0$ から開始し，収束速度を比較せよ．なお，解は $x = 1, y = -1, z = 1, w = -1$ である．

5. 定理 5.1, 5.3 によればヤコビ反復法もガウス・ザイデル反復法も特性根の絶対値が 1 より小さいとき真の解に収束するが，特性根に絶対値が 1 より大きいものがあるとき，初期値として真の解から出発して反復を繰り返すとどうなると予想されるか．真の解は方程式を満たすので，それに対して反復公式の左辺（更新した値）を計算しても同じ値が得られ，以後同じ値の繰返しとなるように思われるが，これは正しいか．

第6章

数値積分

本章では積分を数値的に計算する方法を紹介する．これにはさまざまな手法が存在するが，それぞれ精度と使いやすさが異なる．実際の場ではその応用に最も適した方法を用いればよいが，ここでは各手法の背後にある考え方を学ぶことを主眼とする．まずニュートン・コーツの公式を示し，次に台形積分とシンプソン積分について述べる．さらにロンバーグ積分とガウスの積分公式を紹介する．そして，これらを通して，ラグランジュの補間公式，加速，ルジャンドルの多項式などの数学的事項を学ぶ．

6.1 ニュートン・コーツの公式

与えられた関数 $f(x)$ の区間 $[a,b]$ 上の積分

$$I = \int_a^b f(x)dx \tag{6.1}$$

を計算したい．そのために区間 $[a,b]$ を n 等分して，分点 $x_0 (=a), x_1, \ldots, x_n (=b)$ をとる．分割の幅を $h=(b-a)/n$ とし，分点 x_k での関数値を $f_k = f(x_k)$ と置く（図6.1）．そして式(6.1)の積分を $f_0, f_1, \ldots, f_n$ の線形結合

$$I \approx \sum_{k=0}^{n} W_k f_k \tag{6.2}$$

によって計算することを考える．そして，これが式(6.1)のなるべくよい近似となるように係数 $W_0, W_1, \ldots, W_n$ を定める．その一つの方法は $n+1$ 点 (x_0, f_0),

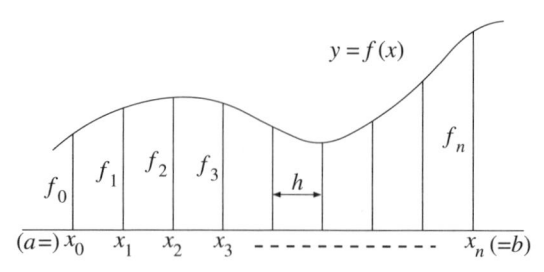

図 6.1 区間 $[a, b]$ を n 等分して分点 $x_0 (= a), x_1, \ldots, x_n (= b)$ をとり，積分 $\int_a^b f(x)dx$ を分点での関数値 $f_0, f_1, \ldots, f_n$ の線形結合によって近似する．

$(x_1, f_1), \ldots, (x_n, f_n)$ を通る多項式 $y = p(x)$ を考え，式 (6.1) を $\int_a^b p(x)dx$ で近似することである．これを例で示そう．

【例 6.1】 $n = 1$，すなわち区間の両端点のみを使う場合を考える（図 6.2(a)）．端点 $(a, f_0), (b, f_1)$ を通る 1 次式は次のように書ける．

$$y = \frac{x-b}{a-b}f_0 + \frac{x-a}{b-a}f_1 \tag{6.3}$$

右辺は x の 1 次式である．そして，$x = a$ とすると $y = f_0$ となり，$x = b$ とすると $y = f_1$ となるので，両端点を通ることが分かる．$h = b - a$ と置いて式 (6.3) を積分すると次のようになる（積分の途中の計算式は省略）．

$$\int_a^b y dx = -\frac{f_0}{h}\int_a^b (x-b)dx + \frac{f_1}{h}\int_a^b (x-a)dx = \frac{h}{2}(f_0 + f_1) \tag{6.4}$$

ゆえに次の公式が得られる．

$$I \approx \frac{h}{2}(f_0 + f_1) \tag{6.5}$$

これは x 軸と両端点を通る直線によって作られる台形の面積であり，**台形公式**と呼ばれる．関数 $f(x)$ が 1 次式の場合はこの公式によって厳密な積分値が得られる．

【例 6.2】 $n = 2$ の場合を考え，区間 $[a, b]$ の中点を c とする（図 6.2(b)）．3 点 $(a, f_0), (c, f_1), (b, f_2)$ を通る 2 次式は次のように書ける．

$$y = \frac{(x-c)(x-b)}{(a-c)(a-b)}f_0 + \frac{(x-a)(x-b)}{(c-a)(c-b)}f_1 + \frac{(x-a)(x-c)}{(b-a)(b-c)}f_2 \tag{6.6}$$

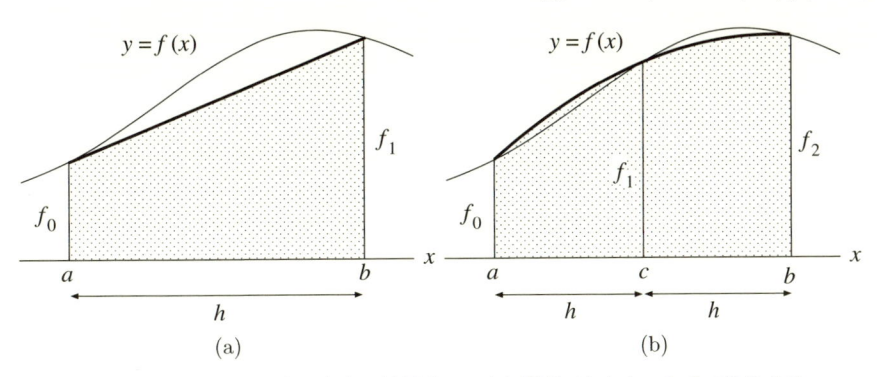

図 6.2 (a) 関数 $f(x)$ を 1 次式で近似する．(b) 関数 $f(x)$ を 2 次式で近似する．

右辺は x の 2 次式である．そして，$x = a$ とすると $y = f_0$ となり，$x = c$ とすると $y = f_1$ となり，$x = b$ とすると $y = f_2$ となることが分かる．$h = (b-a)/2$ と置いて式 (6.6) を積分すると次のようになる（積分の途中の計算式は省略）．

$$\int_a^b y dx = \frac{f_0}{2h^2}\int_a^b (x-c)(x-b)dx - \frac{f_1}{h^2}\int_a^b (x-a)(x-b)dx$$
$$+ \frac{f_2}{2h^2}\int_a^b (x-a)(x-c)dx$$
$$= \frac{h}{3}(f_0 + 4f_1 + f_2) \tag{6.7}$$

ゆえに次の公式が得られる．

$$I \approx \frac{h}{3}(f_0 + 4f_1 + f_2) \tag{6.8}$$

これは 3 点を通る放物線によって作られる領域の面積であり，**シンプソン公式**と呼ばれる．関数 $f(x)$ が 2 次式の場合はこの公式によって厳密な積分値が得られる．

同様にすれば $n = 3, 4, \ldots$ に対する公式が得られる．表 6.1 は $n = 10$ までの結果をまとめたものである．このようにして作られる公式を**ニュートン・コーツの公式**と呼ぶ．一般の n 分割の場合は次のようになる．$n+1$ 点 (x_0, f_0), $(x_1, f_1), \ldots, (x_n, f_n)$ を通る n 次式 $y = p(x)$ を式 (6.3), (6.6) にならって次のように置く．

$$y = L_0(x)f_0 + L_1(x)f_1 + \cdots + L_n(x)f_n \tag{6.9}$$

表6.1 $n = 1, 2, 3, \ldots, 10$ に対するニュートン・コーツの公式.

$n = 1 : I \approx \dfrac{1}{2}h(f_0 + f_1)$ （台形公式）

$n = 2 : I \approx \dfrac{1}{3}h(f_0 + 4f_1 + f_2)$ （シンプソン公式）

$n = 3 : I \approx \dfrac{3}{8}h(f_0 + 3f_1 + 3f_2 + f_3)$

$n = 4 : I \approx \dfrac{2}{45}h(7f_0 + 32f_1 + 12f_2 + 32f_4 + 7f_4)$

$n = 5 : I \approx \dfrac{5}{288}h(19f_0 + 75f_1 + 50f_2 + 50f_3 + 75f_4 + 19f_5)$

$n = 6 : I \approx \dfrac{1}{140}h(41f_0 + 216f_1 + 27f_2 + 277f_3 + 27f_4 + 216f_5 + 41f_7)$

$n = 7 : I \approx \dfrac{7}{17280}h(751f_0 + 3577f_1 + 1323f_2 + 2989f_3 + 2989f_4 + 1323f_5 + 3755f_7$
$\quad + 751f_7)$

$n = 8 : I \approx \dfrac{7}{14175}h(989f_0 + 5888f_1 - 928f_2 + 10496f_3 - 4540f_4 + 10496f_5 - 928f_7$
$\quad + 5888f_7 + 989f_8)$

$n = 9 : I \approx \dfrac{9}{89600}h(2857f_0 + 15741f_1 + 1080f_2 + 19344f_3 + 5778f_4 + 5778f_5$
$\quad + 19344f_6 + 1080f_7 + 15741f_8 + 2857f_9)$

$n = 10 : I \approx \dfrac{5}{299376}h(16067f_0 + 160300f_1 - 48525f_2 + 272400f_3 - 260550f_4$
$\quad + 427368f_5 - 260550f_6 + 272400f_7 - 48525f_8 + 106300f_9 + 16067f_{10})$

$L_0(x), L_1(x), \ldots, L_n(x)$ をすべてn次式とすれば，これはn次式である．$x = x_0$ のとき $y = f_0$ であるようにするには $L_1(x_0) = \cdots = L_n(x_0) = 0$ であるような $L_1(x), \cdots, L_n(x)$ を用い，$L_0(x)$ としては

$$L_0(x_0) = 1, \quad L_0(x_1) = 0, \quad L_0(x_2) = 0, \quad \ldots, \quad L_0(x_n) = 0 \tag{6.10}$$

となる $L_0(x)$ を用いればよい．$L_0(x)$ が $x = x_1, x_2, \ldots, x_n$ で0になるなら，因数定理（↪第3章：定理3.2）より $(x - x_1)(x - x_2) \cdots (x - x_n)$ で割り切れる．そして $L_n(x)$ は n 次式であるから，次のように書ける．

$$L_0(x) = C(x - x_1)(x - x_2) \cdots (x - x_n) \tag{6.11}$$

Cは定数であり，$L_0(x_0) = 1$ となるように定める．上式に $x = x_0$ を代入して

1 と置くと $C(x_0 - x_1)(x_0 - x_2) \cdots (x_0 - x_n)$ であるから，C が次のように定まる．

$$C = \frac{1}{(x_0 - x_1)(x_0 - x_2) \cdots (x_0 - x_n)} \quad (6.12)$$

ゆえに式 (6.11) は次のように書ける．

$$L_0(x) = \frac{(x - x_1)(x - x_2) \cdots (x - x_n)}{(x_0 - x_1)(x_0 - x_2) \cdots (x_0 - x_n)} \quad (6.13)$$

確かに式 (6.10) が成り立つことが確認できる．同様に考えれば，$x = x_k$ のとき $y = f_k$ であるようにするには $j \neq k$ に対して $L_j(x_k) = 0$ となる $L_j(x)$ を用い，$L_k(x)$ としては

$$L_k(x_0) = 0, \ldots, L_k(x_{k-1}) = 0, L_k(x_k) = 1, L_k(x_{k+1}) = 0, \ldots, L_k(x_n) = 0 \quad (6.14)$$

となる $L_k(x)$ を用いればよい．$L_k(x)$ は $x = x_0, \ldots, x_{k-1}, x_{k+1}, \ldots, x_n$ で 0 になるので

$$L_1(x) = C(x - x_0) \cdots (x - x_{k-1})(x - x_{k+1}) \cdots (x - x_n) \quad (6.15)$$

の形である．定数 C を $x = x_k$ に対して 1 になるように決めれば $L_k(x)$ が次のようになる．

$$L_k(x) = \frac{(x - x_0)(x - x_1) \cdots \widehat{(x - x_k)} \cdots (x - x_n)}{(x_k - x_0)(x_k - x_1) \cdots \widehat{(x_k - x_k)} \cdots (x_k - x_n)} \quad (6.16)$$

ただし $\widehat{(\cdots)}$ はその項を除くことを表す．これを用いると式 (6.9) より，(x_0, f_0)，$(x_1, f_1), \ldots, (x_n, f_n)$ を通る n 次式が次のように書ける．

$$y = \sum_{k=0}^{n} L_k(x) f_k \quad (6.17)$$

確かに $x = x_0, x_1, \cdots, x_n$ のとき $y = f_0, f_1, \cdots, f_n$ となることが確かめられる．式 (6.16),(6.17) を**ラグランジュの補間公式**と呼ぶ．積分 $I = \int_a^b f(x) dx$ を式 (6.17) の積分で近似することにより一般の n に対するニュートン・コーツの公式が次のように得られる．

$$I \approx \sum_{k=0}^{n} W_k f_k, \quad W_k = \int_a^b L_k(x) dx \quad (6.18)$$

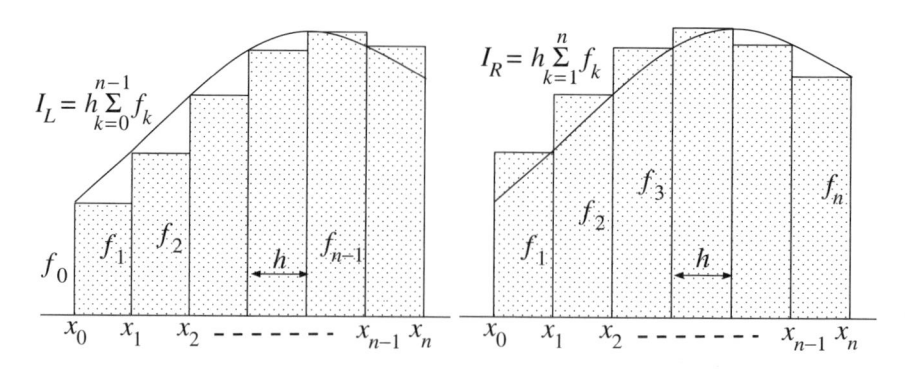

図 6.3 和 $I_L = h\sum_{k=0}^{n-1} f_k$ も和 $I_R = h\sum_{k=1}^{n} f_k$ もどちらも $n \to \infty$ で積分 $\int_a^b f(x)dx$ に収束する．しかし，収束が遅いので数値計算には向いていない．

ノート 6.1 関数 $f(x)$ の積分 $\int_a^b f(x)dx$ は数学的には次のように定義される．区間 $[a,b]$ 上に分点 $a = x_0 < x_1 < \cdots < x_n = b$ をとり，$\Delta = \max_{i=1}^{n}(x_i - x_{i-1})$ と置く．各区間 $[x_{i-1}, x_i]$ 内に任意に点 ξ_i をとり，和

$$S = \sum_{i=1}^{n} f(\xi_i)(x_i - x_{i-1}) \tag{6.19}$$

を考える．$\Delta \to 0$ となるように $n \to \infty$ とするとき，和 S が分点のとり方や ξ_i の選び方によらずに一定値に収束すれば，$f(x)$ は区間 $[a,b]$ において（リーマン）積分可能という．そして，その値を $\int_a^b f(x)dx$ と書いて，（リーマン）積分と呼ぶ．もし $f(x)$ に原始関数 $F(x)$（$F'(x) = f(x)$ となる関数 $F(x)$）が存在すれば，積分 $\int_a^b f(x)dx$ は次の値に等しい（**微分積分学の基本定理**）．

$$\int_a^b f(x)dx = F(b) - F(a) \tag{6.20}$$

関数 $f(x)$ が積分可能のとき，区間 $[a,b]$ を n 等分して，分点 x_k での値を $f_k = f(x_k)$ とし，分割の幅を $h = (b-a)/n$ と置くと，積分 $\int_a^b f(x)dx$ は次の極限として計算され，どちらの極限も一致する（図6.3）．

$$\int_a^b f(x)dx = \begin{cases} \lim_{n \to \infty} h \sum_{k=0}^{n-1} f_k \\ \lim_{n \to \infty} h \sum_{k=1}^{n} f_k \end{cases} \tag{6.21}$$

このことから式 (6.2) の W_k はほぼ h であることが分かる．実際，表6.1 中の式を見ると，n が大きくなるにつれて係数が h に近づいている．しかし，

$$I_L = h \sum_{k=0}^{n-1} f_k \quad \text{または} \quad I_R = h \sum_{k=1}^{n} f_k \tag{6.22}$$

を用いたのでは積分の良い近似は得られない．n を増やせば真の積分に収束するといっても，収束の速度は非常に遅い．それよりもニュートン・コーツの公式のほうが少ない n で良い近似が得られる．

6.2 台形積分とシンプソン積分

前節のニュートン・コーツの公式は実際にはあまり用いられない．その理由は，分割数 n をいくらにしたらよいかが問題となるからである．合理的な方法は，n をしだいに増やしながら計算して，精度の変化がほとんどなくなるような n を用いることである．しかし，ニュートン・コーツの公式は分割数 n を変えるたびに別の公式を使わなければならない．これは非常に不便である．このため，あらかじめ固定された n 等分割点の関数値のみがデータとして与えられているような場合以外はニュートン・コーツの公式は用いられることが少ない．

同じ形の一つの公式で分割数 n を自由に変えることができる方法のうち，最も簡単なのが次の**台形積分**である．これは分割した各小区間ごとに式 (6.5) の台形公式を用いるものであり（図 6.4(a)），次のように書ける．

$$\begin{aligned} I &\approx \frac{h}{2}(f_0 + f_1) + \frac{h}{2}(f_1 + f_2) + \cdots + \frac{h}{2}(f_{n-1} + f_n) \\ &= h\left(\frac{1}{2}f_0 + f_1 + f_2 + \cdots + f_{n-1} + \frac{1}{2}f_n\right) \end{aligned} \tag{6.23}$$

プログラム風に書くと次のようになる．

$$\begin{aligned} &h = (b-a)/n; \quad s = (f(a) + f(b))/2; \\ &\text{for} \ \ (k = 1, \ldots, n-1) \\ &\quad \{x = a + h*k; \quad s = s + f(x);\} \\ &I = h*s; \end{aligned} \tag{6.24}$$

もう一つのよく知られた方法は次の**シンプソン積分**である．これは n を偶数として，隣接する二つの小区間ごとに式 (6.8) のシンプソン公式を用いるもの

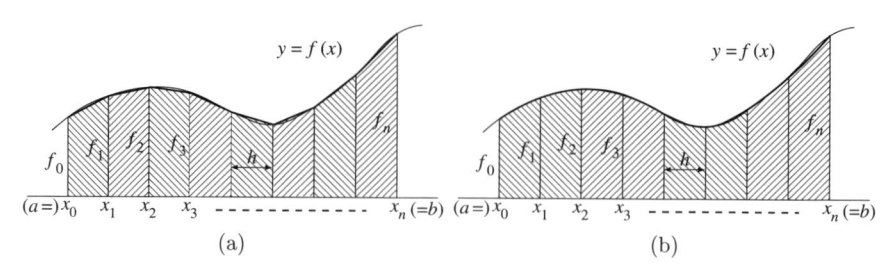

図 6.4 (a) 台形積分．各小区間で関数を 1 次式で近似する．(b) シンプソン積分．隣り合う二つの小区間で関数を 2 次式で近似する．

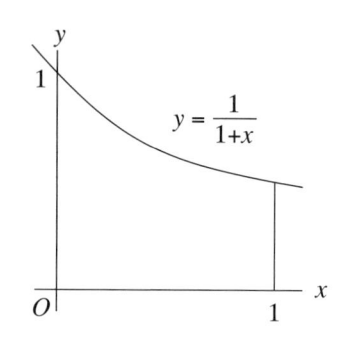

図 6.5 関数 $y = 1/(1+x)$ の積分．

である（図 6.4(b)）．これは次のように書ける．

$$I \approx \frac{h}{3}(f_0 + 4f_1 + f_2) + \frac{h}{3}(f_2 + 4f_3 + f_4) + \cdots + \frac{h}{3}(f_{n-2} + 4f_{n-1} + f_n)$$
$$= \frac{h}{3}\Big(f_0 + 4f_1 + 2f_2 + 4f_3 + 2f_4 + \cdots + 2f_{n-2} + 4f_{n-1} + f_n\Big) \quad (6.25)$$

プログラム風に書くと次のようになる．

$$\begin{aligned}
&h = (b-a)/n; \quad s = f(a) + f(b); \\
&\textbf{for} \ \ (k = 1, \ldots, n/2 - 1) \\
&\quad \{x = a + h*(2*k); \quad s = s + 4*f(x-h) + 2*f(x);\} \\
&I = h*(s + 4*f(b-h))/3
\end{aligned} \quad (6.26)$$

【例 6.3】 次の積分を考える（図 6.5）．

$$\int_0^1 \frac{dx}{1+x} = 0.69314718055994530941723212{14}\cdots (= \log 2) \quad (6.27)$$

6.2 台形積分とシンプソン積分

表6.2 区間 $[0,1]$ を n 等分して計算した $y = \int_0^1 dx/(1+x)$ の台形積分とシンプソン積分とその誤差．n を増やすとシンプソン積分のほうが台形積分よりも正しい桁数（下線）がより速く増えている．

n	台形積分	誤差	シンプソン積分	誤差
2	0.7083333	0.0151862	0.6944444	0.0012972
4	0.6970238	0.0038766	0.6932540	0.0001068
6	0.6948773	0.0017302	0.6931698	0.0000226
8	0.6941218	0.0009747	0.6931545	0.0000074
10	0.6937714	0.0006242	0.6931502	0.0000031
12	0.6935808	0.0004337	0.6931487	0.0000015
14	0.6934658	0.0003187	0.6931480	0.0000008
16	0.6933912	0.0002440	0.6931477	0.0000005
18	0.6933400	0.0001928	0.6931475	0.0000003
20	0.6933034	0.0001562	0.6931474	0.0000002
22	0.6932763	0.0001291	0.6931473	0.0000001
24	0.6932557	0.0001085	0.6931473	0.0000001
26	0.6932396	0.0000924	0.6931473	0.0000001
28	0.6932269	0.0000792	0.6931472	0.0000001
30	0.6932166	0.0000694	0.6931472	0.0000000

区間 $[0,1]$ を n 等分して台形積分とシンプソン積分を行うと，計算値と誤差はそれぞれ表6.2のようになる（誤差 = (計算値) − (真の値)）．n をしだいに増やすと，明らかに台形積分よりシンプソン積分のほうが速く真の値に収束している．ただし，シンプソン積分を計算する都合上，n は偶数のみを計算している．

ノート6.2 分割数を増やしたときの精度の向上を確認するのに表6.2のように n を順に増やすのは非効率である．なぜなら，増やした n に対して，改めて分点における関数値を計算する必要があるからである．より合理的なのは n を次々と2倍することである．そうすれば各小区間の中点での関数値のみを新しく計算すればよく，その前に計算した関数値はそのまま次の計算に利用できる．分点 $x_0, x_1, \ldots, x_n$ での関数値を $f_0, f_1, \ldots, f_n$ とし，n 分割した台形積分の値を $I(n)$ とすると，次のようになっている．

$$I(n) = h\left(\frac{1}{2}f_0 + f_1 + \cdots + f_{n-1} + \frac{1}{2}f_n\right) \tag{6.28}$$

分点 x_k と x_{k+1} の中点 $x_k + h/2$ における関数値を $f_{k.5} = f(x_k + h/2)$ と書くと，$2n$ 等分した台形積分は次のように書き直せる．

$$I(2n) = \frac{h}{2}\Big(\frac{1}{2}f_0 + f_{0.5} + f_1 + \cdots + f_n + f_{(n-1).5} + \frac{1}{2}f_n\Big)$$

$$= \frac{h}{2}\Big(\frac{1}{2}f_0 + f_1 + \cdots + f_{n-1} + \frac{1}{2}f_n\Big) + \frac{h}{2}\Big(f_{0.5} + f_{1.5} + \cdots + f_n + f_{(n-1).5}\Big)$$

$$= \frac{1}{2}I(n) + \frac{h}{2}\sum_{k=1}^{n} f(a + (k-0.5)h) \tag{6.29}$$

この関係を使えば, $n = 1$ に対する台形積分から始めて, $n = 2, 4, 8, 16, \ldots$ と分割を倍々にし, 例えば与えた誤差 ϵ に対して $|I(2n) - I(n)| < \epsilon$ となるまで続ければよい. プログラム風に書くと次のようになる (数学的な書き方も混ぜている).

$$\begin{aligned}
& n = 1; \ h = b - a; \\
& I = h * (f(a) + f(b))/2; \\
& \textbf{do} \\
& \quad \{ D = (h/2) * \textstyle\sum_{k=1}^{n} f(a + (k - 0.5) * h)/2; \\
& \quad \ I = I/2 + D; \\
& \} \ \textbf{while} \ (|D - I/2| \geq \epsilon);
\end{aligned} \tag{6.30}$$

ノート6.3 分割を倍々にする操作はシンプソン積分でもできる. n 分割のシンプソン積分は次のようになっている.

$$I(n) = \frac{h}{3}\Big(f_0 + 4f_1 + 2f_2 + 4f_3 + \cdots + 2f_{n-2} + 4f_{n-1} + f_n\Big) \tag{6.31}$$

分割を 2 倍した $I(2n)$ は次のように書ける.

$$I(2n) = \frac{h}{6}\Big(f_0 + 4f_{0.5} + 2f_1 + 4f_{1.5} + \cdots + 2f_{n-1} + 4f_{(n-1).5} + f_n\Big)$$

$$= \frac{h}{6}\Big(f_0 + 2f_1 + 2f_2 + 2f_3 + \cdots + 2f_{n-2} + 2f_{n-1} + f_n\Big)$$

$$+ \frac{2h}{3}\Big(f_{0.5} + f_{1.5} + f_{2.5} + \cdots + f_{(n-1).5}\Big)$$

$$= \frac{h}{6}\Big(f_0 + 4f_1 + 2f_2 + 4f_3 + \cdots + 2f_{n-2} + 4f_{n-1} + f_n\Big)$$

$$- \frac{h}{3}\Big(f_1 + f_3 + f_5 + \cdots + f_{n-1}\Big) + \frac{2h}{3}\Big(f_{0.5} + f_{1.5} + f_{2.5} + \cdots + f_{(n-1).5}\Big)$$

$$= \frac{1}{2}I(n) - \frac{h}{3}\sum_{k=1}^{n/2} f(a + (k-0.5)(2h)) + \frac{2h}{3}\sum_{k=1}^{n} f(a + (k-0.5)h)$$

$$= \frac{1}{2}I(n) - \frac{1}{4}J\Big(\frac{n}{2}\Big) + J(n) \tag{6.32}$$

ただし, $J(n)$ を次のように定義する.

$$J(n) = \frac{2}{3}\frac{b-a}{n}\sum_{k=1}^{n} f\Big(a + \frac{b-a}{n}(k-0.5)\Big) \tag{6.33}$$

この関係を使えば，$n = 2$ に対するシンプソン積分から始めて，$n = 4, 8, 16, \ldots$ と分割を倍々にし，例えば与えた誤差 ϵ に対して $|I(2n) - I(n)| < \epsilon$ となるまで続ければよい．プログラム風に書くと次のようになる（数学的な書き方も混ぜている）．

$$
\begin{aligned}
&n = 2; \quad h = b - a; \\
&f_0 = f(a); \quad f_1 = f((a+b)/2); \quad f_2 = f(b); \\
&I = h*(f_0 + 4f_1 + f_2)/3; \quad J = 4*h*f_1/3 \\
&\textbf{do} \\
&\quad \{ D = -J/4; \\
&\qquad J = (2*h/3) * \sum_{k=1}^{n} f(a + (k - 0.5)*h); \\
&\qquad D = D + J; \quad I = I/2 + D; \quad n = 2*n; \quad h = h/2; \\
&\quad \} \textbf{ while } (|D - I/2| \geq \epsilon);
\end{aligned}
\tag{6.34}
$$

6.3 台形積分とシンプソン積分の誤差評価

表 6.2 の結果からはシンプソン積分のほうが台形積分より精度が高いが，すべての関数に対して成り立つのであろうか．またシンプソン積分のほうが精度が高いとしても，どの程度高いのであろうか．これを評価するために，まずベルヌーイ数を次のように定義する．

【定義 6.1】 ベルヌーイ数 B_k を次の級数展開の第 k 項の係数として定義する．

$$
\frac{x}{e^x - 1} = B_0 + B_1 x + \frac{1}{2} B_2 x^2 + \frac{1}{3!} B_3 x^3 + \cdots = \sum_{k=0}^{\infty} \frac{B_k}{k!} x^k \tag{6.35}
$$

具体的な値は次のようになる．

$$
B_0 = 1, \quad B_1 = -\frac{1}{2}, \quad B_2 = \frac{1}{6}, \quad B_3 = 0, \quad B_4 = -\frac{1}{30}, \quad B_5 = 0, \quad B_6 = \frac{1}{42}, \quad \ldots \tag{6.36}
$$

$k > 2$ のとき奇数の k に対しては $B_k = 0$ である．

これから次の定理が成立する（証明はノート 6.5）．

【定理 6.1】（オイラー・マクローリンの公式）次の式が成り立つ．

$$
\sum_{k=0}^{n-1} f_k = \frac{1}{h} \int_a^b f(x) dx - \frac{1}{2}(f(b) - f(a)) + \sum_{k=1}^{\infty} \frac{B_{2k}}{(2k)!} (f^{(2k-1)}(b) - f^{(2k-1)}(a)) h^{2k-1} \tag{6.37}
$$

ただし，B_k はベルヌーイ数，f_k は区間 $[a,b]$ を n 等分した分点 $x_0\ (=a)$, $x_1,\ldots,x_n\ (=b)$ の x_k における関数 $f(x)$ の値，$h=(b-a)/n$ は分割の幅である．また $f^{(k)}(x)$ は関数 $f(x)$ の k 階導関数である．

式 (6.37) を用いると，台形積分が次のように表せる．

$$\begin{aligned}I(n) &= h\Big(\frac{1}{2}f_0 + f_1 + f_2 + \cdots + f_{n-1} + \frac{1}{2}f_n\Big) \\ &= h\sum_{k=0}^{n-1} f_k + \frac{h}{2}(f(b)-f(a)) \\ &= \int_a^b f(x)dx + \sum_{k=1}^{\infty} \frac{B_{2k}}{(2k)!}(f^{(2k-1)}(b)-f^{(2k-1)}(a))h^{2k}\end{aligned} \quad (6.38)$$

これから次の命題を得る．

【命題 6.1】 区間 $[a,b]$ を幅 h に分割する台形積分の誤差は次のように表せる．

$$\begin{aligned}E(h) &= \sum_{k=1}^{\infty} \frac{B_{2k}}{(2k)!}(f^{(2k-1)}(b)-f^{(2k-1)}(a))h^{2k} \\ &= \frac{f'(b)-f'(a)}{12}h^2 - \frac{f'''(b)-f'''(a)}{720}h^4 + \frac{f''''(b)-f''''(a)}{30240}h^6 + \cdots\end{aligned} \quad (6.39)$$

固定した区間 $[a,b]$ 上では導関数 $f'(x), f''(x), f'''(x), \ldots$ は通常はほぼ同じ大きさであるか，あるいは微分するほど小さくなる．したがって分割数 n を増やして刻み幅 h を小さくすると式 (6.39) の展開の第 2 項以下は第 1 項に比べて急速に小さくなる．したがって，台形積分の誤差 E はほぼ次のように書ける．

$$E \approx \frac{f'(b)-f'(a)}{12}h^2 \quad (6.40)$$

したがって，刻み幅 h を半分にすると誤差は約 $1/4$ になる．

【例 6.4】 例 6.3 に示した式 (6.27) の積分を考える．関数 $f(x)=1/(1+x)$ の導関数は $f'(x)=-1/(1+x)^2$ であるから，積分区間の両端での値は次のようになる．

$$f'(0)=-1, \quad f'(1)=-\frac{1}{4} \quad (6.41)$$

表 6.3 例 6.3 の関数の台形積分の誤差評価.

n	E	n	E
2	0.0156250	18	0.0001929
4	0.0039063	20	0.0001563
6	0.0017361	22	0.0001291
8	0.0009766	24	0.0001085
10	0.0006250	26	0.0000924
12	0.0004340	28	0.0000792
14	0.0003189	30	0.0000694
16	0.0002441		

区間 $[0,1]$ を n 等分すると $h = 1/n$ であるから，式 (6.40) は次のようになる．

$$E \approx \frac{1}{16n^2} \tag{6.42}$$

右辺を $n = 2, 4, 6, \ldots, 30$ に対して計算すると表 6.3 のようになる．これと表 6.2 を比較すると，n が大きくなるにつれて台形積分の実際の計算値の誤差に近づいていることが分かる．

シンプソン積分 $I(n)$ も式 (6.37) から次のように評価できる．

$$\begin{aligned}
I(n) &= \frac{h}{3}\Big(f_0 + f_n + 4(f_1 + f_3 + \cdots + f_{n-1}) + 2(f_2 + f_4 + \cdots + f_{n-2})\Big) \\
&= \frac{h}{3}\Big(4(f_0 + f_1 + f_2 + \cdots + f_{n-1}) \\
&\quad - 2(f_0 + f_2 + f_4 + \cdots + f_{n-2}) + f_0 - f_n\Big) \\
&= \frac{h}{3}\Big(4\Big(\frac{1}{h}\int_a^b f(x)dx - \frac{f(b) - f(a)}{2} \\
&\quad + \sum_{k=1}^{\infty} \frac{B_{2k}}{(2k)!}(f^{(2k-1)}(b) - f^{(2k-1)}(a))h^{2k-1}\Big) \\
&\quad - 2\Big(\frac{1}{2h}\int_a^b f(x)dx - \frac{f(b) - f(a)}{2} \\
&\quad + \sum_{k=1}^{\infty} \frac{B_{2k}}{(2k)!}(f^{(2k-1)}(b) - f^{(2k-1)}(a))(2h)^{2k-1}\Big) + f(b) - f(a)\Big) \\
&= \int_a^b f(x)dx + \frac{1}{3}\sum_{k=1}^{\infty} \frac{B_{2k}(4 - 2^{2k})}{(2k)!}(f^{(2k-1)}(b) - f^{(2k-1)}(a))h^{2k}
\end{aligned} \tag{6.43}$$

これから次の命題を得る．

表 6.4 例 6.3 の関数のシンプソン積分の誤差評価.

n	E	n	E
2	0.0019531	18	0.0000003
4	0.0001221	20	0.0000002
6	0.0000241	22	0.0000001
8	0.0000076	24	0.0000001
10	0.0000031	26	0.0000001
12	0.0000015	28	0.0000001
14	0.0000008	30	0.0000000
16	0.0000005		

【命題 6.2】 区間 $[a,b]$ を幅 h 分割するシンプソン積分の誤差は次のように表せる.

$$E(h) = \frac{1}{3}\sum_{k=1}^{\infty} \frac{B_{2k}(4-2^{2k})}{(2k)!}(f^{(2k-1)}(b)-f^{(2k-1)}(a))h^{2k}$$

$$= \frac{f'''(b)-f'''(a)}{180}h^4 - \frac{f'''''(b)-f'''''(a)}{1525}h^6$$

$$+ \frac{f'''''''(b)-f'''''''(a)}{1440}h^8 + \cdots \tag{6.44}$$

これからシンプソン積分の誤差 E はほぼ次のように書ける.

$$E \approx \frac{f'''(b)-f'''(a)}{180}h^4 \tag{6.45}$$

したがって, 刻み幅 h を半分にすると誤差は約 1/16 になる. このことからもシンプソン積分のほうが台形積分より一般に高精度であることが分かる.

【例 6.5】 例 6.3 に示した式 (6.27) の積分を考える. 関数 $f(x) = 1/(1+x)$ の 3 階の導関数は $f'''(x) = -6/(1+x)^4$ であるから, 積分区間の両端での値は次のようになる.

$$f'''(0) = -6, \quad f'''(1) = -\frac{3}{8} \tag{6.46}$$

区間 $[0,1]$ を n 等分すると $h = 1/n$ であるから, 式 (6.40) は次のようになる.

$$E \approx \frac{1}{32n^4} \tag{6.47}$$

右辺を $n = 2, 4, 6, \ldots, 30$ に対して計算すると表 6.4 のようになる. これと表 6.2 を比較すると, n が大きくなるにつれてシンプソン積分の実際の計算値の誤差に近づいていることが分かる.

しかし，常にシンプソン積分のほうが優れているわけではない．代表的な場合は区間の両端で $f'(a) \approx 0, f'(b) \approx 0$ となる場合，あるいは $f'(a) \approx f'(b)$ の場合である．このとき式 (6.39) の展開の最初の項はほぼ 0 となり，誤差は次のように書ける．

$$E \approx \frac{f'''(b) - f'''(a)}{720} h^4 \tag{6.48}$$

これと式 (6.45) を比較すると $1/180 > 1/720$ であるからシンプソン積分より台形積分の誤差のほうが小さくなる．$f'(a) \approx 0, f'(b) \approx 0$ となるのは，例えば $\lim_{x \to \infty} f(x) = 0$ となる関数（例：確率密度関数）を広い範囲 $[a,b]$ に渡って積分する場合である．$f'(a) \approx f'(b)$ となるのは関数 $f(x)$ が区間 $[a,b]$ を周期とする周期関数（例：三角関数）に近い場合である．このような場合はシンプソン積分より台形積分のほうが少ない分割ではるかに精密に計算できる．

ノート 6.4 上に述べたことをさらに推し進める計算法がある．命題 6.1 の式 (6.39) を見ると，台形積分の誤差は積分区間の両端での導関数 $f'(x), f''(x), f'''(x), \ldots$ によって決まる．そこで新しい変数 $t = t(x)$ を用いて x の積分区間 $[a,b]$ を t の無限区間 $(-\infty, \infty)$ に写像し，$t \to \pm\infty$ ですべての導関数が 0 になるように $t(x)$ を定める．そして t 軸上の十分広い範囲で台形積分を行えば精度が著しく向上する．このような方法としてよく知られているものに**二重指数型積分公式**と呼ばれるものがある．

ノート 6.5 定理 6.1 のオイラー・マクローリンの公式 (6.37) は次のように演算子代数によって導出できる．まず，ずらし演算子 $\mathcal{E}$ を次のように定義する．

$$\mathcal{E}f(x) = f(x + h) \tag{6.49}$$

次に微分演算子 $\mathcal{D}$ を次のように定義する．

$$\mathcal{D}f(x) = f'(x) \tag{6.50}$$

関数 $f(x)$ をテイラー展開すると次のようになる．

$$f(x+h) = f(x) + hf'(x) + \frac{h^2}{2!}f''(x) + \frac{h^3}{3!}f'''(x) + \cdots = \sum_{k=0}^{\infty} \frac{h^k}{k!} f^{(k)} \tag{6.51}$$

式 (6.49), (6.50) の演算子を用いると上式は次のように書ける．

$$\mathcal{E}f(x) = \sum_{k=1}^{\infty} \frac{h^k}{k!} \mathcal{D}^k f(x) \tag{6.52}$$

これから次の演算子同士の関係式を得る．

$$\mathcal{E} = \sum_{k=1}^{\infty} \frac{h^k}{k!} \mathcal{D}^k \equiv e^{h\mathcal{D}} \tag{6.53}$$

総和 $\sum_{k=0}^{n-1} f_k$ は次のように書ける．

$$\begin{aligned}
\sum_{k=0}^{n-1} f_k &= f(a) + f(a+h) + f(a+2h) + \cdots + f(a+(n-1)h) \\
&= f(a) + \mathcal{E}f(a) + \mathcal{E}^2 f(a) + \cdots + \mathcal{E}^{n-1} f(a) \\
&= (\mathcal{I} + \mathcal{E} + \mathcal{E}^2 + \cdots + \mathcal{E}^{n-1}) f(a) = \frac{\mathcal{E}^n - \mathcal{I}}{\mathcal{E} - \mathcal{I}} f(a)
\end{aligned} \tag{6.54}$$

ただし $\mathcal{I}$ は恒等演算子である．式 (6.53) から次の関係を得る．

$$\begin{aligned}
\frac{\mathcal{E}^n - \mathcal{I}}{\mathcal{E} - \mathcal{I}} &= \frac{\mathcal{E}^n - \mathcal{I}}{h\mathcal{D}} \frac{h\mathcal{D}}{\mathcal{E} - \mathcal{I}} = \frac{\mathcal{E}^n - \mathcal{I}}{h\mathcal{D}} \frac{h\mathcal{D}}{e^{h\mathcal{D}} - \mathcal{I}} = \frac{\mathcal{E}^n - \mathcal{I}}{h\mathcal{D}} \sum_{k=0}^{\infty} \frac{B_k}{k!} h^k \mathcal{D}^k \\
&= (\mathcal{E}^n - \mathcal{I}) \Big(\frac{1}{h\mathcal{D}} - \frac{\mathcal{I}}{2} + \sum_{k=1}^{\infty} \frac{B_{2k}}{(2k)!} h^{2k-1} \mathcal{D}^{2k-1} \Big)
\end{aligned} \tag{6.55}$$

上式中では式 (6.35) のベルヌーイ数を定義する式を演算子 $h\mathcal{D}$ に適用している．そして $B_0 = 1$, $B_1 = -1/2$ であり，$k > 2$ の奇数の k に対しては $B_k = 0$ であることを用いた．演算子として関係 $\mathcal{D}(1/\mathcal{D}) = \mathcal{I}$ が成り立つから微分演算子 $\mathcal{D}$ の逆数 $1/\mathcal{D}$ は (不定) 積分演算子である．以上より次のように式 (6.37) が得られる．

$$\begin{aligned}
\sum_{k=0}^{n-1} f_k &= \frac{\mathcal{E}^n - \mathcal{I}}{\mathcal{E} - \mathcal{I}} f(a) = (\mathcal{E}^n - \mathcal{I}) \Big(\frac{1}{h\mathcal{D}} - \frac{\mathcal{I}}{2} + \sum_{k=1}^{\infty} \frac{B_{2k}}{(2k)!} h^{2k-1} \mathcal{D}^{2k-1} \Big) f(a) \\
&= (\mathcal{E}^n - \mathcal{I}) \Big(\frac{1}{h} \int^a f(x) dx - \frac{f(a)}{2} + \sum_{k=1}^{\infty} \frac{B_{2k}}{(2k)!} h^{2k-1} f^{(2k-1)}(a) \Big) f(a) \\
&= \frac{1}{h} \Big(\int^{a+nh} f(x) dx - \int^a f(x) dx - \frac{f(a+nh) - f(a)}{2} \\
&\quad + \sum_{k=1}^{\infty} \frac{B_{2k}}{(2k)!} (f^{(2k-1)}(a+nh) - f^{(2k-1)}(a)) h^{2k-1} \Big) \\
&= \frac{1}{h} \int_a^b f(x) dx - \frac{f(b) - f(a)}{2} \\
&\quad + \sum_{k=1}^{\infty} \frac{B_{2k}}{(2k)!} (f^{(2k-1)}(a+nh) - f^{(2k-1)}(a)) h^{2k-1}
\end{aligned} \tag{6.56}$$

ただし $a + nh = b$ と置いた．

6.4 加速とロンバーグ積分

積分
$$I = \int_a^b f(x)dx \tag{6.57}$$
を計算する n 分割の台形積分は次のようになる．
$$I(n) = h\left(\frac{1}{2}f_0 + f_1 + \cdots + f_{n-1} + \frac{1}{2}f_n\right) \tag{6.58}$$
ただし h は刻み幅であり，$f_k = f(a + hk)$ である．命題 6.1 から I と $I(n)$ の関係が次のように書ける．
$$I(n) = I + \sum_{k=1}^{\infty} c_k h^{2k}, \quad c_k = \frac{B_k}{(2k)!}(f^{(2k-1)}(b) - f^{(2k-1)}(a)) \tag{6.59}$$

さて，分割 $n = 50$ の値 $I(50)$ と分割 $n = 100$ の値 $I(100)$ があるとき，当然 $I(100)$ のほうがより精度が高いから，$I(100)$ を採用するのが良いように思える．しかし，本当にそうであろうか．$I(50)$ は不要なのであろうか．式 (6.59) から $I(n)$ と $I(n/2)$ は次のようになる．

$$\begin{aligned} I(n) &= I + c_1 h^2 + c_2 h^4 + c_3 h^6 + \cdots \\ I\left(\frac{n}{2}\right) &= I + c_1(2h)^2 + c_2(2h)^4 + c_3(2h)^6 + \cdots \end{aligned} \tag{6.60}$$

第 1 式を 4 倍して第 2 式を引くと h^2 の項が消去されて次のようになる．

$$4I(n) - I\left(\frac{n}{2}\right) = 3I - 12c_2 h^4 - 60c_3 h^6 - \cdots \tag{6.61}$$

これを 3 で割ったものを $I_1(n)$ と置けば次のようになる．

$$I_1(n) = \frac{4I(n) - I(n/2)}{3} = I + c_2' h^4 + c_3' h^6 + \cdots, \quad c_k' = \frac{4 - 4^k}{3}c_k \tag{6.62}$$

これは h が小さいとき，I との誤差がほぼ h^4 に比例するので式 (6.60) の $I(n)$，$I(n/2)$ のどちらよりも精度が良いことを意味する．したがって，前述の例では $I_1(100) = (4I(100) - I(50))/3$ のほうが $I(100)$ よりも精度が良いことになる．このように，精度が高い値でも，それを精度が低い値と組み合わせることによって，より精度が高い値を得ることができる．これを加速と呼ぶ．

式 (6.62) の $I_1(n)$ をさらに加速することができる．

$$\begin{aligned} I_1(n) &= I + c'_1 h^4 + c'_2 h^6 + c'_3 h^8 + \cdots \\ I_1\!\left(\frac{n}{2}\right) &= I + c'_1 (2h)^4 + c'_2 (2h)^6 + c'_3 (2h)^8 + \cdots \end{aligned} \qquad (6.63)$$

から，次の $I_2(n)$ はさらに精度が高い値である．

$$I_2(n) = \frac{16 I_1(n) - I_1(n/2)}{15} = I + c''_3 h^6 + c''_4 h^8 + \cdots, \quad c''_k = \frac{16 - 4^k}{15} c'_k \quad (6.64)$$

これをさらに続けると次の $I_3(n)$ が得られる．

$$I_3(n) = \frac{64 I_2(n) - I_2(n/2)}{15} = I + c'''_4 h^8 + c'''_5 h^{10} + \cdots, \quad c'''_k = \frac{64 - 4^k}{63} c''_k$$
$$(6.65)$$

これは $I_0(n) = I(n)$ と定義すれば，次のように一般化できる．

$$I_k(n) = \frac{4^k I_{k-1}(n) - I_{k-1}(n/2)}{4^k - 1}, \quad k = 1, 2, \ldots, \log_2 n \qquad (6.66)$$

この計算法を**ロンバーグ積分**と呼ぶ．例えば分割 n を倍々して $I(1), I(2), I(4), I(8)$ を計算したとする（↪ノート 6.2）．このとき，まず $I(1)$ と $I(2)$ から $I_1(2)$ が，$I(2)$ と $I(4)$ から $I_1(4)$ が，$I(4)$ と $I(8)$ から $I_1(8)$ が計算できる．次に $I_1(2)$ と $I_1(4)$ から $I_2(4)$ が，$I_1(4)$ と $I_1(8)$ から $I_2(8)$ が計算できる．最後に $I_2(4)$ と $I_2(8)$ から $I_3(8)$ が計算できる．図式的に書くと次のようになる．

$$\begin{array}{l} I(1) \\ \quad \searrow \\ I(2) \to I_1(2) \\ \quad \searrow \quad\quad \searrow \\ I(4) \to I_1(4) \to I_2(4) \\ \quad \searrow \quad\quad \searrow \quad\quad \searrow \\ I(8) \to I_1(8) \to I_2(8) \to I_3(8) \end{array} \qquad (6.67)$$

これを分割数 n があらかじめ定めた上限 $n_{\max}$ に達するまで，あるいはあらかじめ定めた微小量 ϵ を定めておいて

$$\left| I_k(n) - I_{k-1}\!\left(\frac{n}{2}\right) \right| < \epsilon \qquad (6.68)$$

となるまで続ければよい．

表6.5 例6.3の式(6.27)のロンバーグ積分．加速によって分割数を増やすことなく正しい桁数（下線）が急速に増える．

n	$I_1(n)$	$I_2(n)$	$I_3(n)$	$I_4(n)$	$I_5(n)$
1	0.75000000				
2	0.70833333	0.<u>69</u>444444			
4	0.<u>69</u>702381	0.<u>693</u>25397	0.<u>6931</u>7460		
8	0.<u>69</u>412183	0.<u>6931</u>5453	0.<u>69314</u>790	0.<u>69314</u>748	
16	0.<u>69</u>339120	0.<u>6931</u>4765	0.<u>69314</u>719	0.<u>69314</u>718	0.<u>69314718</u>

【例 6.6】 例6.3の式(6.27)のロンバーグ積分は表6.5のようになる．台形積分では16分割して小数点以下3桁しか正しくないが，加速すれば分割数を増やすことなく8桁全部が正しくなっている．

ノート6.6 分割数が$n_{\max}$（2のべき乗）に達するまで続ける場合をプログラム風に書くと次のようになる．

$$
\begin{aligned}
&n = 1; \ h = b - a; \ /* \ 初期分割 \ */ \\
&T_1 = h * (f(a) + f(b))/2; \ /* \ T_1 = I(n) \ */ \\
&\textbf{output} \ n, \ T_1; \\
&\textbf{for} \ (k = 1, 2, \ldots, \log_2 n_{\max}) \\
&\{ s = 0; \\
&\quad \textbf{for} \ (i = 1, 2, \ldots, n) \\
&\quad\quad \{ x = a + (i - 0.5) * h; \ s = s + f(x); \\
&\quad\quad \} \ /* \ 現在の分割の中点での関数値を加える \ */ \\
&\quad s = (T_1 + h * s)/2; \ /* \ s = I_1(n) \ */ \\
&\quad h = h/2; \ /* \ 分割幅を半分にする． \ */ \\
&\quad n = n * 2; \ /* \ 分割数を2倍にする．\ n = 2^k \ */ \\
&\quad m = 1; \\
&\quad \textbf{for} \ (j = 1, 2, \ldots, k) \\
&\quad\quad \{ t = T_j; \\
&\quad\quad\quad T_j = s; \ /* \ T_j = I_j(n) \ */ \\
&\quad\quad\quad m = m * 4; \ /* \ m = 4^j \ */ \\
&\quad\quad\quad s = (m * s - t)/(m - 1); \ /* \ s = I_{j+1}(n) \ */ \\
&\quad\quad \} \\
&\quad T_k = s; \ /* \ I_{j+1}(n) \ */ \\
&\quad \textbf{output} \ n, T_1, T_2, \ldots, T_k; \ /* \ n(= 2^k), I(n), I_1(n), I_2(n), \ldots, I_k(n) \\
&\quad の出力．*/ \\
&\}
\end{aligned}
\tag{6.69}
$$

ただし，**output** ... ; は ... をこの順に出力して最後に改行することを表す（実際のプログラミング言語と対応していない）．

ノート6.7 式 (6.58) より台形積分の $I(n)$ と $I(n/2)$ は次のようになる．

$$I(n) = h\left(\frac{1}{2}f_0 + f_1 + f_2 + f_3 + f_4 + \cdots + f_{n-2} + f_{n-1} + \frac{1}{2}f_n\right)$$
$$I\left(\frac{n}{2}\right) = 2h\left(\frac{1}{2}f_0 \quad + \quad f_2 \quad + \quad f_4 + \cdots + f_{n-2} \quad + \quad \frac{1}{2}f_n\right) \tag{6.70}$$

加速すると式 (6.62) の $I_1(n)$ は次のようになる．

$$I_1(n) = \frac{4I(n) - I(n/2)}{3} = \frac{h}{3}\left(f_0 + 4f_1 + 2f_2 + 4f_3 + 2f_4 + \cdots + 2f_{n-1} + 4f_{n-1} + f_n\right) \tag{6.71}$$

これは式 (6.25) のシンプソン積分に他ならない．すなわち，シンプソン積分は台形積分を加速したものとみなせる．

6.5 ガウスの積分公式

式 (6.16), (6.17) のラグランジュの補間公式は任意の $x_0, x_1, \ldots, x_n$ に対して $n+1$ 点 $(x_0, f_0), \ldots, (x_n, f_n)$ を通る n 次式を与える．これから式 (6.18) のニュートン・コーツの公式が得られる．これは関数 $f(x)$ を n 次式で近似するものであるから，$f(x)$ が次数 n またはそれ以下の多項式であれば厳密な値を与える．しかし，点 $x_0, x_1, \ldots, x_n$ は任意であるから，必ずしも積分区間 $[a, b]$ 上に等間隔にとる必要はない．これを積分公式の精度がなるべく高いように選ぶのが**ガウス（・ルジャンドル）の積分公式**である．これは N 個の分点に対して $f(x)$ が $2N+1$ 次式まで厳密な値を与える．これを次の例で確認しよう．

【**例 6.7**】区間 $[-1, 1]$ 上に 2 点 $x = -1/\sqrt{3}, 1/\sqrt{3}$ をとる．それらの点で値がそれぞれ $f(-1/\sqrt{3}), f(1/\sqrt{3})$ となる 1 次式はラグランジュの補間公式から次のようになる（図 6.6(a)）．

$$y = \frac{x - 1/\sqrt{3}}{-1/\sqrt{3} - 1/\sqrt{3}} f\left(-\frac{1}{\sqrt{3}}\right) + \frac{x + 1/\sqrt{3}}{1/\sqrt{3} + 1/\sqrt{3}} f\left(\frac{1}{\sqrt{3}}\right) \tag{6.72}$$

これを区間 $[-1, 1]$ 上で積分すると次のガウス積分の **2 点公式**が得られる．

$$\int_{-1}^{1} f(x)dx = f\left(-\frac{1}{\sqrt{3}}\right) + f\left(\frac{1}{\sqrt{3}}\right) \tag{6.73}$$

6.5 ガウスの積分公式　131

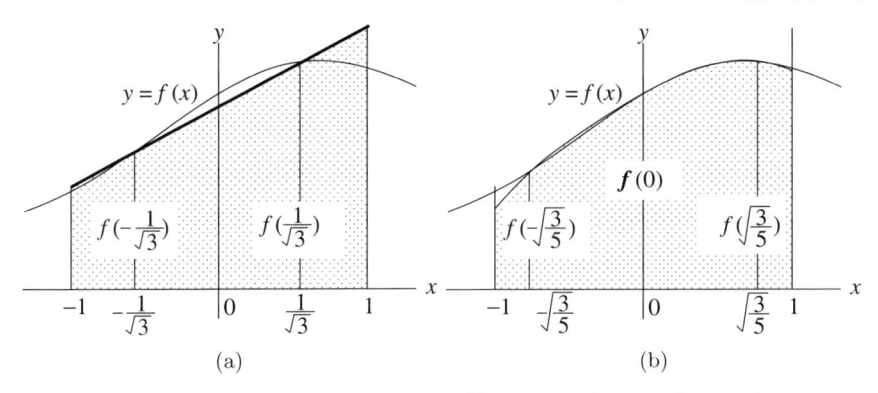

図 6.6 (a) ガウス積分の2点公式：2点 $(-1/\sqrt{3}, f(-1/\sqrt{3})),(1/\sqrt{3}, f(1/\sqrt{3}))$ を通る直線で関数 $f(x)$ を近似する．(b) ガウス積分の3点公式：3点 $(-\sqrt{3/5}, f(-\sqrt{3/5}))$, $(0, f(0)),(\sqrt{3/5}, f(\sqrt{3/5}))$ を通る2次曲線で関数 $f(x)$ を近似する．

関数 $f(x)$ を1次式で近似したので，$f(x)$ が初めから1次式であれば厳密な積分値が得られる．しかし，次のように $f(x) = 1, x, x^2, x^3$ に対して厳密な値を与えることが分かる．

$$
\begin{aligned}
f(x) = 1 : &\quad 左辺 = \int_{-1}^{1} dx = 2, &\quad 右辺 = 1 + 1 = 2 \\
f(x) = x : &\quad 左辺 = \int_{-1}^{1} x\,dx = 0, &\quad 右辺 = -\frac{1}{\sqrt{3}} + \frac{1}{\sqrt{3}} = 0 \\
f(x) = x^2 : &\quad 左辺 = \int_{-1}^{1} x^2\,dx = \frac{2}{3}, &\quad 右辺 = \frac{1}{3} + \frac{1}{3} = \frac{2}{3} \\
f(x) = x^3 : &\quad 左辺 = \int_{-1}^{1} x^3\,dx = 0, &\quad 右辺 = -\frac{1}{3\sqrt{3}} + \frac{1}{3\sqrt{3}} = 0
\end{aligned}
$$
(6.74)

$f(x)$ が任意の3次式（2次式，1次式，定数の場合も含む）

$$f(x) = Ax^3 + Bx^2 + Cx + D \tag{6.75}$$

のとき，ガウス積分の2点公式を用いると，式(6.73)の右辺をそれぞれ $x^3, x^2, x, 1$ に対して計算し，それぞれ A, B, C, D を掛けて足した値に等しい．各項に対して厳密な積分値が得られるから，3次以下の任意の多項式に対して厳密な積分値が得られる．

【例 6.8】 区間 $[-1, 1]$ 上に 3 点 $x = -\sqrt{3/5},\, 0,\, \sqrt{3/5}$ をとる．それらの点で値がそれぞれ $f(-\sqrt{3/5}),\, f(0),\, f(\sqrt{3/5})$ となる 2 次式はラグランジュの補間公式から次のようになる（図6.6(b)）．

$$y = \frac{x(x - \sqrt{3/5})}{-\sqrt{3/5}(-\sqrt{3/5} - \sqrt{3/5})} f(-\sqrt{\frac{3}{5}}) + \frac{(x + \sqrt{3/5})(x - \sqrt{3/5})}{\sqrt{3/5}(-\sqrt{3/5})} f(0)$$
$$+ \frac{(x + \sqrt{3/5})x}{(\sqrt{3/5} + \sqrt{3/5})\sqrt{3/5}} f(\sqrt{\frac{3}{5}}) \tag{6.76}$$

これを区間 $[-1, 1]$ 上で積分すると次のガウス積分の **3 点公式**が得られる．

$$\int_{-1}^{1} f(x)dx = \frac{5}{9} f(-\sqrt{\frac{3}{5}}) + \frac{8}{9} f(0) + \frac{5}{9} f(\sqrt{\frac{3}{5}}) \tag{6.77}$$

これは $f(x)$ が任意の 5 次以下の多項式に対して厳密な積分値を与える．なぜなら，

$f(x) = 1:$ 左辺 $= \int_{-1}^{1} dx = 2,$ 右辺 $= 2$

$f(x) = x:$ 左辺 $= \int_{-1}^{1} x\,dx = 0,$ 右辺 $= -\frac{5}{9}\sqrt{\frac{3}{5}} + \frac{5}{9}\sqrt{\frac{3}{5}} = 0$

$f(x) = x^2:$ 左辺 $= \int_{-1}^{1} x^2 dx = \frac{2}{3},$ 右辺 $= \frac{5}{9} \cdot \frac{3}{5} + \frac{5}{9} \cdot \frac{3}{5} = \frac{2}{3}$

$f(x) = x^3:$ 左辺 $= \int_{-1}^{1} x^3 dx = 0,$ 右辺 $= -\frac{5}{9} \cdot \frac{3}{5}\sqrt{\frac{3}{5}} + \frac{5}{9} \cdot \frac{3}{5}\sqrt{\frac{3}{5}} = 0$

$f(x) = x^4:$ 左辺 $= \int_{-1}^{1} x^4 dx = \frac{2}{5},$ 右辺 $= \frac{5}{9} \cdot \frac{9}{25} + \frac{5}{9} \cdot \frac{9}{25} = \frac{2}{5}$

$f(x) = x^5:$ 左辺 $= \int_{-1}^{1} x^5 dx = 0,$ 右辺 $= -\frac{5}{9} \cdot \frac{9}{25}\sqrt{\frac{3}{5}} + \frac{5}{9} \cdot \frac{9}{25}\sqrt{\frac{3}{5}} = 0$

であり，$f(x)$ が任意の 5 次式（4 次式以下の場合も含む）

$$f(x) = Ax^5 + Bx^4 + Cx^3 + Dx^2 + Ex + F$$

のとき，ガウス積分の 3 点公式を用いると，式 (6.77) の右辺をそれぞれ $x^5, x^4, x^3, x^2, x, 1$ に対して計算し，それぞれ A, B, C, D, E, F を掛けて足した値に

等しい．各項に対して厳密な積分値が得られるから，任意の5次以下の多項式に対して厳密な積分値を与える．

これを一般化すると次のようになる．区間 $[-1,1]$ 上に不等間隔に N 個の点 $x_1, x_2, \ldots, x_N$ をとると，その点での関数値 $f(x_1), f(x_2), \ldots, f(x_N)$ を通る $N-1$ 次式がラグランジュの補間公式により，

$$y = \sum_{k=1}^{N} L_k(x) f_k, \quad L_k(x) = \frac{(x-x_1)(x-x_2)\cdots \widehat{(x-x_k)} \cdots (x-x_N)}{(x_k-x_1)(x_k-x_2)\cdots \widehat{(x_k-x_k)} \cdots (x_k-x_N)} \tag{6.78}$$

となる．$L_k(x)$ は $x=x_k$ で1となり，それ以外の分点では0となる $N-1$ 次式である．式 (6.78) の積分によって $f(x)$ の積分を近似すると，**ガウス積分の N 点公式**が次のように得られる．

$$\int_{-1}^{1} f(x)dx = \sum_{k=1}^{N} W_k f(x_k), \quad W_k = \int_{-1}^{1} L_k(x)dx \tag{6.79}$$

関数 $f(x)$ を $N-1$ 次式で近似するので，当然 $f(x)$ が $N-1$ 次式またはそれ以下の多項式であれば厳密な積分値が得られるが，さらに $f(x)$ がそれより次数が高い $2N-1$ 次またはそれ以下の**次数の多項式**に対しても厳密な積分値を与える．分点 $\{x_k\}$ は，N が偶数のときは x 軸上に左右対称に $N/2$ 点づつとり，N が奇数のとき0の両側に左右対称に $(N-1)/2$ 点づつとる．重み W_k は左右対称である．これらは $x \geq 0$ の部分のみを示すと表6.6のようになる．

【例 6.9】 例えば4点公式は次のようになる．

$$\begin{aligned}\int_{-1}^{1} f(x)dx =\ & 0.347854845137453 f(0.861136311594052) \\ & +0.652145154862548 f(0.339981043584856) \\ & +0.652145154862548 f(-0.339981043584856) \\ & +0.347854845137453 f(-0.861136311594052)\end{aligned} \tag{6.80}$$

表 6.6 ガウス積分の N 点公式 $\int_{-1}^{1} f(x)dx = \sum_{k=1}^{N} W_k f(x_k)$ の分点 $\{x_k\}$ と重み $\{W_k\}$. 分点は $x \geq 0$ の部分のみを示す（左右対称な配置）．また重みも $x=0$ の両側に対称な値を持つ．

N	x_k	W_k
2	0.577350269189625	1.000000000000000
3	0.774596669241483	0.555555555555555
	0.000000000000000	0.888888888888888
4	0.861136311594052	0.347854845137453
	0.339981043584856	0.652145154862548
5	0.906179845938663	0.236926885056189
	0.538469310105683	0.478628670499366
	0.000000000000000	0.568888888888888
6	0.932469514203152	0.171324492379170
	0.661209386403152	0.360761573048138
	0.238619186083196	0.467913934572691
7	0.949107912342758	0.129484966168869
	0.741531185599394	0.279705391489276
	0.405845151377397	0.381830050505118
	0.000000000000000	0.417959183673469
8	0.960289856497536	0.101228536290376
	0.796666477413626	0.222381034453374
	0.525532409916328	0.313706645877887
	0.183434642495649	0.362683783378361
9	0.968160239507626	0.081274388361574
	0.836031107326635	0.180648160694857
	0.613371432700590	0.260610690694857
	0.324253423403808	0.312347077040002
	0.000000000000000	0.330239355001259
10	0.973906528517171	0.066671344301574
	0.865063366688984	0.149451349194857
	0.679409568299024	0.219086862515982
	0.433395394129247	0.269266719309996
	0.148874338981631	0.295524224714752

5 点公式は次のようになる．

$$\begin{aligned}
\int_{-1}^{1} f(x)dx = & \ 0.236926885056189 f(0.906179845938663) \\
& + 0.478628670499366 f(0.538469310105683) \\
& + 0.568888888888888 f(0) \\
& + 0.478628670499366 f(-0.538469310105683) \\
& + 0.236926885056189 f(-0.906179845938663) \quad (6.81)
\end{aligned}$$

表**6.7** 例6.3の式(6.27)の台形積分，シンプソン積分，ロンバーグ積分，ガウスのN点公式の比較（下線は正しい桁）．同じ分点数ではガウスの積分公式がロンバーグ積分よりもはるかに精度の高い結果を与える．

N	台形積分	シンプソン積分	ロンバーグ積分	ガウスの積分公式
2	0.75000000	–	0.75000000	0.6̲9̲2307692307692
3	0.70833333	0.6̲9̲444444	0.6̲9̲444444	0.6̲9̲3121693121693
5	0.6̲9̲702381	0.6̲9̲325397	0.6̲9̲317460	0.6̲9̲3147157853040
7	0.6̲9̲412185	0.6̲9̲315453	0.6̲9̲314748	0.6̲9̲3147180559928
17	0.6̲9̲339120	0.6̲9̲314765	0.6̲9̲314718	0.6̲9̲3147180559945

式 (6.79) は区間 $[-1,1]$ 上の積分であるが，区間 $[a,b]$ 上を積分するには次のように変数変換すればよい．

$$x = \frac{b+a}{2} + \frac{b-a}{2}t \quad (6.82)$$

$t=-1$ のとき $x=a$ となり，$t=1$ のとき $x=b$ となる．そして $dx=(b-a)dt/2$ であるから，区間 $[a,b]$ 上の積分が次のように書ける．

$$\int_a^b f(x)dx = \frac{b-a}{2}\int_{-1}^1 f(\frac{b+a}{2} + \frac{b-a}{2}t)dt \quad (6.83)$$

ゆえに式 (6.79) のガウスの積分公式は区間 $[a,b]$ に対しては次のようになる．

$$\int_a^b f(x)dx = \frac{b-a}{2}\sum_{k=1}^N W_k f(\frac{b+a}{2} + \frac{b-a}{2}x_k) \quad (6.84)$$

【例 **6.10**】 例6.3の式(6.27)の積分を式(6.84)のガウスの積分公式で計算し，台形積分，シンプソン積分，およびロンバーグ積分と比較する．表6.2のロンバーグ積分では分割数が $n=1,2,4,8,16$ であるから，分点数は $N=2,3,5,9,17$ として比較する．結果は表6.7のようになり，同じ分点数ではガウスの積分公式がロンバーグ積分よりもはるかに精度の高い結果を与える．

このようにガウスの積分公式は少ない分点数 N で高い精度が得られるが，N を増やす度に分点の位置や重みをメモリから読み出さなければならないのが欠点である．このため，分点数 N を自由に変えたい場合は台形積分，シンプソン積分，およびロンバーグ積分がよく用いられる．一方，工学や物理学の応用で，複雑なモデルが微小部分に分割され，各部分でなるべく少ない点数で精度の良い計算をしたいような場合にはガウスの積分公式が適している．

6.6 ルジャンドルの多項式

表6.6のガウスの積分公式の分点 $\{x_k\}$ はどのようにして定めたのであろうか．実はこれはルジャンドルの多項式 $P_N(x)$ の根（$P_N(x) = 0$ の解）である．これからガウスの積分公式が得られることを示す．まずルジャンドルの多項式の定義を述べる．

【定義 6.2】 N 次のルジャンドルの多項式 $P_N(x)$ とは，$P_N(1) = 1$ であって

$$\int_{-1}^{1} (\text{任意の } N-1 \text{ 次以下の多項式}) P_N(x) dx = 0 \tag{6.85}$$

となる N 次多項式のことである．

【例 6.11】 $0 \sim 8$ 次のルジャンドルの多項式は次のようになる．

$$P_0(x) = 1$$
$$P_1(x) = x$$
$$P_2(x) = \frac{1}{2}(3x^2 - 1)$$
$$P_3(x) = \frac{1}{2}(5x^3 - 3x)$$
$$P_4(x) = \frac{1}{8}(35x^4 - 30x^2 + 3)$$
$$P_5(x) = \frac{1}{8}(63x^5 - 70x^3 + 15x)$$
$$P_6(x) = \frac{1}{16}(231x^6 - 315x^4 + 105x^2 - 5)$$
$$P_7(x) = \frac{1}{16}(429x^7 - 639x^5 + 315x^3 - 35x)$$
$$P_8(x) = \frac{1}{128}(6435x^8 - 12012x^6 + 6930x^4 - 1260x^2 + 35) \tag{6.86}$$

0 次より低い次数の多項式は定数 0 しかないから $P_0(x) = 1$ である．1 次式 $P_1(x)$ を $P_1(x) = c_0 x + c_1$ と置くと，$P_1(1) = c_0 + c_1 = 1$ である．式 (6.85) が成り立つことは

$$\int_{-1}^{1} P_1(x) dx = 0 \tag{6.87}$$

と書ける．なぜなら任意の0次式は1の定数倍だからである．上式から

$$c_0 \int_{-1}^{1} x dx + c_1 \int_{-1}^{1} dx = 2c_1 = 0 \tag{6.88}$$

となり，$c_0 + c_1 = 1$ と合わせて $c_0 = 1, c_1 = 0$ となる．これから式 (6.86) 中の $P_1(x)$ が得られる．次に2次式 $P_2(x)$ を $P_2(x) = c_0 x^2 + c_1 x + c_2$ と置くと，$P_2(1) = c_0 + c_1 + c_2 = 1$ である．式 (6.85) が成り立つことは

$$\int_{-1}^{1} P_2(x) dx = 0, \quad \int_{-1}^{1} x P_2(x) dx = 0 \tag{6.89}$$

と書ける．なぜなら任意の1次式は1と x の定数倍の和で書けるからである．上式から

$$c_0 \int_{-1}^{1} x^2 dx + c_1 \int_{-1}^{1} x dx + c_2 \int_{-1}^{1} dx = 0$$
$$c_0 \int_{-1}^{1} x^3 dx + c_1 \int_{-1}^{1} x^2 dx + c_2 \int_{-1}^{1} x dx = 0 \tag{6.90}$$

となる．これから $2c_0/3 + 2c_2 = 0, 2c_1/3 = 0$ が得られ，$c_0 + c_1 + c_2 = 1$ と合わせて $c_0 = 3/2, c_1 = 0, c_2 = -1/2$ となり，式 (6.86) 中の $P_2(x)$ が得られる．以下同様にして N 次式 $P_N(x)$ を

$$P_N(x) = c_0 x^N + c_1 x^{N-1} + \cdots + c_N \tag{6.91}$$

と置く．まず $P_N(1) = c_0 + c_1 + \cdots + c_N = 1$ である．式 (6.85) が成り立つことは

$$\int_{-1}^{1} x^k P_N(x) dx = 0, \quad k = 0, 1, \ldots, N-1 \tag{6.92}$$

と書ける．なぜなら任意の $N-1$ 次式は $1, x, \ldots, x^{N-1}$ の定数倍の和で書けるからである．これから $c_0, c_1, \ldots, c_N$ に関する $N-1$ 個の式

$$c_0 \int_{-1}^{1} x^{N+k} dx + c_1 \int_{-1}^{1} x^{N+k-1} dx + \cdots + c_N \int_{-1}^{1} x^k dx = 0, \quad k = 0, 1, \ldots, n-1 \tag{6.93}$$

が得られ，$c_0 + c_1 + \cdots + c_N = 1$ と合わせて $c_0, c_1, \ldots, c_N$ が定まる．これによって $P_N(x)$ が求まる．

このようにして定義されるルジャンドルの多項式 $P_N(x)$ は区間 $[-1, 1]$ に N 個の根 $\{x_k\}$ を持つことが証明できる．これらを分点として式 (6.79) の積分公式を作れば，これは任意の $2N-1$ 次式 $f(x)$ に対して厳密な積分を与えるというのが次の定理である．

【定理 6.2】 N 次のルジャンドルの多項式 $P_N(x)$ の根 $\{x_k\}$ を分点とする積分公式は任意の $2N-1$ 次式に対して厳密な積分を与える．

(証明) 各 x_k で値が $f(x_k)$ となる $N-1$ 式を $y(x)$ とすると，これはラグランジュの補間公式により式 (6.78) のように書ける．関数 $f(x)$ と $N-1$ 次式 $y(x)$ の差を $D(x)$ と置く．

$$D(x) = f(x) - y(x) = f(x) - \sum_{k=1}^{N} L_k(x) f(x_k) \tag{6.94}$$

補間多項式 $y(x)$ の定義より分点では $f(x_k) = y(x_k)$, $k = 1, 2, \ldots, N$ であるから $D(x_k) = 0$, $k = 1, 2, \ldots, N$ である．$f(x)$ が $2N-1$ 次以下の多項式であるとき，$y(x)$ は $N-1$ 次式であるから $D(x)$ も $2N-1$ 次以下の多項式である．そして $x = x_1, x_2, \ldots, x_N$ で $D(x) = 0$ となるから，因数定理（↪第3章：定理3.2）により，$D(x)$ は次の形に書ける．

$$D(x) = (\text{次数 } N-1 \text{ 以下の多項式})(x - x_1)(x - x_2) \cdots (x - x_N) \tag{6.95}$$

$x_1, x_2, \ldots, x_N$ は N 次のルジャンドルの多項式 $P_N(x)$ の根であるから，$P_N(x)$ は $(x - x_1)(x - x_2) \cdots (x - x_N)$ の定数倍である．ゆえに式 (6.95) は次のように書ける．

$$D(x) = (\text{次数 } N-1 \text{ 以下の多項式}) P_N(x) \tag{6.96}$$

これを区間 $[-1, 1]$ 上で積分すると，ルジャンドルの多項式 $P_N(x)$ の定義より，

$$\int_{-1}^{1} D(x) dx = \int_{-1}^{1} (\text{次数 } N-1 \text{ 以下の多項式}) P_N(x) dx = 0 \tag{6.97}$$

となる．したがって式 (6.94) より

$$\int_{-1}^{1} D(x)dx = \int_{-1}^{1} f(x)dx - \sum_{k=1}^{N}\Big(\int_{-1}^{1} L_k(x)dx\Big)f(x_k)$$
$$= \int_{-1}^{1} f(x)dx - \sum_{k=1}^{N} W_k f(x_k) = 0 \tag{6.98}$$

となる．ゆえに $f(x)$ が任意の $2N-1$ 次式に対して式 (6.79) のガウス積分の N 点公式が成り立つ． □

ノート 6.8　ルジャンドルの多項式は次の関係を満たす．

$$\int_{-1}^{1} P_N(x) P_M(x) dx = 0, \quad N \neq M \tag{6.99}$$

なぜなら，$N > M$ なら $P_N(x)$ から見て $P_M(x)$ は次数 $N-1$ 以下の多項式であり，$M > N$ なら $P_M(x)$ から見て $P_N(x)$ が次数 $M-1$ 以下の多項式であり，いずれにしても式 (6.85) より式 (6.99) が 0 となるからである．式 (6.99) が成り立つことを，$P_N(x)$ と $P_M(x)$ は $N \neq M$ のとき区間 $[-1, 1]$ 上で**直交する**と呼ぶ．これは二つの関数 $f(x), g(y)$ に対する積分 $\int_a^b f(x)g(x)dx$ を関数 $f(x), g(y)$ の $[a, b]$ 上の**内積**と呼ぶことに由来する．内積が 0 となるから，ベクトルの関係との類似性から "直交する" と呼ぶのである．ルジャンドルの多項式 $P_0(x), P_1(x), P_2(x), \ldots$ がこの意味ですべて互いに直交するので，これらを区間 $[-1, 1]$ 上の**直交多項式**と呼ぶ．

ノート 6.9　式 (6.99) のルジャンドルの多項式の直交関係を利用すれば，例 6.11 に述べた方法よりも組織的に $P_N(x)$ が計算できる．それは，$P_0(x), P_1(x), \ldots, P_{N-1}(x)$ までが定義されたとして $P_N(x)$ を再帰的に定義する方法である．そのために，$P_N(x)$ を式 (6.91) ではなく，

$$P_N(x) = Cx^N - C_0 P_0(x) - C_1 P_1(x) - \cdots - C_{N-1} P_{N-1}(x) \tag{6.100}$$

と置く．こうしても任意の N 次式が表せる．そして係数 $C, C_0, \ldots, C_{N-1}$ を定めるために式 (6.92) の代わりに次の計算を行う．

$$\int_{-1}^{1} P_k(x) P_N(x) dx = 0, \quad k = 1, \ldots, N-1 \tag{6.101}$$

こうしても $P_N(x)$ が $N-1$ 次以下のすべての多項式と直交する（↪ ノート 6.8）ことが表せる．式 (6.100) の左辺に代入して，式 (6.99) の直交関係に注意すると次のようになる．

$$\int_{-1}^{1} P_k(x) P_N(x) dx$$
$$= C \int_{-1}^{1} x^N P_k(x) dx - C_0 \int_{-1}^{1} P_k(x) P_0(x) dx - C_1 \int_{-1}^{1} P_k(x) P_1(x) dx$$
$$- \cdots - C_{N-1} \int_{-1}^{1} P_k(x) P_{N-1}(x) dx$$
$$= C \int_{-1}^{1} x^N P_k(x) dx - C_k \int_{-1}^{1} P_k(x)^2 dx \tag{6.102}$$

これが 0 となるから，C_k が次のように定まる．

$$C_k = C \frac{\int_{-1}^{1} x^N P_k(x) dx}{\int_{-1}^{1} P_k(x)^2 dx} \tag{6.103}$$

このように式 (6.93) のような N 次元連立 1 次方程式を解く必要がなくなる．そして式 (6.100) より $P_N(x)$ が次のように定まる．

$$P_N(x) = C\left(x^N - \sum_{k=0}^{N-1} \frac{\int_{-1}^{1} x^N P_k(x) dx}{\int_{-1}^{1} P_k(x)^2 dx} P_k(x)\right) \tag{6.104}$$

定数 C は $P_N(1) = 1$ となるように定める．上式を用いれば $P_0(x) = 1$ から始めて $P_1(x), P_2(x), \ldots$ と順に計算できて，式 (6.86) が得られる．この手順をシュミットの**直交化**と呼ぶ．

練習問題

1. 式 (6.4) の積分の計算を確かめよ．
2. 式 (6.7) の積分の計算を確かめよ．
3. 表 6.1 中の $n = 3$ に対するニュートン・コーツの公式を導け．
4. 式 (6.17) のラグランジュの補間公式は次のようにも書けることを示せ．

$$y = \Pi(x) \sum_{k=0}^{n} \frac{f_k}{(x - x_k)\Pi'(x_k)}$$

ただし，多項式 $\Pi(x)$ を次のように定義する．

$$\Pi(x) = (x - x_0)(x - x_1)(x - x_2) \cdots (x - x_0)(x - x_0)$$

5. 積分 $\int_1^n dx/x$ を考えることにより，次の不等式を証明せよ．

$$\log n < 1 + \frac{1}{2} + \frac{1}{3} + \cdots + \frac{1}{n} < \log n + \frac{n}{n+1}$$

図 6.7

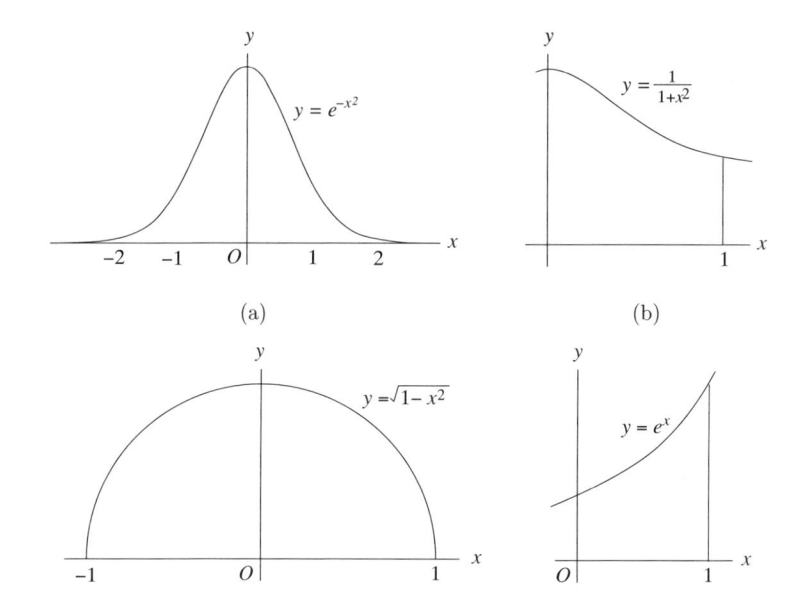

6. 次の積分を $n = 2, 4, 6, \ldots, 50$ に対して台形積分とシンプソン積分によって倍精度計算を行い，精度を比較せよ（図 6.7）．常に台形積分よりシンプソン積分のほうが優れているか調べよ．

   (a) $\displaystyle\int_{-\infty}^{\infty} e^{-x^2} dx$
   $= 1.7724538509055160272981674833411451827975\cdots (= \sqrt{\pi})$

   計算では無限区間 $[-\infty, \infty]$ を $[-6, 6]$ で近似せよ．

   (b) $\displaystyle\int_0^1 \frac{dx}{1+x^2} = 0.7853981633974483096156608458198757210492\cdots (= \frac{\pi}{4})$

   (c) $\displaystyle\int_{-1}^1 \sqrt{1-x^2} dx$
   $= 1.5707963267948966192313216916397514420985\cdots (= \frac{\pi}{2})$

   (d) $\displaystyle\int_0^1 e^x dx = 1.7182818284590452353602875713526624977572\cdots (= e - 1)$

7. 式 (6.62), (6.64), (6.65) を導け．

8. 区間 $[a, b]$ を n 等分した分点での関数 $f(x)$ の値を用いて積分 $I = \int_a^b f(x) dx$ を近似的に計算するある手法があったとする．そして，その近似値を $I(n)$ と書く

とき，これが理論的な考察から

$$I(n) = I + c_1 h^3 + c_2 h^4 + c_3 h^5 + \cdots$$

の形に書けるとする．ただし，$h = (b-a)/n$ である．この方法を用いて $n = 10$ として計算すると 2.345，$n = 20$ として計算すると 2.382 であったとする．真の積分 I をなるべく精度よく推定せよ．

9. 問 6(a)〜(d) を倍精度のロンバーグ積分によって $n = 16$ まで計算し，精度がどのように向上するか，あるいは向上しないかを調べよ．
10. 式 (6.72) を区間 $[-1, 1]$ 上で積分して式 (6.73) が得られることを示せ．
11. 式 (6.76) を区間 $[-1, 1]$ 上で積分して式 (6.77) が得られることを示せ．
12. 問 6(a)〜(d) を倍精度のガウスの 3, 5, 9, 17 点公式によって計算し，精度がどのように向上するか，あるいは向上しないかを調べよ．
13. 0, 1, 2 次のルジャンドルの多項式が $P_0(x) = 1, P_1(x) = x, P_2(x) = (3x^2 - 1)/2$ であることが分かったとき，式 (6.104) を用いて $P_3(x)$ を導け．

第7章

線形差分方程式

差分方程式とは数列中の連続するいくつかの項の関係を表す式であり，漸化式，あるいは再帰方程式とも呼ばれる．物理現象のほとんどは連続的な関数の微分方程式によって記述されるが，これを計算機で解くにはまず微分方程式を離散的な差分方程式で近似してからそれを解くのが普通である．このため差分方程式は計算機による計算の最も基礎となるものである．まず差分方程式が数列の各項の定数による線形結合で表される場合（定係数線形差分方程式）を取り上げ，一般解の計算法および反復解法の収束性について述べる．次に数列の各項がベクトルであり，差分方程式がベクトルと行列で表される場合（連立差分方程式）についても解法や収束性を述べ，最後に両者が密接に関連することを示す．

7.1 定係数線形差分方程式

7.1.1 同次差分方程式

次の形の関係を満たす数列 $\{x_k\}$ を求める問題を考える（$a_0, a_1, \ldots, a_n$ は定数）．

$$a_0 x_k + a_1 x_{k-1} + \cdots + a_n x_{k-n} = 0, \quad a_0 \neq 0, \ a_n \neq 0 \tag{7.1}$$

このような形の式を n 階の定係数線形同次差分方程式と呼ぶ（↪ノート7.1）．書き換えると次のようになる．

$$x_k = -\frac{a_1}{a_0} x_{k-1} - \frac{a_2}{a_0} x_{k-2} - \cdots - \frac{a_n}{a_0} x_{k-n} \tag{7.2}$$

例えば $x_0, x_1, \ldots, x_{n-1}$ を与えれば上式で $k = n$ と置くと x_n が定まる．それを用いて上式で $k = n+1$ と置くと x_{n+1} が定まる．以下，同様にして x_{n+2}, $x_{n+3}, \ldots$ が定まる．このようにして値が次々に決まることから，式 (7.2) は**漸化式**，あるいは**再帰方程式**とも呼ばれる．式 (7.2) において $x_0, x_1, \ldots, x_{n-1}$ を異なる値にすればまた別の数列が定まる．すなわち，解は $x_0, x_1, \ldots, x_{n-1}$ の値の与え方だけ存在する．これを**初期値**と呼ぶ．$x_0, x_1, \ldots, x_{n-1}$ の代わりに $x_1, x_2, \ldots, x_n$ を与えても同様である．すなわち，**n 階差分方程式は n 個の初期値を与えると解が一意的に定まる**．

【命題 7.1】 x_k が差分方程式 (7.1) の解ならそれに任意の定数 C を掛けた Cx_k も解であり，また x_k と x'_k が解なら $x_k + x'_k$ も解である．

(証明) 式 (7.1) の両辺を C 倍すると次のようになる．

$$a_0 C x_k + a_1 C x_{k-1} + \cdots + a_n C x_{k-n} = 0 \tag{7.3}$$

これは Cx_k も差分方程式 (7.1) の解であることを意味している．また x'_k も解であるとすると

$$a_0 x'_k + a_1 x'_{k-1} + \cdots + a_n x'_{k-n} = 0 \tag{7.4}$$

が成り立つ．式 (7.1), (7.4) を辺々を加えると次のようになる．

$$a_0 (x_k + x'_k) + a_1 (x_{k-1} + x'_{k-1}) + \cdots + a_n (x_{k-n} + x'_{k-n}) = 0 \tag{7.5}$$

これは $x_k + x'_k$ も差分方程式 (7.1) の解であることを意味している． □

この結果から x_k と x'_k が差分方程式 (7.1) の解なら，任意の定数 C と C' に対して**線形結合**（または **1 次結合**）$Cx_k + C'x'_k$ も解であることが分かる．一般にある性質が，それを持つ対象を何倍してもあるいは足し合わせても（したがって線形結合をとっても）成り立つことを**重ね合わせの原理**といい，このとき問題は**線形**であるという．式 (7.1) を**線形差分方程式**と呼ぶのはそのためである．この性質を利用して，いくつかの基本的な解を見つけて，それらの線形結合で解を構成することができる．差分方程式 (7.1) の基本的な解は

$$x_k = \lambda^k, \quad \lambda \neq 0 \tag{7.6}$$

と置いて見つけることができる．これを式 (7.1) に代入すると次のようになる．

$$a_0\lambda^k + a_1\lambda^{k-1} + \cdots + a_n\lambda^{k-n} = 0 \tag{7.7}$$

これを λ^{k-n} で割ると次のようになる．

$$a_0\lambda^n + a_1\lambda^{n-1} + \cdots + a_n = 0 \tag{7.8}$$

これは λ の n 次方程式であるから，一般に n 個の解 $\lambda_1, \lambda_2, \ldots, \lambda_n$ が存在する．式 (7.8) を差分方程式 (7.1) の**特性方程式**，n 個の解 $\lambda_1, \lambda_2, \ldots, \lambda_n$ を**特性根**と呼ぶ．n 個の解 $x_k = \lambda_1^k, x_k = \lambda_2^k, \ldots, x_k = \lambda_n^k$ が得られたから，これらを任意に定数倍した $C_1\lambda_1^k, C_2\lambda_2^k, \ldots, C_n\lambda_n^k$ も，したがって線形結合

$$x_k = C_1\lambda_1^k + C_2\lambda_2^k + \cdots + C_n\lambda_n^k \tag{7.9}$$

も解である．この形を**一般解**と呼ぶ．初期値 $x_0, x_1, \ldots, x_{n-1}$ が与えられると，定数 $C_1, C_2, \ldots, C_n$ は

$$\begin{aligned}
x_0 &= C_1 + C_2 + \cdots + C_n \\
x_1 &= C_1\lambda_1 + C_2\lambda_2 + \cdots + C_n\lambda_n \\
&\cdots \\
x_{n-1} &= C_1\lambda_1^{n-1} + C_2\lambda_2^{n-1} + \cdots + C_n\lambda_n^{n-1}
\end{aligned} \tag{7.10}$$

すなわち次の連立 1 次方程式を解くことによって定まる．

$$\begin{pmatrix} 1 & 1 & \cdots & 1 \\ \lambda_1 & \lambda_2 & \cdots & \lambda_n \\ \vdots & \vdots & \ddots & \vdots \\ \lambda_1^{n-1} & \lambda_2^{n-1} & \cdots & \lambda_n^{n-1} \end{pmatrix} \begin{pmatrix} C_1 \\ C_2 \\ \vdots \\ C_n \end{pmatrix} = \begin{pmatrix} x_0 \\ x_1 \\ \vdots \\ x_{n-1} \end{pmatrix} \tag{7.11}$$

特性根 $\lambda_1, \lambda_2, \ldots, \lambda_n$ が相異なれば係数行列の行列式（バンデルモンドの行列式）は 0 ではないから（→ ノート 7.2），$C_1, C_2, \ldots, C_n$ は唯一に定まる．

ノート 7.1 数列の添え字は便宜的なものであり，例えば差分方程式 $2x_k + 3x_{k-1} + x_{k-2} = 0$ を $2x_i + 3x_{i-1} + x_{i-2} = 0$ と書いても $2x_j + 3x_{j-1} + x_{j-2} = 0$ と書いて

も同じことである．さらに順序も便宜的なものであり，$2x_k + 3x_{k-1} + x_{k-2} = 0$ を $2x_{k+1} + 3x_k + x_{k-1} = 0$ と書いても $2x_{k+2} + 3x_{k+1} + x_k = 0$ と書いても同じことである．

ノート7.2 次の関係が成り立つ．左辺をバンデルモンドの行列式と呼ぶ（↪ 第4章：練習問題の問1）．

$$\begin{vmatrix} 1 & 1 & \cdots & 1 \\ x_1 & x_2 & \cdots & x_n \\ x_1^2 & x_2^2 & \cdots & x_n^2 \\ \vdots & \vdots & \ddots & \vdots \\ x_1^{n-1} & x_2^{n-1} & \cdots & x_n^{n-1} \end{vmatrix} = \prod_{i<j}(x_i - x_j) \tag{7.12}$$

これは次のように証明される．左辺は x_1 の多項式であり，$x_1 = x_2$ とすると第1列と第2列が等しくなるので行列式は0となる．したがって因数定理により $(x_1 - x_2)(\cdots)$ と因数分解される（↪ 第3章：3.3.3項の定理3.2）．同様に $x_1 = x_3, \ldots, x_1 = x_n$ としても0となるので $(x_1 - x_2)(x_1 - x_3) \cdots (x_1 - x_n)(\cdots)$ と因数分解される．さらに $x_2, \ldots, x_n$ についても多項式であり，同様に因数分解され，左辺は $\prod_{i<j}(x_i - x_j)(\cdots)$ と書ける．この行列式はその形からどの x_i についても $n-1$ 次式であるから $(\cdots)$ の部分は定数である．両辺の $x_1^{n-1} x_2^{n-2} \cdots x_{n-1}$ の係数を比較すると，その定数は1であることが分かる．

ノート7.3 特性方程式の係数はすべて実数でも，その解は実数とは限らない．しかし，複素数であってもこれまでの結果はすべて成立する．また，次のように実数形に直すこともできる．例えば λ が複素数なら，複素共役 $\bar{\lambda}$ も解であり，絶対値 r と偏角 θ によって次のように書ける．この形を複素数の**極形式**と呼ぶ．

$$\lambda = r(\cos\theta + i\sin\theta), \quad \bar{\lambda} = r(\cos\theta - i\sin\theta) \tag{7.13}$$

そしてド・モアブルの公式

$$(\cos\theta + i\sin\theta)^k = \cos k\theta + i\sin k\theta, \quad (\cos\theta - i\sin\theta)^k = \cos k\theta - i\sin k\theta \tag{7.14}$$

を用いれば，一般解の特性根 $\lambda, \bar{\lambda}$ の部分は次のようにも書ける．

$$\begin{aligned} C_1 \lambda^k + C_2 \bar{\lambda}^k &= C_1 r^k(\cos k\theta + i\sin k\theta) + C_2 r^k(\cos k\theta - i\sin k\theta) \\ &= (C_1 + C_2) r^k \cos k\theta + i(C_1 - C_2) r^k \sin k\theta \\ &= C_1' r^k \cos k\theta + C_2' r^k \sin k\theta \end{aligned} \tag{7.15}$$

ただし $C_1 + C_2, i(C_1 - C_2)$ をそれぞれ C_1', C_2' と置いた．初期値が実数であれば C_1', C_2' は実数となる（C_1, C_2 は一般に複素数である）．

【例 7.1】 次の差分方程式を解け．

$$x_k = 5x_{k-1} - 6x_{k-2}, \quad x_0 = 5,\ x_1 = 12 \tag{7.16}$$

（解）次のように書き直せる．

$$x_k - 5x_{k-1} + 6x_{k-2} = 0 \tag{7.17}$$

$x_k = \lambda^k$ を代入すると，特性方程式が次のようになる．

$$\lambda^2 - 5\lambda + 6 = (\lambda - 2)(\lambda - 3) = 0 \tag{7.18}$$

特性根が $\lambda = 2, 3$ であるから，一般解が次のように得られる．

$$x_k = C_1 2^k + C_2 3^k \tag{7.19}$$

定数 C_1, C_2 を定めるために，$k = 0, 1$ と置いて $x_0 = 5, x_1 = 12$ を代入すると次の連立1次方程式を得る．

$$\begin{aligned} C_1 + C_2 &= 5 \\ 2C_1 + 3C_2 &= 12 \end{aligned} \tag{7.20}$$

この解は $C_1 = 3, C_2 = 2$ であるから次の解を得る．

$$x_k = 3 \cdot 2^k + 2 \cdot 3^k \tag{7.21}$$

□

【例 7.2】 次の差分方程式で定まる数列 F_k をフィボナッチ数列（↪ 第2章：ノート 2.1）と呼ぶ．一般項を求めよ．

$$F_k = F_{k-1} + F_{k-2}, \quad F_0 = 0,\ F_1 = 1 \tag{7.22}$$

（解）次のように書き直せる．

$$F_k - F_{k-1} - F_{k-2} = 0 \tag{7.23}$$

$F_k = \lambda^k$ を代入すると，特性方程式が次のようになる．

$$\lambda^2 - \lambda - 1 = 0 \tag{7.24}$$

特性根は $\lambda = \dfrac{1 \pm \sqrt{5}}{2}$ であるから，一般解が次のように得られる．

$$F_k = C_1 \left(\dfrac{1+\sqrt{5}}{2}\right)^k + C_2 \left(\dfrac{1-\sqrt{5}}{2}\right)^k \tag{7.25}$$

定数 C_1, C_2 を定めるために，$k=0,1$ と置いて $F_0=0, F_1=1$ を代入すると次の連立1次方程式を得る．

$$\begin{aligned}C_1 + C_2 &= 0 \\ C_1\left(\dfrac{1+\sqrt{5}}{2}\right) + C_2\left(\dfrac{1-\sqrt{5}}{2}\right) &= 1\end{aligned} \tag{7.26}$$

この解は $C_1 = \dfrac{1}{\sqrt{5}}, C_2 = -\dfrac{1}{\sqrt{5}}$ であるから次の解を得る．

$$F_k = \dfrac{1}{\sqrt{5}}\left(\left(\dfrac{1+\sqrt{5}}{2}\right)^k - \left(\dfrac{1-\sqrt{5}}{2}\right)^k\right) \tag{7.27}$$

□

ノート 7.4 フィボナッチ数列の最初の特性根を

$$\phi = \dfrac{1+\sqrt{5}}{2} = 1.6180339887498948482045868343656386834365\cdots \tag{7.28}$$

と置くと，二番目の特性根は $\dfrac{1-\sqrt{5}}{2} = -\dfrac{2}{1+\sqrt{5}} = -\dfrac{1}{\phi}$ と書ける．したがって式 (7.27) は次のようにも書ける．

$$F_k = \dfrac{\phi^k - (-\phi)^{-k}}{\sqrt{5}} \tag{7.29}$$

フィボナッチ数列はイタリアの数学者**フィボナッチ**（正式には**ピサのレオナルド**）が1200年ころ出版した数学書に書いたものである．彼はこれをウサギが増殖する割合の問題として説いた．一般に次期に発生する個数が今期に発生した個数と既に過去に発生した個数とで説明できるような問題の多くがフィボナッチ数列で表せるため，動物や植物の生態など自然現象の多くにフィボナッチ数列が現れる．さらに計算機アルゴリズムにおいても，次に計算する値を現在計算した値と既に計算した値を組み合わせて計算することが多いため，アルゴリズムの構成や計算量の評価にしばしばフィボナッチ数列が現れる（→第2章：ノート2.1）．

k が多くなるにつれて $\phi^{-k} \to 0$ となるため，$F_k \approx \phi^k/\sqrt{5}$ となり，$F_k \approx \phi F_{k-1}$，すなわち ϕ を公比とする等比数列に近づく．式 (7.28) の ϕ は**黄金比**と呼ばれ，古代ギリシャ時代から $1:\phi$ が最も調和のとれた比（**黄金分割**）としてさまざまな芸術作品に表れていることが知られている．

7.1.2 重解の場合

これまで考えた例はすべて，特性根が互いに異なる場合であった．ここで特性方程式 (7.7) が重解を持つ場合を考える．例えば λ_1 が 2 重解であるとする．これは $\lambda_2 \to \lambda_1$ の極限と考えられる．$\lambda_1 \neq \lambda_2$ なら $x_k = \lambda_1^k$ と $x_k = \lambda_2^k$ が解であるから，その線形結合

$$x_k = \frac{\lambda_2^k - \lambda_1^k}{\lambda_2 - \lambda_1} \tag{7.30}$$

も解である．これは $\lambda_2 \to \lambda_1$ の極限では

$$x_k = \left.\frac{d\lambda^k}{d\lambda}\right|_{\lambda=\lambda_1} = k\lambda_1^{k-1} \tag{7.31}$$

となる（縦線はその値を代入することを表す）．定数倍しても解であるから，λ_1 を掛けて解 $x_k = k\lambda_1^k$ を得る．解 $x_k = \lambda_1^k$ と合わせて，一般解が

$$x_k = (C_1 + C_2 k)\lambda_1^k + \cdots \tag{7.32}$$

と書ける（$\cdots$ の部分は残りの特性根の部分を表す）．特性根が 3 重解，4 重解，… の場合も同様である．

【命題 7.2】 λ_1 が特性方程式の r 重解であれば $x_k = \lambda_1^k$ の他に次の $r-1$ 個の解が存在する．

$$x_k = \left.\frac{d^m \lambda^k}{d\lambda^m}\right|_{\lambda=\lambda_1} = k(k-1)(k-2)\cdots(k-m+1)\lambda_1^{k-m}, \quad m=1,2,\ldots,r-1 \tag{7.33}$$

（証明）式 (7.33) を式 (7.1) の左辺に代入すると次のようになる．

$$\begin{aligned}
& a_0 \left.\frac{d^m \lambda^k}{d\lambda^m}\right|_{\lambda=\lambda_1} + a_1 \left.\frac{d^m \lambda^{k-1}}{d\lambda^m}\right|_{\lambda=\lambda_1} + \cdots + a_n \left.\frac{d^m \lambda^{k-n}}{d\lambda^m}\right|_{\lambda=\lambda_1} \\
&= \left.\frac{d^m (a_0 \lambda^k + a_1 \lambda^{k-1} + \cdots + a_n \lambda^{k-n})}{d\lambda^m}\right|_{\lambda=\lambda_1} \\
&= \left.\frac{d^m \lambda^{k-n}(a_0 \lambda^n + a_1 \lambda^{n-2} + \cdots + a_n)}{d\lambda^m}\right|_{\lambda=\lambda_1}
\end{aligned} \tag{7.34}$$

λ_1 が特性方程式 (7.8) の r 重解であるから，式 (7.8) は次のように因数分解される．

$$a_0\lambda^n + a_1\lambda^{n-1} + \cdots + a_n = (\lambda - \lambda_1)^r \phi(\lambda) = 0 \tag{7.35}$$

ただし $\phi(\lambda)$ は λ のある $n-r$ 次多項式である．したがって式 (7.34) は次のように書ける．

$$\left. \frac{d^m \lambda^{k-n}(\lambda - \lambda_1)^r \phi(\lambda)}{d\lambda^m} \right|_{\lambda=\lambda_1} \tag{7.36}$$

$m < r$ のとき，積の微分の公式により $\frac{d^m \lambda^{k-n}(\lambda - \lambda_1)^r \phi(\lambda)}{d\lambda^m}$ は $(\lambda - \lambda_1)(\cdots)$ の形となる（$\cdots$ の部分は λ の多項式）．したがって $\lambda = \lambda_1$ を代入すると 0 になる．ゆえに式 (7.33) は $m = 1, \ldots, r-1$ に対して差分方程式 (7.1) を満たす． □

定数倍しても解であるから式 (7.33) に λ_1^m を掛ければ $k(k-1)(k-2)\cdots(k-m+1)\lambda_1^k$ と書ける．しかし $k\lambda_1^k$, $k(k-1)\lambda_1^k$, $k(k-1)(k-2)\lambda_1^k$, $\ldots$, $k(k-1)(k-2)\cdots(k-r+2)\lambda_1^k$ の線形結合は $k\lambda_1^k$, $k^2\lambda_1^k$, $k^3\lambda_1^k$, $\ldots$, $k^{r-1}\lambda_1^k$ の線形結合でもあるから，$x_k = \lambda_1^k$ と合わせて，一般解が

$$x_k = (C_1 + C_2 k + C_3 k^2 + \cdots + C_r k^{r-1})\lambda_1^k + \cdots \tag{7.37}$$

と書ける（$\cdots$ の部分は残りの特性根の部分を表す）．

【例 7.3】 次の差分方程式を解け．

$$x_k - 4x_{k-1} + 4x_{k-2} = 0, \quad x_0 = 2,\ x_1 = -2 \tag{7.38}$$

（解）特性方程式は次のようになる．

$$\lambda^2 - 4\lambda + 4 = (\lambda - 2)^2 = 0 \tag{7.39}$$

特性根は $\lambda = 2$（2 重解）となる．ゆえに一般解は次のように書ける．

$$x_k = (C_1 + C_2 k)2^k \tag{7.40}$$

定数 C_1, C_2 を定めるために，$k = 0, 1$ と置いて $x_0 = 2$, $x_1 = -2$ を代入すると次の連立1次方程式を得る．

$$\begin{aligned} C_1 &= 2 \\ (C_1 + C_2)2 &= -2 \end{aligned} \tag{7.41}$$

この解は $C_1 = 2$, $C_2 = -3$ であるから次の解を得る．

$$x_k = (2 - 3k)2^k \tag{7.42}$$

□

ノート 7.5　複素数の特性根 λ が r 重解であれば，式 (7.13) の極形式と式 (7.14) を用いると，式 (7.15) の代わりに次のように書ける．

$$r^k(C'_1 + C'_2 k + C'_3 k^2 + \cdots + C'_r k^{r-1}) \cos k\theta + r^k(C'_1 + C'_2 k + C'_3 k^2 + \cdots + C'_r k^{r-1}) \sin k\theta \tag{7.43}$$

7.1.3　非同次差分方程式

次の形のものを n 階の定係数線形**非同次**差分方程式と呼ぶ

$$a_0 x_k + a_1 x_{k-1} + \cdots + a_n x_{k-n} = b_k, \quad a_0 \neq 0,\ a_n \neq 0 \tag{7.44}$$

$a_0, a_1, \ldots, a_n$ は定数であり，$\{b_k\}$ は与えられた数列である．この場合も

$$x_k = -\frac{a_1}{a_0} x_{k-1} - \frac{a_2}{a_0} x_{k-2} - \cdots - \frac{a_n}{a_0} x_{k-n} + \frac{b_k}{a_0} \tag{7.45}$$

と書いてみればわかるように，初期値 $x_0, x_1, \ldots, x_{n-1}$ を与えられると解が一意的に定まる．いま，$\{\hat{x}_k\}$ が差分方程式 (7.44) を満たすとしよう．そのような解を**特殊解**（または**特解**）と呼ぶ．差分方程式 (7.44) の右辺の b_k を 0 に置き換えたものの解を差分方程式 (7.44) の**同次解**と呼ぶ．

【命題 7.3】　n 階の線形非同次差分方程式の一般解は (特殊解)+(同次解) により得られる．

（証明）差分方程式 (7.44) において $\{\hat{x}_k\}$ が特殊解，$\{x_k\}$ が同次解であるとすると，これらはそれぞれ次の式を満たす．

$$a_0 \hat{x}_k + a_1 \hat{x}_{k-1} + \cdots + a_n \hat{x}_{k-n} = b_k,$$
$$a_0 x_k + a_1 x_{k-1} + \cdots + a_n x_{k-n} = 0 \tag{7.46}$$

辺々を加えると次のようになる.

$$a_0(\hat{x}_k + x_k) + a_1(\hat{x}_{k-1} + x_{k-1}) + \cdots + a_n(\hat{x}_{k-n} + x_{k-n}) = b_k \tag{7.47}$$

すなわち $\hat{x}_k + x_k$ は差分方程式 (7.44) の解である. 同次解の一般解は n 個の定数を含むので, それらを n 個の初期値から定めることができる. ゆえに (特殊解)+(同次解) によって式 (7.44) のすべての解が表せる. □

通常よく現れるのは右辺の b_k が定数の場合である. このとき特殊解は定数解を探すことによって得られる.

【例 7.4】 次の差分方程式を解け.

$$x_k = 5x_{k-1} - 6x_{k-2} + 2, \quad x_0 = 6, \, x_1 = 13 \tag{7.48}$$

(解) 次のように書き直せる.

$$x_k - 5x_{k-1} + 6x_{k-2} = 2 \tag{7.49}$$

$x_k = \alpha$ を代入すると $\alpha = 1$ となり, 特殊解 $x_k = 1$ を得る. 右辺を 0 に置き換えて $x_k = \lambda^k$ を代入すると, 特性方程式が次のようになる.

$$\lambda^2 - 5\lambda + 6 = (\lambda - 2)(\lambda - 3) = 0 \tag{7.50}$$

特性根が $\lambda = 2, 3$ であるから, 同次解 $C_1 2^k + C_2 3^k$ が得られる. したがって一般解は次のようになる.

$$x_k = 1 + C_1 2^k + C_2 3^k \tag{7.51}$$

定数 C_1, C_2 を定めるために $k = 0, 1$ と置いて $x_0 = 6, x_1 = 13$ を代入すると次の連立 1 次方程式を得る.

$$\begin{aligned} C_1 + C_2 &= 6 - 1 \\ 2C_1 + 3C_2 &= 13 - 1 \end{aligned} \tag{7.52}$$

この解は $C_1 = 3, C_2 = 2$ であるから次の解を得る.

$$x_k = 1 + 3 \cdot 2^k + 2 \cdot 3^k \tag{7.53}$$

□

7.1.4 数列の収束と発散

差分方程式

$$a_0 x_k + a_1 x_{k-1} + \cdots + a_n x_{k-n} = b_k, \quad a_0 \neq 0, \, a_n \neq 0 \tag{7.54}$$

の一般解は特殊解 $\hat{x}_k$ と特性根 $\lambda_1, \lambda_2, \ldots, \lambda_n$ を用いて

$$x_k = \hat{x}_k + C_1 \lambda_1^k + C_2 \lambda_2^k + \cdots + C_n \lambda_n^k \tag{7.55}$$

と表せる. 極限 $\lim_{k \to \infty} x_k$ が収束するのは一般に $|\lambda_1| < 1, |\lambda_2| < 1, \ldots$, $|\lambda_n| < 1$ の場合である. ゆえに差分方程式の解が収束する必要十分条件は一般にすべての特性根の絶対値が **1 より小さいことである**.

例えば $|\lambda_1| > 1, |\lambda_2| < 1, \ldots, |\lambda_n| < 1$ であっても $C_1 = 0$ なら λ_1 は影響しないから収束するように思える. しかし, 定数 $C_1, C_2, \ldots, C_n$ は初期値から定まるものであり, 初期値は普通は観測値や測定量から決まるもので, 必ず誤差がある. したがって現実には $C_1, C_2, \ldots, C_n$ のどれかが厳密に 0 となることはあり得ない. 一方, 例えば $\lambda_1 = 1$ であれば $\lambda_1^k = 1$ であるが ($\lambda_1 = -1$ の場合は λ_1^k は ±1 の振動), 差分方程式の係数 $a_0, a_1, \ldots, a_n$ も観測値や測定量から決まることが多く, $\lambda_1 = 1$ からどんな微小に増えても発散する. このように, 収束と発散の境目は不安定なので, 発散のほうに分類する.「一般に」というのはこのようなことを考慮することを意味する.

【例 7.5】 次の差分方程式の解 x_k は極限 $k \to \infty$ で一般に収束するか発散するか.

$$x_k = \frac{5}{6} x_{k-1} - \frac{1}{6} x_{k-2} + 2 \tag{7.56}$$

(解) 次のように書き直せる.

$$6x_k - 5x_{k-1} + x_{k-2} = 12 \tag{7.57}$$

右辺を 0 に置き換えて $x_k = \lambda^k$ を代入すると，特性方程式が次のようになる．

$$6\lambda^2 - 5\lambda + 1 = 6(\lambda - \frac{1}{2})(\lambda - \frac{1}{3}) = 0 \tag{7.58}$$

特性根が $\lambda = 1/2, 1/3$ であるから一般に（初期値に無関係に）収束する． □

ノート 7.6　上の例はすべて特性根が互いに異なる場合であるが，重解があっても同様である．この場合は同次解は式 (7.37) の形を持つが，任意の正整数 m に対して

$$\lim_{k \to \infty} k^m \lambda^k = 0 \tag{7.59}$$

となる必要十分条件は $|\lambda| < 1$ であるから，やはり解が収束する必要十分条件は一般にすべての特性根の絶対値が 1 より小さいことである．特性根 λ が複素数であっても同様である．この場合の同次解は式 (7.15) または式 (7.43) の形を持つが，$k \to \infty$ で解が収束する条件は $r = |\lambda| < 1$ である．

7.2　連立差分方程式

7.2.1　同次連立差分方程式

次のような $\{x_i^{(k)}\}$, $i = 1, \ldots, n$, $k = 0, 1, 2, \ldots$ に関する連立差分方程式を考える．

$$\begin{aligned}
x_1^{(k+1)} &= a_{11} x_1^{(k)} + a_{12} x_2^{(k)} + \cdots + a_{1n} x_n^{(k)} \\
x_2^{(k+1)} &= a_{21} x_1^{(k)} + a_{22} x_2^{(k)} + \cdots + a_{2n} x_n^{(k)} \\
&\cdots \\
x_n^{(k+1)} &= a_{n1} x_1^{(k)} + a_{n2} x_2^{(k)} + \cdots + a_{nn} x_n^{(k)}
\end{aligned} \tag{7.60}$$

n 次元ベクトル $\boldsymbol{x}^{(k)}$ と $n \times n$ 行列 $\boldsymbol{A}$ を

$$\boldsymbol{x}^{(k)} = \begin{pmatrix} x_1^{(k)} \\ x_2^{(k)} \\ \vdots \\ x_n^{(k)} \end{pmatrix}, \quad \boldsymbol{A} = \begin{pmatrix} a_{11} & a_{12} & \cdots & a_{1n} \\ a_{21} & a_{22} & \cdots & a_{2n} \\ \vdots & \vdots & \ddots & \vdots \\ a_{n1} & a_{n2} & \cdots & a_{nn} \end{pmatrix} \tag{7.61}$$

と置くと，式 (7.60) は次のようにも書ける．

$$\boldsymbol{x}^{(k+1)} = \boldsymbol{A} \boldsymbol{x}^{(k)} \tag{7.62}$$

式 (7.60) または (7.62) を n 変数の1階同次**連立差分方程式**と呼ぶ．$\boldsymbol{x}^{(0)}$ を与えれば式 (7.62) から $\boldsymbol{x}^{(1)}$ が定まり，その結果 $\boldsymbol{x}^{(2)}$ が定まり，以下順に $\boldsymbol{x}^{(3)}$, $\boldsymbol{x}^{(4)}$, ... が定まる．最初に与える $\boldsymbol{x}^{(0)}$ を**初期値**と呼ぶ．$\boldsymbol{x}^{(0)}$ の代わりに $\boldsymbol{x}^{(1)}$ を与えてもよい．明らかに解は初期値によって一意的に定まる．次のように，連立差分方程式に対しても重ね合わせの原理が成り立つことが分かる．

【命題 7.4】 $\boldsymbol{x}^{(k)}$ が連立差分方程式 (7.62) の解ならそれを任意の定数 C を掛けた $C\boldsymbol{x}^{(k)}$ も解であり，$\boldsymbol{x}^{(k)}$ と $\boldsymbol{y}^{(k)}$ が解なら $\boldsymbol{x}^{(k)} + \boldsymbol{y}^{(k)}$ も解である．

(証明) 式 (7.62) の両辺を C 倍すると次のようになる．

$$C\boldsymbol{x}^{(k+1)} = C\boldsymbol{A}\boldsymbol{x}^{(k)} = \boldsymbol{A}(C\boldsymbol{x}^{(k)}) \tag{7.63}$$

これは $C\boldsymbol{x}^{(k)}$ も連立差分方程式 (7.62) の解であることを意味している．また $\boldsymbol{y}^{(k)}$ も解であるとすると

$$\boldsymbol{y}^{(k+1)} = \boldsymbol{A}\boldsymbol{y}^{(k)} \tag{7.64}$$

が成り立つ．式 (7.62), (7.64) を辺々加えると次のようになる．

$$(\boldsymbol{x}^{(k+1)} + \boldsymbol{y}^{(k+1)}) = \boldsymbol{A}(\boldsymbol{x}^{(k)} + \boldsymbol{y}^{(k)}) \tag{7.65}$$

これは $\boldsymbol{x}^{(k)} + \boldsymbol{y}^{(k)}$ も連立差分方程式 (7.62) の解であることを意味している．□

この結果から $\boldsymbol{x}^{(k)}$ と $\boldsymbol{y}^{(k)}$ が連立差分方程式 (7.62) の解なら，任意の定数 C と C' に対して**線形結合**（または **1 次結合**）$C\boldsymbol{x}^{(k)} + C'\boldsymbol{y}^{(k)}$ も解であることがわかる．この性質を利用して，いくつかの基本的な解を見つけて，それらの線形結合で解を構成することができる．連立差分方程式 (7.62) の基本的な解は

$$\boldsymbol{x}^{(k)} = \lambda^k \boldsymbol{p}, \quad \boldsymbol{p} \neq \boldsymbol{0} \tag{7.66}$$

と置いて見つけることができる．これを式 (7.62) に代入すると次のようになる．

$$\lambda^{k+1}\boldsymbol{p} = \lambda^k \boldsymbol{A}\boldsymbol{p} \tag{7.67}$$

両辺を λ^k で割ると次のようになる．

$$\boldsymbol{A}\boldsymbol{p} = \lambda \boldsymbol{p} \tag{7.68}$$

したがって λ が行列 A の固有値, p がその固有ベクトルであれば ($\hookrightarrow$ 第 3 章：ノート 3.8, 第 5 章：5.2 節), 式 (7.66) は連立差分方程式 (7.62) の解である. $n \times n$ 行列には一般に n 個の固有値 $\lambda_1, \lambda_2, \ldots, \lambda_n$ が存在し, それぞれの固有ベクトルを $p_1, p_2, \ldots, p_n$ とすると $\lambda_1^k p_1, \lambda_2^k p_2, \ldots, \lambda_n^k p_n$ はすべて連立差分方程式 (7.62) の解である. ゆえにこれらの任意の線形結合

$$x^{(k)} = C_1 \lambda_1^k p_1 + C_2 \lambda_2^k p_2 + \cdots + C_n \lambda_n^k p_n \tag{7.69}$$

も解である. この形を**一般解**と呼ぶ. 初期値 $x^{(0)}$ が与えられると, 定数 $C_1, C_2, \ldots, C_n$ は

$$C_1 p_1 + C_2 p_2 + \cdots + C_n p_n = x^{(0)} \tag{7.70}$$

を解いて定まる. これは次の連立方程式の形で書ける.

$$\begin{pmatrix} p_1 & p_2 & \cdots & p_n \end{pmatrix} \begin{pmatrix} C_1 \\ C_2 \\ \vdots \\ C_n \end{pmatrix} = x^{(0)} \tag{7.71}$$

ただし $\begin{pmatrix} p_1 & p_2 & \cdots & p_n \end{pmatrix}$ は固有ベクトル $p_1, p_2, \ldots, p_n$ をこの順に列とする行列を表す. 相異なる固有値に対する固有ベクトルは線形独立であることが知られているから, この行列は正則行列であり, 連立方程式 (7.71) の解が一意的に定まる.

【例 7.6】 次の連立差分方程式を解け.

$$\begin{aligned} x_{k+1} &= 6x_k + 2y_k \\ y_{k+1} &= 2x_k + 3y_k \\ x_0 &= 7, \quad y_0 = -4 \end{aligned} \tag{7.72}$$

(解) 行列 $\begin{pmatrix} 6 & 2 \\ 2 & 3 \end{pmatrix}$ の固有値は 2, 7 であり, それぞれの固有ベクトルは $\begin{pmatrix} 1/\sqrt{5} \\ -2/\sqrt{5} \end{pmatrix}, \begin{pmatrix} 2/\sqrt{5} \\ 1/\sqrt{5} \end{pmatrix}$ である. ゆえに一般解が次のようになる.

$$\begin{pmatrix} x_k \\ y_k \end{pmatrix} = C_1 2^k \begin{pmatrix} 1/\sqrt{5} \\ -2/\sqrt{5} \end{pmatrix} + C_2 7^k \begin{pmatrix} 2/\sqrt{5} \\ 1/\sqrt{5} \end{pmatrix} \tag{7.73}$$

定数 C_1, C_2 は次の連立 1 次方程式から定まる.

$$\begin{pmatrix} 1/\sqrt{5} & 2/\sqrt{5} \\ -2/\sqrt{5} & 1/\sqrt{5} \end{pmatrix} \begin{pmatrix} C_1 \\ C_2 \end{pmatrix} = \begin{pmatrix} 7 \\ -4 \end{pmatrix} \tag{7.74}$$

これを解くと $C_1 = 3\sqrt{5}$, $C_2 = 2\sqrt{5}$ となる. ゆえに次の解を得る.

$$\begin{pmatrix} x_k \\ y_k \end{pmatrix} = 3\sqrt{5} \cdot 2^k \begin{pmatrix} 1/\sqrt{5} \\ -2/\sqrt{5} \end{pmatrix} + 2\sqrt{5} \cdot 7^k \begin{pmatrix} 2/\sqrt{5} \\ 1/\sqrt{5} \end{pmatrix} = 2^k \begin{pmatrix} 3 \\ -6 \end{pmatrix} + 7^k \begin{pmatrix} 4 \\ 2 \end{pmatrix} \tag{7.75}$$

□

ノート7.7 固有値, 固有ベクトルの定義と計算の原理は第 5 章：ノート 5.3 参照. 固有方程式が重解を持つ場合の一般論は難しいが, 実際問題によく現れるのはすべての i, j に対して行列 $\boldsymbol{A}$ の a_{ij} 要素と a_{ji} 要素が等しい場合である. そのような行列 $\boldsymbol{A}$ は対称行列であるという. このときは固有値が r 重解でも互いに直交する r 個の固有ベクトルを得ることができる. したがって一般解は式 (7.69) で与えられ, 定数 C_1, $C_2, \ldots, C_n$ は式 (7.70) から得られる.

ノート7.8 これまでの結果は固有値が複素数でも同じように成立するが, 行列 $\boldsymbol{A}$ の要素がすべて実数であれば次のように実数の形に直すこともできる. 例えば固有値 λ が複素数で $\boldsymbol{p}$ がその固有ベクトルとする. $\boldsymbol{A}\boldsymbol{p} = \lambda \boldsymbol{p}$ の両辺の複素共役をとると $\boldsymbol{A}\bar{\boldsymbol{p}} = \bar{\lambda}\bar{\boldsymbol{p}}$ であるから, $\bar{\lambda}$ も $\boldsymbol{A}$ の固有値であり, $\bar{\boldsymbol{p}}$ がその固有ベクトルである. $\lambda, \bar{\lambda}$ を式 (7.13) の極形式で表し, $\boldsymbol{p}, \bar{\boldsymbol{p}}$ も実数部と虚数部とに分けて $\boldsymbol{p} = \boldsymbol{q}_1 + i\boldsymbol{q}_2$, $\bar{\boldsymbol{p}} = \boldsymbol{q}_1 - i\boldsymbol{q}_2$ と書くと, 式 (7.14) のド・モアブルの公式 (→ ノート 7.3) より次のようになる.

$$\begin{aligned} \lambda^k \boldsymbol{p} &= r^k(\cos k\theta + i\sin k\theta)(\boldsymbol{q}_1 + i\boldsymbol{q}_2) \\ &= r^k(\boldsymbol{q}_1 \cos k\theta - \boldsymbol{q}_2 \sin k\theta) + ir^k(\boldsymbol{q}_1 \sin k\theta + \boldsymbol{q}_2 \cos k\theta) \\ \bar{\lambda}^k \bar{\boldsymbol{p}} &= r^k(\cos k\theta - i\sin k\theta)(\boldsymbol{q}_1 - i\boldsymbol{q}_2) \\ &= r^k(\boldsymbol{q}_1 \cos k\theta - \boldsymbol{q}_2 \sin k\theta) - ir^k(\boldsymbol{q}_1 \sin k\theta + \boldsymbol{q}_2 \cos k\theta) \end{aligned} \tag{7.76}$$

したがって $\lambda^k \boldsymbol{p}$ と $\bar{\lambda}^k \bar{\boldsymbol{p}}$ の線形結合は $r^k(\boldsymbol{q}_1 \cos k\theta - \boldsymbol{q}_2 \sin k\theta)$ と $r^k(\boldsymbol{q}_1 \sin k\theta + \boldsymbol{q}_2 \cos k\theta)$ の線形結合でもある. ゆえに一般解の固有値 $\lambda, \bar{\lambda}$ の部分は次のようにも書ける.

$$C_1 r^k(\boldsymbol{q}_1 \cos k\theta - \boldsymbol{q}_2 \sin k\theta) + C_2 r^k(\boldsymbol{q}_1 \sin k\theta + \boldsymbol{q}_2 \cos k\theta) \tag{7.77}$$

7.2.2 非同次連立差分方程式

次の形のものを n 変数の**非同次連立差分方程式**と呼ぶ

$$\begin{aligned}
x_1^{(k+1)} &= a_{11}x_1^{(k)} + a_{12}x_2^{(k)} + \cdots + a_{1n}x_n^{(k)} + b_1^{(k)} \\
x_2^{(k+1)} &= a_{21}x_1^{(k)} + a_{22}x_2^{(k)} + \cdots + a_{2n}x_n^{(k)} + b_2^{(k)} \\
&\cdots \\
x_n^{(k+1)} &= a_{n1}x_1^{(k)} + a_{n2}x_2^{(k)} + \cdots + a_{nn}x_n^{(k)} + b_n^{(k)}
\end{aligned} \quad (7.78)$$

ただし $\{b_i^{(k)}\}$, $i = 1, \ldots, n$, $k = 0, 1, 2, \ldots$ は与えられた数列である。n 次元ベクトル $\boldsymbol{x}^{(k)}$, $n \times n$ 行列 $\boldsymbol{A}$, n 次元ベクトル $\boldsymbol{b}$ を

$$\boldsymbol{x}^{(k)} = \begin{pmatrix} x_1^{(k)} \\ x_2^{(k)} \\ \vdots \\ x_n^{(k)} \end{pmatrix}, \quad \boldsymbol{A} = \begin{pmatrix} a_{11} & a_{12} & \cdots & a_{1n} \\ a_{21} & a_{22} & \cdots & a_{2n} \\ \vdots & \vdots & \ddots & \vdots \\ a_{n1} & a_{n2} & \cdots & a_{nn} \end{pmatrix}, \quad \boldsymbol{b}^{(k)} = \begin{pmatrix} b_1^{(k)} \\ b_2^{(k)} \\ \vdots \\ b_n^{(k)} \end{pmatrix} \quad (7.79)$$

と置くと、式 (7.78) は次のようにも書ける。

$$\boldsymbol{x}^{(k+1)} = \boldsymbol{A}\boldsymbol{x}^{(k)} + \boldsymbol{b}^{(k)} \quad (7.80)$$

この場合も初期値 $\boldsymbol{x}^{(0)}$ を与えられると解が一意的に定まる。式 (7.80) を満たすある一つの数列 $\{\hat{\boldsymbol{x}}^{(k)}\}$ があるとき、これを**特殊解**（または**特解**）と呼ぶ。式 (7.80) の右辺の $\boldsymbol{b}^{(k)}$ を $\boldsymbol{0}$ に置き換えたものの解を式 (7.80) の**同次解**と呼ぶ。

【**命題 7.5**】n 変数の非同次連立差分方程式の一般解は (特殊解)+(同次解) により選られる。

（証明）連立差分方程式 (7.80) において $\{\hat{\boldsymbol{x}}^{(k)}\}$ が特殊解、$\{\boldsymbol{x}^{(k)}\}$ が同次解であるとする。これらはそれぞれ次の式を満たす。

$$\hat{\boldsymbol{x}}^{(k+1)} = \boldsymbol{A}\hat{\boldsymbol{x}}^{(k)} + \boldsymbol{b}^{(k)}, \quad \boldsymbol{x}^{(k+1)} = \boldsymbol{A}\boldsymbol{x}^{(k)} \quad (7.81)$$

辺々を加えると次のようになる。

$$\hat{\boldsymbol{x}}^{(k+1)} + \boldsymbol{x}^{(k+1)} = \boldsymbol{A}(\hat{\boldsymbol{x}}^{(k)} + \boldsymbol{x}^{(k)}) + \boldsymbol{b}^{(k)} \quad (7.82)$$

すなわち $\hat{\boldsymbol{x}}^{(k)} + \boldsymbol{x}^{(k)}$ は連立差分方程式 (7.80) の解である．同次解の一般解は n 個の定数を含むので，それらを初期値から定めることができる．ゆえに (特殊解)+(同次解) によって式 (7.80) のすべての解が表せる．　　□

通常よく現れるのは右辺の $\boldsymbol{b}^{(k)}$ が定数ベクトルの場合である．このとき特殊解は定数ベクトル解を探すことによって得られる．

【例 7.7】 次の連立差分方程式を解け．

$$\begin{aligned} x_{k+1} &= 6x_k + 2y_k - 7 \\ y_{k+1} &= 2x_k + 3y_k - 4 \\ x_0 &= 8, \ y_0 = -3 \end{aligned} \tag{7.83}$$

（解）x_k, y_k をそれぞれ k によらない定数 x, y と置くと

$$\begin{aligned} x &= 6x + 2y - 7 \\ y &= 2x + 3y - 4 \end{aligned} \tag{7.84}$$

となり，書き直すと次のようになる．

$$\begin{aligned} 5x + 2y &= 7 \\ x + y &= 2 \end{aligned} \tag{7.85}$$

これを解くと $x = 1, y = 1$ となる．例 7.6 で示したように，行列 $\begin{pmatrix} 6 & 2 \\ 2 & 3 \end{pmatrix}$ の固有値は 2, 7 であり，それぞれの固有ベクトルは $\begin{pmatrix} 1/\sqrt{5} \\ -2/\sqrt{5} \end{pmatrix}, \begin{pmatrix} 2/\sqrt{5} \\ 1/\sqrt{5} \end{pmatrix}$ である．ゆえに一般解が次のようになる．

$$\begin{pmatrix} x_k \\ y_k \end{pmatrix} = \begin{pmatrix} 1 \\ 1 \end{pmatrix} + C_1 2^k \begin{pmatrix} 1/\sqrt{5} \\ -2/\sqrt{5} \end{pmatrix} + C_2 7^k \begin{pmatrix} 2/\sqrt{5} \\ 1/\sqrt{5} \end{pmatrix} \tag{7.86}$$

定数 C_1, C_2 は次の連立 1 次方程式から定まる．

$$\begin{pmatrix} 1/\sqrt{5} & 2/\sqrt{5} \\ -2/\sqrt{5} & 1/\sqrt{5} \end{pmatrix} \begin{pmatrix} C_1 \\ C_2 \end{pmatrix} = \begin{pmatrix} 8 \\ -3 \end{pmatrix} - \begin{pmatrix} 1 \\ 1 \end{pmatrix} \tag{7.87}$$

これを解くと $C_1 = 3\sqrt{5}$, $C_2 = 2\sqrt{5}$ となる．ゆえに次の解を得る．

$$\begin{pmatrix} x_k \\ y_k \end{pmatrix} = \begin{pmatrix} 1 \\ 1 \end{pmatrix} + 3\sqrt{5} \cdot 2^k \begin{pmatrix} 1/\sqrt{5} \\ -2/\sqrt{5} \end{pmatrix} + 2\sqrt{5} \cdot 7^k \begin{pmatrix} 2/\sqrt{5} \\ 1/\sqrt{5} \end{pmatrix}$$

$$= \begin{pmatrix} 1 \\ 1 \end{pmatrix} + 2^k \begin{pmatrix} 3 \\ -6 \end{pmatrix} + 7^k \begin{pmatrix} 4 \\ 2 \end{pmatrix} \tag{7.88}$$

□

7.2.3 ベクトル列の収束と発散

連立差分方程式

$$\boldsymbol{x}^{(k+1)} = \boldsymbol{A}\boldsymbol{x}^{(k)} + \boldsymbol{b}^{(k)} \tag{7.89}$$

の一般解は行列 $\boldsymbol{A}$ の固有値 $\lambda_1, \lambda_2, \ldots, \lambda_n$ とその固有ベクトル $\boldsymbol{p}_1, \boldsymbol{p}_2, \ldots, \boldsymbol{p}_n$ を用いて次のように書ける．

$$\boldsymbol{x}^{(k)} = \hat{\boldsymbol{x}}^{(k)} + C_1 \lambda_1^k \boldsymbol{p}_1 + C_2 \lambda_2^k \boldsymbol{p}_2 + \cdots + C_n \lambda_n^k \boldsymbol{p}_n \tag{7.90}$$

$\hat{\boldsymbol{x}}^{(k)}$ は一つの特殊解である．極限 $\lim_{k \to \infty} \boldsymbol{x}^{(k)}$ が収束するのは一般に $|\lambda_1| < 1$, $|\lambda_2| < 1, \ldots, |\lambda_n| < 1$ の場合である．ゆえに連立差分方程式の解が収束する必要十分条件は一般にすべての**固有値の絶対値が 1 より小さい**ことである．

【例 7.8】 次の連立差分方程式の解 x_k, y_k は極限 $k \to \infty$ で一般に収束するか発散するか．

$$\begin{aligned} x_{k+1} &= \frac{3}{14} x_k - \frac{1}{7} y_k + 5 \\ y_{k+1} &= -\frac{1}{7} x_k + \frac{3}{7} y_k + 8 \end{aligned} \tag{7.91}$$

（**解**）行列 $\begin{pmatrix} 3/14 & -1/7 \\ -1/7 & 6/14 \end{pmatrix}$ の固有方程式は次のようになる．

$$\begin{vmatrix} \lambda - 3/14 & 1/7 \\ 1/7 & \lambda - 3/7 \end{vmatrix} = 0 \tag{7.92}$$

これは次の λ の 2 次方程式となる．

$$(\lambda - \frac{3}{14})(\lambda - \frac{3}{7}) - \frac{1}{49} = \lambda^2 - \frac{9}{14}\lambda + \frac{1}{14} = (\lambda - \frac{1}{2})(\lambda - \frac{1}{7}) = 0 \tag{7.93}$$

固有値が 1/2, 1/7 であるから一般に（初期値に無関係に）収束する． □

【命題 7.6】 連立差分方程式

$$\boldsymbol{x}^{(k+1)} = \boldsymbol{A}\boldsymbol{x}^{(k)} \tag{7.94}$$

の解は任意の $\boldsymbol{0}$ でない初期値 $\boldsymbol{x}^{(0)}$ に対して k が十分大きいとき

$$\boldsymbol{x}^{(k)} \approx C\lambda_{\max}^k \boldsymbol{p}_{\max} \tag{7.95}$$

である．ただし，C はある定数であり，$\lambda_{\max}$ は行列 $\boldsymbol{A}$ の絶対値が最大の固有値，$\boldsymbol{p}_{\max}$ はその固有ベクトルである．また $|\lambda_{\max}|$ は他のどの固有値の絶対値より大きく，等しい絶対値のものは他にないとする．

（証明）行列 $\boldsymbol{A}$ の n 個の固有値 $\lambda_1, \lambda_2, \ldots, \lambda_n$ を絶対値の大きさの順に番号を付けて

$$|\lambda_1| > |\lambda_2| \geq |\lambda_3| \geq \cdots \geq |\lambda_n| \tag{7.96}$$

とする．λ_1 が $\lambda_{\max}$ であり，その固有ベクトル $\boldsymbol{p}_1$ が $\boldsymbol{p}_{\max}$ である．連立差分方程式 (7.94) の一般解は次のように書ける．

$$\begin{aligned}\boldsymbol{x}^{(k)} &= C_1\lambda_1^k \boldsymbol{p}_1 + C_2\lambda_2^k \boldsymbol{p}_2 + \cdots + C_n\lambda_n^k \boldsymbol{p}_n \\ &= \lambda_1^k \left(C_1\boldsymbol{p}_1 + C_2\left(\frac{\lambda_2}{\lambda_1}\right)^k \boldsymbol{p}_2 + \cdots + C_n\left(\frac{\lambda_n}{\lambda_1}\right)^k \boldsymbol{p}_n\right)\end{aligned} \tag{7.97}$$

$\left|\frac{\lambda_2}{\lambda_1}\right| < 1, \quad \ldots, \quad \left|\frac{\lambda_n}{\lambda_1}\right| < 1$ であるから

$$\lim_{k\to\infty}\left(\frac{\lambda_2}{\lambda_1}\right)^k = 0, \quad \ldots, \quad \lim_{k\to\infty}\left(\frac{\lambda_n}{\lambda_1}\right)^k = 0 \tag{7.98}$$

である．ゆえに k が大きくなるにつれて

$$\boldsymbol{x}^{(k)} \approx \lambda_1^k C_1 \boldsymbol{p}_1 \tag{7.99}$$

が成立する． □

表 7.1 ベクトル $q_k = A^{(k)}x^{(0)}/\|A^{(k)}x^{(0)}\|$ を $k = 1, 2, 3, \ldots$ に対して計算すると，5 回の反復で A の最大固有値 7 の固有ベクトル $p_2 = (2/\sqrt{5},\ 1/\sqrt{5})^\top$ と小数点以下 7 桁が一致する．

k	q_k	
0	(0.7070711,	0.7070711)$^\top$
1	(0.8479983,	0.5299990)$^\top$
2	(0.8909234,	0.4541536)$^\top$
3	(0.8943461,	0.4473758)$^\top$
4	(0.8944267,	0.4472147)$^\top$
5	(0.8944272,	0.4472136)$^\top$
p_2	(0.8944272,	0.4472136)$^\top$

式 (7.94) の解は逐次的に

$$x^{(1)} = Ax^{(0)}, \quad x^{(2)} = A^2 x^{(0)}, \quad x^{(3)} = A^3 x^{(0)}, \quad \ldots \tag{7.100}$$

としても得られる．上の結果によれば，この計算を進めていくと初期値が何であっても $x^{(k)}$ が**固有ベクトル $p_{\max}$ の方向を向く**ことを意味している．これによって絶対値最大の固有値に対する固有ベクトルを近似的に計算できる．これは**べき乗法**と呼ばれ，固有ベクトルを数値的に計算する技法の一つである．

【例 7.9】 例 7.6 で示したように，行列 $A = \begin{pmatrix} 6 & 2 \\ 2 & 3 \end{pmatrix}$ の固有値は $\lambda = 2, 7$ であり，それぞれの固有ベクトルは $p_1 = \begin{pmatrix} 1/\sqrt{5} \\ -2/\sqrt{5} \end{pmatrix}, p_2 = \begin{pmatrix} 2/\sqrt{5} \\ 1/\sqrt{5} \end{pmatrix}$ である．$x^{(0)} = \begin{pmatrix} 1 \\ 1 \end{pmatrix}$ として，$x^{(k)} = A^k x^{(0)}$ を計算し，それを単位ベクトルに直した $q_k = x^{(k)}/\|x^{(k)}\|$ を $k = 1, 2, 3, \ldots$ に対して計算すると表 7.1 のようになり，5 回の反復で A の最大固有値 7 の固有ベクトル $p_2 = (2/\sqrt{5},\ 1/\sqrt{5})$ と小数点以下 7 桁が一致する．

7.3　線形差分方程式の連立差分方程式による表現

n 階の定係数線形非同次差分方程式

7.3 線形差分方程式の連立差分方程式による表現

$$a_0 x_k + a_1 x_{k-1} + \cdots + a_n x_{k-n} = b_k, \quad a_0 \neq 0, \ a_n \neq 0 \tag{7.101}$$

を考える．これを x_k について解くと次のように書ける．

$$x_k = -\frac{a_1}{a_0} x_{k-1} - \frac{a_2}{a_0} x_{k-2} - \cdots - \frac{a_n}{a_0} x_{k-n} + \frac{b_k}{a_0} \tag{7.102}$$

これは形式的に次の連立方程式の形に書ける．

$$\begin{pmatrix} x_k \\ x_{k-1} \\ x_{k-2} \\ \vdots \\ x_{k-n+1} \end{pmatrix} = \begin{pmatrix} -a_1/a_0 & -a_2/a_0 & -a_3/a_0 & \cdots & -a_n/a_0 \\ 1 & & & & 0 \\ & 1 & & & 0 \\ & & \ddots & & \vdots \\ & & & 1 & 0 \end{pmatrix} \begin{pmatrix} x_{k-1} \\ x_{k-2} \\ x_{k-3} \\ \vdots \\ x_{k-n} \end{pmatrix} + \begin{pmatrix} b_k/a_0 \\ 0 \\ 0 \\ \vdots \\ 0 \end{pmatrix} \tag{7.103}$$

数列 $\{x_k\}$ の各 x_k に対してそれを含めた n 個の履歴 $x_k, x_{k-1}, \ldots, x_{k-n+1}$ をひとまとめにしてベクトル

$$\boldsymbol{x}^{(k)} = \begin{pmatrix} x_k \\ x_{k-1} \\ \vdots \\ x_{k-n+1} \end{pmatrix} \tag{7.104}$$

と書くと，式 (7.103) は次の連立差分方程式となる．

$$\boldsymbol{x}^{(k)} = \boldsymbol{A} \boldsymbol{x}^{(k-1)} + \boldsymbol{b}^{(k)} \tag{7.105}$$

$$\boldsymbol{A} = \begin{pmatrix} -a_1/a_0 & -a_2/a_0 & -a_3/a_0 & \cdots & -a_n/a_0 \\ 1 & & & & 0 \\ & 1 & & & 0 \\ & & \ddots & & \vdots \\ & & & 1 & 0 \end{pmatrix}, \quad \boldsymbol{b}^{(k)} = \begin{pmatrix} b_k/a_0 \\ 0 \\ 0 \\ \vdots \\ 0 \end{pmatrix} \tag{7.106}$$

上式の形の行列を**同伴行列**と呼ぶ（→第3章：ノート 3.8）．したがって，定係数差分方程式はそのまま解くかわりに，同伴行列を用いる連立差分方程式に直

してから解いてもよい．行列 A の固有値を $\lambda_1, \lambda_2, \ldots, \lambda_n$ とし，その固有ベクトルを $p_1, p_2, \ldots, p_n$ とすると，一般解は次のように書ける．

$$x^{(k)} = \hat{x}^{(k)} + C_1 \lambda_1^k p_1 + C_2 \lambda_2^k p_2 + \cdots + C_n \lambda_n^k p_n \tag{7.107}$$

$\hat{x}^{(k)}$ は一つの特殊解である．

【命題 7.7】同伴行列の固有値は対応する差分方程式の特性根と一致する．

（証明）式 (7.106) の同伴行列 A の固有値は次の固有方程式の解である．

$$|\lambda I - A| = \begin{vmatrix} \lambda + a_1/a_0 & a_2/a_0 & a_3/a_0 & \cdots & a_n/a_0 \\ -1 & \lambda & & & \\ & -1 & \lambda & & \\ & & \ddots & \ddots & \\ & & & -1 & \lambda \end{vmatrix} = 0 \tag{7.108}$$

第 1 行に関して余因子展開すると次のようになる．

$$\left(\lambda + \frac{a_1}{a_0}\right) \begin{vmatrix} \lambda & & & \\ -1 & \lambda & & \\ & -1 & \lambda & \\ & & \ddots & \ddots \\ & & & -1 & \lambda \end{vmatrix} - \frac{a_2}{a_0} \begin{vmatrix} -1 & & & \\ & \lambda & & \\ & -1 & \lambda & \\ & & \ddots & \ddots \\ & & & -1 & \lambda \end{vmatrix}$$

$$+ \frac{a_3}{a_0} \begin{vmatrix} -1 & \lambda & & & \\ & -1 & & & \\ & & \lambda & & \\ & & -1 & \ddots & \\ & & & \ddots & \lambda \\ & & & & -1 & \lambda \end{vmatrix} + \cdots + (-1)^{n-1} \frac{a_n}{a_0} \begin{vmatrix} -1 & \lambda & & & \\ & -1 & \lambda & & \\ & & -1 & \ddots & \\ & & & \ddots & \lambda \\ & & & & -1 \end{vmatrix}$$

$$= \left(\lambda + \frac{a_1}{a_0}\right) \lambda^{n-1} - \frac{a_2}{a_0}(-\lambda^{n-2}) + \cdots + (-1)^{n-1} \frac{a_n}{a_0} (-1)^{n-1}$$

$$= \frac{a_0 \lambda^n + a_1 \lambda^{n-1} + \cdots + a_n}{a_0} \tag{7.109}$$

ゆえに同伴行列 $\boldsymbol{A}$ の固有値は差分方程式 (7.101) の特性方程式

$$a_0\lambda^n + a_1\lambda^{n-1} + \cdots + a_n = 0 \tag{7.110}$$

の解 (特性根) に一致する（↪ 第 3 章：ノート 3.8）． □

【命題 7.8】 差分方程式を同伴行列による連立差分方程式に書き直しても同じ解が得られる．

（証明）差分方程式 (7.101) の一般解は特性根 $\lambda_1, \ldots, \lambda_n$ を用いて次のように書ける．

$$x_k = \hat{x}_k + C_1\lambda_1^k + C_2\lambda_2^k + \cdots + C_n\lambda_n^k \tag{7.111}$$

$\hat{x}^{(k)}$ は一つの特殊解である．上式を式 (7.104) のベクトルの形に書くと次のようになる．

$$\begin{aligned}\boldsymbol{x}^{(k)} &= \begin{pmatrix}\hat{x}_k \\ \hat{x}_{k-1} \\ \vdots \\ \hat{x}_{k-n+1}\end{pmatrix} + C_1\begin{pmatrix}\lambda_1^k \\ \lambda_1^{k-1} \\ \vdots \\ \lambda_1^{k-n+1}\end{pmatrix} + C_2\begin{pmatrix}\lambda_2^k \\ \lambda_2^{k-1} \\ \vdots \\ \lambda_2^{k-n+1}\end{pmatrix} + \cdots + C_2\begin{pmatrix}\lambda_{k-n+1}^k \\ \lambda_{k-n+1}^{k-1} \\ \vdots \\ \lambda_{k-n+1}^{k-n+1}\end{pmatrix} \\ &= \begin{pmatrix}\hat{x}_k \\ \hat{x}_{k-1} \\ \vdots \\ \hat{x}_{k-n+1}\end{pmatrix} + C_1\lambda_1^k\begin{pmatrix}1 \\ 1/\lambda_1 \\ \vdots \\ 1/\lambda_1^{n-1}\end{pmatrix} + C_2\lambda_2^k\begin{pmatrix}1 \\ 1/\lambda_2 \\ \vdots \\ 1/\lambda_2^{n-1}\end{pmatrix} + \cdots \\ &\quad + C_n\lambda_n^k\begin{pmatrix}1 \\ 1/\lambda_n \\ \vdots \\ 1/\lambda_n^{n-1}\end{pmatrix}\end{aligned} \tag{7.112}$$

命題 7.7 より，特性根 $\lambda_1, \ldots, \lambda_n$ が式 (7.106) の同伴行列 $\boldsymbol{A}$ の固有値に等しい．このとき特性根はどれも 0 ではない．なぜなら特性方程式 (7.110) が解 $\lambda = 0$ を持つのは $a_n = 0$ の場合であるが，差分方程式 (7.101) は n 階であるから a_n

$\neq 0$ である.そこで

$$\boldsymbol{p}_m = \begin{pmatrix} 1 \\ 1/\lambda_m \\ \vdots \\ 1/\lambda_m^{n-1} \end{pmatrix} \tag{7.113}$$

と置くと,式 (7.110) より次のように書ける.

$$\begin{aligned}
\boldsymbol{A}\boldsymbol{p}_m &= \begin{pmatrix} -a_1/a_0 & -a_2/a_0 & -a_3/a_0 & \cdots & -a_n/a_0 \\ 1 & & & & 0 \\ & 1 & & & 0 \\ & & \ddots & & \vdots \\ & & & 1 & 0 \end{pmatrix} \begin{pmatrix} 1 \\ 1/\lambda_m \\ \vdots \\ 1/\lambda_m^{n-1} \end{pmatrix} \\
&= \begin{pmatrix} -(a_1\lambda_m^{n-1} + a_2\lambda_m^{n-2} + a_3\lambda_m^{n-3} + \cdots + a_n)/a_0\lambda_m^{n-1} \\ 1 \\ 1/\lambda_m \\ \vdots \\ 1/\lambda_m^{n-2} \end{pmatrix} \\
&= \begin{pmatrix} -(-a_0\lambda_m^n)/a_0\lambda_m^{n-1} \\ 1 \\ 1/\lambda_m \\ \vdots \\ 1/\lambda_m^{n-2} \end{pmatrix} = \begin{pmatrix} \lambda_m \\ 1 \\ 1/\lambda_m \\ \vdots \\ 1/\lambda_m^{n-2} \end{pmatrix} = \lambda_m \begin{pmatrix} 1 \\ 1/\lambda_m \\ 1/\lambda_m^2 \\ \vdots \\ 1/\lambda_m^{n-1} \end{pmatrix} \\
&= \lambda_m \boldsymbol{p}_m \tag{7.114}
\end{aligned}$$

ゆえに $\boldsymbol{p}_1, \ldots, \boldsymbol{p}_n$ は式 (7.106) の同伴行列 $\boldsymbol{A}$ の固有値 $\lambda_1, \ldots, \lambda_n$ に対する固有ベクトルである.したがって式 (7.112) は式 (7.107) に一致する. □

【例 7.10】 次の差分方程式を同伴行列による連立差分方程式の形に表し,特性方程式と固有方程式とが同じ解を与えることを示せ.

$$x_k = 5x_{k-1} - 6x_{k-2} + 2 \tag{7.115}$$

（解）式 (7.115) の特性方程式は次のようになる．

$$\lambda^2 - 5\lambda + 6 = 0 \tag{7.116}$$

式 (7.115) は次の連立差分方程式として表せる．

$$\begin{pmatrix} x_k \\ x_{k-1} \end{pmatrix} = \begin{pmatrix} 5 & -6 \\ 1 & 0 \end{pmatrix} \begin{pmatrix} x_{k-1} \\ x_{k-2} \end{pmatrix} + \begin{pmatrix} 2 \\ 0 \end{pmatrix} \tag{7.117}$$

同伴行列の固有方程式は次のようになる．

$$\begin{vmatrix} \lambda - 5 & 6 \\ -1 & \lambda \end{vmatrix} = \lambda(\lambda - 5) + 6 = \lambda^2 - 5\lambda + 6 = 0 \tag{7.118}$$

これは式 (7.116) の特性方程式と同じ解を与える．したがって，これから構成した解も一致する． □

練習問題

1. 次の差分方程式を解け．

$$x_k = 3x_{k-1}, \quad x_0 = 2$$

2. 次の差分方程式を解け．

$$x_k = 9x_{k-1} - 26x_{k-2} + 24x_{k-3}, \quad x_0 = 6,\ x_1 = 16,\ x_2 = 46$$

3. 次の差分方程式を解け．

$$x_k - 9x_{k-1} + 30x_{k-2} - 44x_{k-3} + 24x_{k-4} = 0,$$
$$x_0 = 0,\ x_1 = -1,\ x_2 = 3,\ x_3 = 29$$

4. 次の差分方程式を解け．

$$x_k = 3x_{k-1} + 2, \quad x_0 = 1$$

5. 次の差分方程式を解け．

$$x_k = 9x_{k-1} - 26x_{k-2} + 24x_{k-3} + 6, \quad x_0 = 5,\ x_1 = 15,\ x_2 = 45$$

6. 次の差分方程式の解 x_k は極限 $k \to \infty$ で一般に収束するか発散するか.
$$x_k = \frac{1}{3}x_{k-1} + 2$$

7. 次の差分方程式の解 x_k は極限 $k \to \infty$ で一般に収束するか発散するか.
$$x_k = \frac{7}{3}x_{k-1} - \frac{17}{12}x_{k-2} + \frac{1}{4}x_{k-3} + 6$$

8. 次の行列の固有値と固有ベクトルを求めよ.
$$\begin{pmatrix} 6 & 2 \\ 2 & 3 \end{pmatrix}$$

9. 次の行列の固有値と固有ベクトルを求めよ.
$$\begin{pmatrix} 4 & -1 & 0 \\ -2 & 4 & -1 \\ 0 & -2 & 4 \end{pmatrix}$$

10. 次の連立差分方程式を解け.
$$\begin{aligned} x_{k+1} &= 4x_k \quad -y_k \\ y_{k+1} &= -2x_k \quad +4y_k \quad -z_k \\ z_{k+1} &= \quad\quad -2y_k \quad +4z_k \end{aligned}$$
$$x_0 = 4,\ y_0 = 2,\ z_0 = 4$$

11. 次の連立差分方程式を解け.
$$\begin{aligned} x_{k+1} &= 4x_k \quad -y_k \quad\quad -2 \\ y_{k+1} &= -2x_k \quad +4y_k \quad -z_k \\ z_{k+1} &= \quad\quad -2y_k \quad +4z_k \quad -1 \end{aligned}$$
$$x_0 = 5,\ y_0 = 3,\ z_0 = 5$$

12. 次の連立差分方程式の解 x_k, y_k, z_k は極限 $k \to \infty$ で一般に収束するか発散するか.
$$\begin{aligned} x_{k+1} &= \frac{7}{3}x_k \quad -\frac{17}{12}y_k \quad +\frac{1}{4}z_k \quad +3 \\ y_{k+1} &= x_k \quad\quad\quad\quad\quad\quad +7 \\ z_{k+1} &= \quad\quad y_k \quad\quad\quad\quad +1 \end{aligned}$$

13. 問9の行列を A とするとき, $\boldsymbol{x}^{(0)} = \begin{pmatrix} 1 \\ 1 \\ 1 \end{pmatrix}$ として, $\boldsymbol{x}^{(k)} = A^k \boldsymbol{x}^{(0)}$ を計算し, それを単位ベクトルに直したものを $\boldsymbol{q}_k = \boldsymbol{x}^{(k)}/\|\boldsymbol{x}^{(k)}\|$ を $k = 1, 2, 3, \ldots$ に対して計算せよ. そして, $\boldsymbol{q}_k$ がしだいに A の最大固有値に対する固有ベクトルに近づくことを示せ.

14. 次の差分方程式を同伴行列による連立差分方程式の形に表し，特性方程式と固有方程式とが同じ解を与えることを示せ．

$$x_k = 9x_{k-1} - 26x_{k-2} + 24x_{k-3} + 6$$

練習問題の解答

第 1 章

1. (a) 数値を符号を先頭とし，小数点で区切られた桁の列として表す方法を「固定小数点表示」という．各桁は $0, 1, 2, \ldots, r-1$ のどれかを表す記号であり，r を「基底」と呼ぶ．
   (b) 数値を符号を先頭とし，「小数部（仮数部）」と呼ぶ小数点から始まる桁の並びと「指数部」と呼ぶ整数で表す方法を「浮動小数点表示」と呼ぶ．各桁は $0, 1, 2, \ldots, r-1$ のどれかを表す記号であり，それが表す小数に r（基数）を指数部の整数だけべき乗した値が掛けられていると解釈する．
2. 計算機内の数値を格納するメモリの長さを超える桁数の数値が表せないという「桁あふれ」が生じる．
3. 小数部の先頭の桁が 0 の場合はそれ以降の桁を一つずつ左に寄せて指数部の値を一つだけ減らせばよい．そのとき先頭が再び 0 の場合は先頭 0 でなくなるまで同様に桁をずらして指数部を調節すればよい．
4. 16 進数の定義より次のようになる．
$$AC2.8 = A \times 16^2 + C \times 16 + 2 + \frac{8}{16} = 10 \times 256 + 12 \times 16 + 2 + \frac{1}{2}$$
$$= 2560 + 192 + 2 + 0.5 = 2754.5$$
5. 16 進数 $\pm A_n A_{n-1} \cdots A_2 A_1 A_0. A_{-1} A_{-2} A_{-3} \cdots$ は次の値を表す．
$$\pm A_n 16^n + A_{n-1} 16^{n-1} + \cdots + A_2 16^2 + A_1 16 + A_0 + \frac{A_{-1}}{16} + \frac{A_{-2}}{16^2} + \frac{A_{-3}}{16^3} + \cdots$$
各 A_k は $0 \sim 15$ であるから 4 桁の 2 進数 $a_k^{(3)} a_k^{(2)} a_k^{(1)} a_k^{(0)}$ で表せる．このとき
$$A_k 16^k = (a_k^{(3)} 2^3 + a_k^{(2)} 2^2 + a_k^{(1)} 2 + a_k^{(0)}) 2^{4k}$$
$$= a_k^{(3)} 2^{4k+3} + a_k^{(2)} 2^{4k+2} + a_k^{(1)} 2^{4k+1} + a_k^{(0)} 2^{4k}$$
となる．k が負の場合も同様である．ゆえに 16 進数の各桁を 2 進数で表してそれを並べれば 2 進数となる．逆に 2 進数 $\pm a_n a_{n-1} \cdots a_2 a_1 a_0. a_{-1} a_{-2} a_{-3} \cdots$

は値

$$\pm a_n 2^n + a_{n-1} 2^{n-1} + \cdots + a_4 2^4 + a_2 2^2 + a_1 2 + a_0 + \frac{a_{-1}}{2} + \frac{a_{-2}}{2^2} + \frac{a_{-3}}{3^3} + \frac{a_{-3}}{3^3} + \cdots$$

を表すのでこれを4桁ごとに区切れば $a_{4k+3}a_{4k+2}a_{4k+1}a_{4k}$ の部分は

$$a_{4k+3}2^{4k+3} + a_{4k+2}2^{4k+2} + a_{4k+1}2^{4k+1} + a_{4k}2^{4k}$$
$$= (a_{4k+3}2^3 + a_{4k+2}2^2 + a_{4k+1} + a_{4k})2^{4k} = A_k 16^k$$

となる．ただし A_k は $a_{4k+3}2^3 + a_{4k+2}2^2 + a_{4k+1} + a_{4k}$ に対応する16進数の数値または記号である．ゆえに，4桁ごとに16進数に直せばよい．16進数 2, F, 5, 3, C はそれぞれ2進法で 0010, 1111, 0101, 0011, 1100 であるから，16進数 2F5.3C は2進法では 001011110101.00111100 である．また2進数 1010, 0101, 0011, 1101 はそれぞれ16進法では A, 5, 3, D であるから，10100101.00111101 は16進法では A5.3D である．

6. 次のように10進整数 417 は2進法では 110100001 である．

```
2)  417
2)  208  1
2)  104  0
2)   52  0
2)   26  0
2)   13  0
2)    6  1
2)    3  0
2)    1  1
2)    0  1
```

また次のように10進小数 0.762 は2進法では 0.1100001 $\cdots$ である．

$$
\begin{array}{r}
0.762 \\
\times\ 2 \\
\hline
1.524 \\
\times\ 2 \\
\hline
1.048 \\
\times\ 2 \\
\hline
0.096 \\
\times\ 2 \\
\hline
0.192 \\
\times\ 2 \\
\hline
0.384 \\
\times\ 2 \\
\hline
0.768 \\
\times\ 2 \\
\hline
1.536 \\
\end{array}
$$

ゆえに 10 進数 417.762 は 2 進法では $110100001.1100001\cdots$ である．

7. 次のように 2 進整数 10110 は 10 進法では 22 である．

$$
\begin{array}{r}
10110 \\
2 \\
5 \\
11 \\
22 \\
\end{array}
$$

また次のように 2 進小数 0.0101 は 10 進法では 0.3125 である．

$$
\begin{array}{r}
0.\ 0\ 1\ 0\ 1 \\
+\ \ 0.5 \\
\hline
0.5 \\
+\ \ 0.25 \\
\hline
1.25 \\
+\ \ 0.625 \\
\hline
0.625 \\
0.3125 \\
\end{array}
$$

ゆえに 2 進数 10110.0101 は 10 進法では 22.3125 である．

8. 言えない．もし $3777.72\mathrm{m}$ であるなら，これは海抜 $x\mathrm{m}$，身長を $y\mathrm{m}$ とするとき $3777.715 \leq x+y < 3777.725$ を意味する．しかし，実際は $3775.5 \leq x < 3776.5$ および $1.715 \leq y < 1.725$ であるから $3777.215 \leq x+y < 3778.225$ ということしか言えない．したがって $3777.72\mathrm{m}$ の最後の 3 桁の数字には意味がない．

9. 真の値を x, その近似値を X とするとき, $X-x$ を絶対誤差といい, $(X-x)/x$ を相対誤差という.

10. 正しい桁が多いということは, 誤差がその数の値に比べて小さいということであるから, 相対誤差が小さければ正しい桁が多い.

11. $f(x) = (1+x)^s$ と置くと, $f(x)$ の $x=0$ における値および 1, 2, ... 階微分は次のようになる.

$$\begin{aligned}
f(x) &= (1+x)^s & \to & & f(0) &= 1 \\
f'(x) &= s(1+x)^{s-1} & \to & & f'(0) &= s \\
f''(x) &= s(s-1)(1+x)^{s-2} & \to & & f''(0) &= s(s-1) \\
f'''(x) &= s(s-1)(s-2)(1+x)^{s-3} & \to & & f'''(0) &= s(s-1)(s-2)
\end{aligned}$$
$$\cdots$$
$$f^{(k)}(x) = s(s-1)(s-2)\cdots(s-k+1)(1+x)^{s-k}$$
$$\to \quad f^{(k)}(0) = s(s-1)(s-2)\cdots(s-k+1)$$

ゆえに $f(x)$ のテイラー展開は次のように書ける.

$$\begin{aligned}
f(x) &= f(0) + f'(0)x + \frac{f''(0)}{2!}x^2 + \frac{f'''(0)}{3!}x^3 + \cdots \\
&= 1 + sx + \frac{s(s-1)}{2!}x^2 + \frac{s(s-1)(s-2)}{3!}x^3 + \cdots \\
&= \sum_{k=0}^{\infty} \frac{s(s-1)(s-2)\cdots(s-k+1)}{k!} x^k
\end{aligned}$$

12. x が 0 に近い微小量のとき, べき乗 x^n はべき指数 n が大きくなるにつれて急速に 0 に近づくので, 式 (1.41) の一般 2 項定理において, 2 次以上の項を省略してもよい精度で成立する.

13. 次のようになる.
$$1 - x + 3y - \frac{z}{3} + 2w$$

14. 値の近い数同士の引き算では先頭に何桁かが 0 になり, 正規化のために桁が左に移動し, 末尾が 0 で埋められる. このため, 正しい桁は先頭の数個だけにあり, 精度が著しく低下する. この現象を「桁落ち」と呼ぶ. これを根本的に防ぐ方法はないが, 計算する数式を変形して値の近い数の引き算が生じない形に書き直すことができれば桁落ちを避けることができる.

15. $f(x) = e^x$ と置くと, $f(x)$ の $x=0$ における値および 1, 2, ... 階微分は次のようになる.

$$f(x) = e^x \quad \to \quad f(0) = 1$$
$$f'(x) = e^x \quad \to \quad f'(0) = 1$$
$$f''(x) = e^x \quad \to \quad f''(0) = 1$$
$$f'''(x) = e^x \quad \to \quad f'''(0) = 1$$
$$\cdots$$

ゆえに $f(x)$ のテイラー展開は次のように書ける.

$$f(x) = f(0) + f'(0)x + \frac{f''(0)}{2!}x^2 + \frac{f'''(0)}{3!}x^3 + \cdots$$
$$= 1 + x + \frac{x^2}{2!} + \frac{x^3}{3!} + \frac{x^4}{4!} + \cdots = \sum_{k=0}^{\infty} \frac{x^k}{k!}$$

16. 省略.
17. 計算機では桁数の多い数値は内部で扱える以上の桁が打ち切られる.このような有限長の数値の計算では,計算結果の精度もその範囲に限られる.とくに桁落ちが生じると正しい桁(有効桁)が著しく減少する.また,測定値のように入力する数値に元々誤差があれば,計算結果の有効桁はデータの有効桁以下になる.

第 2 章

1. 両辺の対数をとると次のようになる.

$$\log(\text{左辺}) = \log x^n = n \log x, \quad \log(\text{右辺}) = \log e^{n \log x} = n \log x$$

   ゆえに両辺は等しい.

2. 22 を 2 進法で表すと 10110 となる.まず次の値を計算する.

$$p_0 = x \ (= x^1), \quad p_1 = p_0 * p_0 \ (= x^{10}), \quad p_2 = p_1 * p_1 \ (= x^{100}),$$
$$p_3 = p_2 * p_2 \ (= x^{1000}), \quad p_4 = p_3 * p_3 \ (= x^{10000})$$

   そして次のように x^{22} を計算する.

$$x^{22} = p_4 * p_2 * p_1 \ (= x^{10000} x^{100} x^{10} x^{10000+100+10} = x^{10110})$$

   必要な乗算は 6 回となる.

3. x^n を計算するのに $n-1$ 回の乗算が必要であり,x^{n-1} を計算するのに $n-2$ 回の乗算が必要であり,$\ldots,x^2$ を計算するのに 1 回の乗算が必要であり,これらの合計は次のようになる.

$$1 + 2 + 3 + \cdots + (n-1) = \frac{1}{2}n(n-1)$$

各項に係数 $a_k, k = 0, 1, \ldots, n-1$ を掛けるのに n 回の乗算が必要である．ゆえに乗算の合計は
$$\frac{1}{2}n(n-1) + n = \frac{1}{2}(n^2 + n) = \frac{1}{2}n(n+1)$$
となる．そして各項の足し算を n 回行う．

4. $x, x^2, x^3, \ldots, x^n$ を計算するのに $n-1$ 回の乗算を用いる．各項に係数 $a_k, k = 0, 1, \ldots, n-1$ を掛けるのに n 回の乗算が必要である．ゆえに乗算の合計は $2n-1$ 回である．そして各項の足し算を n 回行う．

5. n が偶数の場合は式 (2.17) は次のようになる．
$$\begin{aligned} y &= (x^2 + b_1)f_1(x) + c_1 \\ f_1(x) &= (x^2 + b_2)f_2(x) + c_2 \\ f_2(x) &= (x^2 + b_3)f_3(x) + c_3 \\ &\cdots \\ f_{n/2-2}(x) &= (x^2 + b_{n/2-1})f_{n/2-1}(x) + c_{n/2-1} \\ f_{n/2-1}(x) &= a_0 x^2 + b_{n/2} x + c_{n/2} \end{aligned}$$

乗算は最初の x^2 の計算を含めて $1 + (n/2 - 1) + 2 = n/2 + 2$ 回，加減算は $2 \times (n/2 - 1) + 2 = n$ 回となる．n が奇数の場合は次のようになる．
$$\begin{aligned} y &= (x^2 + b_1)f_1(x) + c_1 \\ f_1(x) &= (x^2 + b_2)f_2(x) + c_2 \\ f_2(x) &= (x^2 + b_3)f_3(x) + c_3 \\ &\cdots \\ f_{(n-2)/2}(x) &= (x^2 + b_{(n-1)/2})f_{(n-1)/2}(x) + c_{(n-1)/2} \\ f_{(n-1)/2}(x) &= a_0 x + c_{(n+1)/2} \end{aligned}$$

乗算は最初の x^2 の計算を含めて $1 + (n-1)/2 + 1 = \lfloor n/2 \rfloor + 2$ 回，加減算は $2 \times (n-1)/2 + 1 = n$ 回となる．

6. プログラムの実行時の計算を高速化するために，ユーザーが入力する値に関係なくできる部分をあらかじめ計算しておくこと．こうするとたとえ前処理に時間がかかっても，実行時の計算速度が向上する．

7. 各 a_k の計算で積 $2a_{k-1}$ と $3a_{k-2}$ は並列に計算できる．しかし，それ以外は別々に計算できるところがないので，和の計算と合わせて $2n$ ステップの計算が必要である．

8. 省略．

9. 式 (2.26) の k 次の項までの和は式 (2.27) のように書ける．これを微分すると式 (2.29) となる．それをさらに微分すると次のようになる．
$$y_k'' = y_{k-1}'' x + 2 y_{k-1}'$$

ゆえに次のアルゴリズムを得る．

$$
\begin{aligned}
&y'' = 0; \\
&y' = 0; \quad /\text{* 初期条件*}/ \\
&y = a_0; \\
&\textbf{for}\ (k = 1, \ldots, n) \\
&\{/\text{* } y''_{k-1}, y'_{k-1}, y_{k-1} \text{ まで計算されている．*}/ \\
&\quad y'' = y'' * x + 2y'; \\
&\quad y' = y' * x + y; \\
&\quad y = y * x + a_k; \\
&/\text{* } y''_k, y'_k, y_k \text{ まで計算された．*}/\}
\end{aligned}
$$

10. べき乗の計算を一般の関数として定義すると内部で多くの演算を要するので効率的でない．そして，べき乗を必要とする計算のほとんどは式を書き直すことによって加減乗除のみで効率的に計算できるため．

第3章

1. $f(x) = x^3 - a$ と置いて，$f(x) = 0$ の解を求める．$f'(x) = 3x^2$ であるから，ニュートン法の公式は次のようになる．

$$x' = x - \frac{f(x)}{f'(x)} = x - \frac{x^3 - a}{3x^2} = \frac{1}{3}\left(2x + \frac{a}{x^2}\right)$$

ゆえに次の反復公式を得る．

$$x_k = \frac{1}{3}\left(2x_{k-1} + \frac{a}{x_{k-1}^2}\right)$$

2. $f(x) = 1/x - a$ と置いて，$f(x) = 0$ の解を求める．$f'(x) = -1/x^2$ であるから，ニュートン法の公式は次のようになる．

$$x' = x - \frac{f(x)}{f'(x)} = x - \frac{1/x - a}{-1/x^2} = x(2 - ax)$$

ゆえに次の反復公式を得る．

$$x_k = x_{k-1}(2 - ax_{k-1})$$

3. 数列 $x_0, x_1, x_2, x_3, \ldots$ が収束するということの定義は，任意の小数 ϵ に対して $|x_k - x| < \epsilon,\ k \geq N$ となる整数 N とある x とが存在することである．したがって，任意の小数 ϵ に対して $|x_k - x| < \epsilon/2,\ k \geq N_1$ となる N_1 が存在し，

$|x_{k+1} - x| < \epsilon/2$, $k \geq N_2$ となる N_2 が存在する．したがって $N = \max[N_1, N_2]$ と置けば，$k \geq N$ に対して次式が成り立つ．

$$|x_{k+1} - x_k| = |(x_{k+1} - x) - (x_k - x)| \leq |x_{k+1} - x| + |x_k - x| < \frac{\epsilon}{2} + \frac{\epsilon}{2} = \epsilon$$

これは $\lim_{k \to \infty} |x_{k+1} - x_k| = 0$ の定義である．

4. 正しい桁が 1 桁増えるということは誤差の絶対値が $1/10$ になることである．したがって，正しい桁が n 桁増えるということは誤差の絶対値が $1/10^n$ となることである．これは

$$|C| = \frac{1}{10^n}$$

となっているということである．両辺の対数をとると $\log_{10} |C| = -n$，すなわち $n = -\log |C|_{10}$ となる．

5. 省略．

6. 次のようになる．

$$
\begin{array}{r|rrrrr}
-3) & 2 & 4 & -3 & 7 & -5 \\
 & & -6 & 6 & -9 & 6 \\
\hline
+ & \downarrow \nearrow & \downarrow \nearrow & \downarrow \nearrow & \downarrow \nearrow & \downarrow \\
 & 2 & -2 & 3 & -2 & \Big| \ 1
\end{array}
$$

ゆえに次のように書ける．

$$f(x) = (x+3)(2x^3 - 2x^2 + 3x - 2) + 1$$

したがって $f(-3) = 1$ であり，商は $q(x) = 2x^3 - 2x^2 + 3x - 2$ である．

7. 多項式 $f(x)$ が $(x-c)^2$ で割り切れるならある多項式 $q(x)$ が存在して

$$f(x) = (x-c)^2 q(x)$$

と書ける．$f'(x) = 2(x-c)q(x) + (x-c)q'(x)$ であるから，$f(x) = 0$, $f'(c) = 0$ であることが分かる．逆に $f(c) = 0$, $f'(c) = 0$ であるとする．$f(c) = 0$ であるから，因数定理により

$$f(x) = (x-c)p(x)$$

となる多項式 $p(x)$ が存在する．$f'(x) = p(x) + (x-c)p'(x)$ であり，$f'(c) = 0$ であるから $p(c) = 0$ となる．ゆえに因数定理により

$$p(x) = (x-c)q(x)$$

となる多項式 $q(x)$ が存在する．したがって次のように書ける．

$$f(x) = (x-c)p(x) = (x-c)^2 q(x)$$

これは $f(x)$ が $(x-c)^2$ で割り切れることを表している．

8. $f(x)$ を次のように置く.

$$f(x) = a_0 x^n + a_1 x^{n-1} + \cdots + a_{n-1} x + a_n$$

$g(x)$ は $n-2$ 次式であるから次のように置く.

$$g(x) = b_0 x^{n-2} + b_1 x^{n-3} + \cdots + b_{n-3} x + b_{n-2}$$

これを $f(x) = (x^2 - c)g(x) + ax + b$ に代入すると次のようになる.

$$\begin{aligned}
f(x) &= (x^2 - c)(b_0 x^{n-2} + b_1 x^{n-3} + \cdots + b_{n-3} x + b_{n-2}) + ax + b \\
&= b_0 x^n + b_1 x^{n-1} + b_2 x^{n-2} + \cdots + b_{n-2} x^2 \\
&\quad - c b_0 x^{n-2} - c b_1 x^{n-3} - \cdots - c b_{n-3} x - c b_{n-2} \\
&\quad + ax + b \\
&= b_0 x^n + b_1 x^{n-1} + (b_2 - c b_0) x^{n-1} + (b_3 - c b_1) x^{n-2} + \cdots \\
&\quad + (b_{n-2} - c b_{n-4}) x^2 + (a - c b_{n-3}) x + (b - c b_{n-2})
\end{aligned}$$

これを $f(x)$ の式を比較すると次のようになる.

$$a_0 = b_0, \quad a_1 = b_1, \quad a_2 = b_2 - c b_0, \quad a_3 = b_3 - c b_1,$$
$$\ldots, \quad a_{n-2} = b_{n-2} - c b_{n-4}, \quad a_{n-1} = a - c b_{n-3}, \quad a_n = b - c b_{n-2}$$

ゆえに $b_0, b_1, \ldots, b_{n-2}, a, b$ が次のように求まる.

$$b_0 = a_0, \quad b_1 = a_1, \quad b_2 = b_0 c + a_2, \quad b_2 = b_1 c + a_3,$$
$$\ldots, \quad b_{n-2} = b_{n-4} c + a_{n-2}, \quad a = b_{n-3} c + a_{n-1}, \quad b = b_{n-2} c + a_n$$

第4章

1. クラメルの公式より次のようになる.

$$x = \frac{\begin{vmatrix} 1 & 1 & 1 \\ d & b & c \\ d^2 & b^2 & c^2 \end{vmatrix}}{\begin{vmatrix} 1 & 1 & 1 \\ a & b & c \\ a^2 & b^2 & c^2 \end{vmatrix}}, \quad y = \frac{\begin{vmatrix} 1 & 1 & 1 \\ a & d & c \\ a^2 & d^2 & c^2 \end{vmatrix}}{\begin{vmatrix} 1 & 1 & 1 \\ a & b & c \\ a^2 & b^2 & c^2 \end{vmatrix}}, \quad z = \frac{\begin{vmatrix} 1 & 1 & 1 \\ a & b & d \\ a^2 & b^2 & d^2 \end{vmatrix}}{\begin{vmatrix} 1 & 1 & 1 \\ a & b & c \\ a^2 & b^2 & c^2 \end{vmatrix}}$$

分母の行列式を計算すると次のようになる．

$$\begin{vmatrix} 1 & 1 & 1 \\ a & b & c \\ a^2 & b^2 & c^2 \end{vmatrix}$$
$= bc^2 + ca^2 + ac^2 - a^2b - b^2c - c^2a = (c-b)a^2 - (c^2-b^2)a + bc^2 - c^2b$
$= (c-b)a^2 - (c+b)(c-b)a + bc(b-c) = (c-b)(a^2 - (c+b)a + bc)$
$= (c-b)(a-b)(a-c) = (a-b)(b-c)(c-a)$

注：この形はバンデルモンドの行列式と呼ばれるものである．二つの変数の差の積に書けることは，$a = b$ としても（第1列と第2列が等しくなる），$b = c$ としても（第2列と第3列が等しくなる），$c = a$ としても（第3列と第1列が等しくなる），行列式が0になることから予想がつく．

同様に次のようになる．

$$\begin{vmatrix} 1 & 1 & 1 \\ d & b & c \\ d^2 & b^2 & c^2 \end{vmatrix} = (d-b)(b-c)(c-d), \qquad \begin{vmatrix} 1 & 1 & 1 \\ a & d & c \\ a^2 & d^2 & c^2 \end{vmatrix} = (a-d)(d-c)(c-a),$$

$$\begin{vmatrix} 1 & 1 & 1 \\ a & b & d \\ a^2 & b^2 & d^2 \end{vmatrix} = (a-b)(b-d)(d-a)$$

したがって x, y, z は次のようになる．

$$x = \frac{(d-b)(c-d)}{(a-b)(c-a)}, \qquad y = \frac{(a-d)(d-c)}{(a-b)(b-c)}, \qquad z = \frac{(b-d)(d-a)}{(b-c)(c-a)}$$

2. クラメルの公式より次のようになる．

$$x = \frac{\begin{vmatrix} -3 & 2 & 2 \\ 7 & 1 & 4 \\ 7 & 0 & 3 \end{vmatrix}}{\begin{vmatrix} -1 & 2 & 2 \\ 2 & 1 & 4 \\ 1 & 0 & 3 \end{vmatrix}}, \qquad y = \frac{\begin{vmatrix} -1 & -3 & 2 \\ 2 & 7 & 4 \\ 1 & 7 & 3 \end{vmatrix}}{\begin{vmatrix} -1 & 2 & 2 \\ 2 & 1 & 4 \\ 1 & 0 & 3 \end{vmatrix}}, \qquad z = \frac{\begin{vmatrix} -1 & 2 & -3 \\ 2 & 1 & 7 \\ 1 & 0 & 7 \end{vmatrix}}{\begin{vmatrix} -1 & 2 & 2 \\ 2 & 1 & 4 \\ 1 & 0 & 3 \end{vmatrix}}$$

行列式を計算すると次のようになる．

$$\begin{vmatrix} -3 & 2 & 2 \\ 7 & 1 & 4 \\ 7 & 0 & 3 \end{vmatrix} = (-3)\cdot 1\cdot 3 + 2\cdot 4\cdot 7 + 2\cdot 0\cdot 7 - 2\cdot 1\cdot 7 - 2\cdot 7\cdot 3 - (-3)\cdot 0\cdot 4 = -9$$

$$\begin{vmatrix} -1 & -3 & 2 \\ 2 & 7 & 4 \\ 1 & 7 & 3 \end{vmatrix} = (-1)\cdot 7\cdot 3 + (-3)\cdot 4\cdot 1 + 2\cdot 7\cdot 2 - 2\cdot 7\cdot 1 - (-3)\cdot 2\cdot 3 - (-1)\cdot 7\cdot 4 = 27$$

$$\begin{vmatrix} -1 & 2 & -3 \\ 2 & 1 & 7 \\ 1 & 0 & 7 \end{vmatrix} = (-1)\cdot 1\cdot 7 + 2\cdot 7\cdot 1 + (-3)\cdot 0\cdot 2 - (-3)\cdot 1\cdot 1 - 2\cdot 2\cdot 7 - (-1)\cdot 0\cdot 7 = -18$$

$$\begin{vmatrix} -1 & 2 & 2 \\ 2 & 1 & 4 \\ 1 & 0 & 3 \end{vmatrix} = (-1)\cdot 1\cdot 3 + 2\cdot 4\cdot 1 + 2\cdot 0\cdot 2 - 2\cdot 1\cdot 1 - 2\cdot 2\cdot 3 - (-1)\cdot 0\cdot 4 = -9$$

ゆえに解は次のようになる．

$$x = 1, \quad y = -3, \quad z = 2$$

3. はきだし法は次のようになる．

$$\begin{pmatrix} -1 & 2 & 2 & -3 \\ 2 & 1 & 4 & 7 \\ 1 & 0 & 3 & 7 \end{pmatrix} \to \begin{pmatrix} 1 & -2 & -2 & 3 \\ 2 & 1 & 4 & 7 \\ 1 & 0 & 3 & 7 \end{pmatrix} \to \begin{pmatrix} 1 & -2 & -2 & 3 \\ & 5 & 8 & 1 \\ & 2 & 5 & 4 \end{pmatrix}$$

$$\to \begin{pmatrix} 1 & -2 & -2 & 3 \\ & 1 & 1.6 & 0.2 \\ & 2 & 5 & 4 \end{pmatrix} \to \begin{pmatrix} 1 & & 1.2 & 3.4 \\ & 1 & 1.6 & 0.2 \\ & & 1.8 & 3.6 \end{pmatrix} \to \begin{pmatrix} 1 & & 1.2 & 3.4 \\ & 1 & 1.6 & 0.2 \\ & & 1 & 2 \end{pmatrix} \to \begin{pmatrix} 1 & & & 1 \\ & 1 & & -3 \\ & & 1 & 2 \end{pmatrix}$$

ゆえに解は次のようになる．

$$x = 1, \quad y = -3, \quad z = 2$$

4. 省略

5. 行列式の定義はノート 4.2 の式 (4.12) である．これに従うと，$|A|$ を計算するにはまず行列 A の各第 $1, 2, \ldots, n$ 行から一つずつ列に重複がないように要素を選び，その要素の積に符号 $\mathrm{sgn}(i_1, i_2, \ldots, i_n)$ を掛けて足し合わせる．ただし，選ぶ列に重複があるものは除く（$\mathrm{sgn}(i_1, i_2, \ldots, i_n)$ の $i_1, i_2, \ldots, i_n$ に等しいものが現れ，0になる）．これをあらゆる列の選び方について計算したものを足し合わせたものが $|A|$ である．式 (4.34) の行列でこれを行おうとすると，第 $1, 2, \ldots, k-1$ 列から 0 でない要素が選べるのは第 1 行で第 1 列の要素 1 を選び，第 2 行で第 2 列の要素 1 を選び，$\ldots$，第 $k-1$ 行で第 $k-1$ 列の要素 1 を選ぶ場合のみである．しかし，第 $k, k+1, \ldots, n$ 行において残りの列から要素を一つずつ選ぼうとすると，どう選んでもある行で第 k 列の要素 0 を選ぶことになり，要素の積が 0 になる．ゆえに式 (4.12) の右辺の和の各項はすべて 0 となる．

6. 次のように示される．

$$\sum_{k=1}^{n} n(n-k+1) = \sum_{k=1}^{n} n(n+1-k) = \sum_{k=1}^{n}(n(n+1)-kn)$$

$$= n^2(n+1) - n\sum_{k=1}^{n} k = n^2(n+1) - \frac{1}{2}n^2(n+1) = \frac{1}{2}n^2(n+1)$$

$$\sum_{k=1}^{n}(n-1)(n-k+1) = \sum_{k=1}^{n}(n-1)(n+1-k)$$

$$= \sum_{k=1}^{n}((n-1)(n+1)-k(n-1)) = n(n-1)(n+1) - (n-1)\sum_{k=1}^{n} k$$

$$= n(n-1)(n+1) - \frac{1}{2}(n-1)n(n+1) = \frac{1}{2}n(n-1)(n+1)$$

（別解）$k' = n-k+1$ と置いて足す順序を変えると次のようになる．

$$\sum_{k=1}^{n} n(n-k+1) = \sum_{k=1}^{n} nk' = n\sum_{k=1}^{n} k' = \frac{1}{2}n^2(n+1)$$

$$\sum_{k=1}^{n}(n-1)(n-k+1) = \sum_{k'=1}^{n}(n-1)k' = (n-1)\sum_{k'=1}^{n} k' = \frac{1}{2}n(n-1)(n+1)$$

7. $\boldsymbol{X} = \begin{pmatrix} \boldsymbol{x}_1 & \boldsymbol{x}_2 & \cdots & \boldsymbol{x}_n \end{pmatrix}$ と置くと，積 $\boldsymbol{AX}$ の (11) 要素は $\boldsymbol{A}$ の (11) 要素と $\boldsymbol{X}$ の (11) 要素を掛け，$\boldsymbol{A}$ の (12) 要素と $\boldsymbol{X}$ の (21) 要素を掛け，$\ldots$，$\boldsymbol{A}$ の (1n) 要素と $\boldsymbol{X}$ の (n1) 要素を掛けて和をとって得られる．積 $\boldsymbol{AX}$ の (21) 要素は $\boldsymbol{A}$ の (21) 要素と $\boldsymbol{X}$ の (11) 要素を掛け，$\boldsymbol{A}$ の (22) 要素と $\boldsymbol{X}$ の (21) 要素を掛け，$\ldots$，$\boldsymbol{A}$ の (2n) 要素と $\boldsymbol{X}$ の (n1) 要素を掛けて和をとって得られる．以下，同様にして積 $\boldsymbol{AX}$ の (n1) 要素は $\boldsymbol{A}$ の (n1) 要素と $\boldsymbol{X}$ の (11) 要素を掛け，$\boldsymbol{A}$ の (n2) 要素と $\boldsymbol{X}$ の (21) 要素を掛け，$\ldots$，$\boldsymbol{A}$ の (nn) 要素と $\boldsymbol{X}$ の (n1) 要素を掛けて和をとって得られる．この結果，積 $\boldsymbol{AX}$ の第 1 列として，ベクトル $\boldsymbol{Ax}_1$ が計算されることが分かる．次に $\boldsymbol{AX}$ の (12), (22),$\ldots$, (n2) 要素を計算していくと $\boldsymbol{AX}$ の第 2 列として，ベクトル $\boldsymbol{Ax}_2$ が計算されることが分かる．以下同様にして計算すると，積 $\boldsymbol{AX}$ の第 1, 2, $\ldots$ n 列がそれぞれ $\boldsymbol{Ax}_1, \boldsymbol{Ax}_2,\ldots, \boldsymbol{Ax}_n$ になることが分かる．
8. はきだし法を行うと次のようになる．

$$\begin{pmatrix} \boxed{1} & 2 & -1 & 1 \\ -1 & 1 & 2 & 1 \\ 1 & -1 & 1 & 1 \end{pmatrix} \to \begin{pmatrix} 1 & 2 & -1 & 1 \\ & \boxed{3} & 1 & 1 & 1 \\ & -3 & 2 & -1 & 1 \end{pmatrix}$$

$$\to \begin{pmatrix} 1 & 2 & -1 & 1 \\ & 1 & 1/3 & 1/3 & 1/3 \\ & -3 & 2 & -1 & & 1 \end{pmatrix} \to \begin{pmatrix} 1 & & -5/3 & 1/3 & -2/3 \\ & 1 & 1/3 & 1/3 & 1/3 \\ & \boxed{3} & 0 & & 1 & 1 \end{pmatrix}$$

$$\to \begin{pmatrix} 1 & -5/3 & 1/3 & -2/3 \\ & 1 & 1/3 & 1/3 & 1/3 \\ & & 1 & 0 & 1/3 & 1/3 \end{pmatrix} \to \begin{pmatrix} 1 & & 1/3 & -1/9 & 5/9 \\ & 1 & 1/3 & 2/9 & -1/9 \\ & & 1 & 0 & 1/3 & 1/3 \end{pmatrix}$$

ゆえに逆行列 $\boldsymbol{A}^{-1}$ は次のようになる．

$$\boldsymbol{A}^{-1} = \begin{pmatrix} 1/3 & -1/9 & 5/9 \\ 1/3 & 2/9 & -1/9 \\ 0 & 1/3 & 1/3 \end{pmatrix}$$

行列式は次のようになる．

$$|\boldsymbol{A}| = 1 \cdot 3 \cdot 3 = 9$$

9. 前進消去は次のようになる．

$$\begin{pmatrix} -1 & 2 & 2 & -3 \\ 2 & 1 & 4 & 7 \\ 1 & 0 & 3 & 7 \end{pmatrix} \to \begin{pmatrix} 1 & -2 & -2 & 3 \\ 2 & 1 & 4 & 7 \\ 1 & 0 & 3 & 7 \end{pmatrix} \to \begin{pmatrix} 1 & -2 & -2 & 3 \\ & 5 & 8 & 1 \\ & 2 & 5 & 4 \end{pmatrix}$$

$$\to \begin{pmatrix} 1 & -2 & -2 & 3 \\ & 1 & 1.6 & 0.2 \\ & 2 & 5 & 4 \end{pmatrix} \to \begin{pmatrix} 1 & -2 & -2 & 3 \\ & 1 & 1.6 & 0.2 \\ & & 1.8 & 3.6 \end{pmatrix} \to \begin{pmatrix} 1 & -2 & -2 & 3 \\ & 1 & 1.6 & 0.2 \\ & & 1 & 2 \end{pmatrix}$$

後退消去を行うと次のようになる．

$$\begin{aligned} z &= 2, \\ y &= 0.2 - 1.6z = 0.2 - 3.2 = -3, \\ x &= 3 - (-2)y - (-2)z = 3 - 6 + 4 = 1 \end{aligned}$$

ゆえに解が次のようになる．

$$x = 1, \ y = -3, \ z = 2$$

10. 省略

11. 次のように示される.

$$\sum_{k=1}^{n}(n-k+1)^2 = \sum_{k=1}^{n}(n+1-k)^2 = \sum_{k=1}^{n}((n+1)^2 - 2k(n+1) + k^2)$$
$$= n(n+1)^2 - 2(n+1)\sum_{k=1}^{n}k + \sum_{k=1}^{n}k^2$$
$$= n(n+1)^2 - n(n+1)^2 + \frac{1}{6}n(n+1)(2n+1) = \frac{1}{6}n(n+1)(2n+1)$$

$$\sum_{k=1}^{n}(n-k)(n-k+1) = \sum_{k=1}^{n}(n-k)(n+1-k)$$
$$= \sum_{k=1}^{n}(n(n+1) - k(n+1) - kn + k^2) = \sum_{k=1}^{n}(n(n+1) - k(2n+1) + k^2)$$
$$= n^2(n+1) - (2n+1)\sum_{k=1}^{n}k + \sum_{k=1}^{n}k^2$$
$$= n^2(n+1) - \frac{1}{2}n(n+1)(2n+1) + \frac{1}{6}n(n+1)(2n+1)$$
$$= n(n+1)\left(n - \frac{1}{3}(2n+1)\right) = \frac{1}{3}n(n+1)(n-1)$$

（別解）$k' = n-k+1$ と置いて足す順序を変えると次のようになる．

$$\sum_{k=1}^{n}(n-k+1)^2 = \sum_{k'=1}^{n}k'^2 = \frac{1}{6}n(n+1)(2n+1)$$

$$\sum_{k=1}^{n}(n-k)(n-k+1) = \sum_{k'=1}^{n}(k'-1)k' = \sum_{k'=1}^{n}k'^2 - \sum_{k'=1}^{n}k'$$
$$= \frac{1}{6}n(n+1)(2n+1) - \frac{1}{2}n(n+1) = n(n+1)\left(\frac{1}{6}(2n+1) - \frac{1}{2}\right)$$
$$= \frac{1}{3}n(n-1)(n+1)$$

12. 次のように示される.

$$\sum_{k=1}^{n}(n-k) = n^2 - \sum_{k=1}^{n}k = n^2 - \frac{1}{2}n(n+1) = n\left(n - \frac{1}{2}(n+1)\right) = \frac{1}{2}n(n-1)$$

（別解）$k' = n-k+1$ と置いて足す順序を変えると次のようになる．

$$\sum_{k=1}^{n}(k'-1) = \sum_{k'=1}^{n}k' - n = \frac{1}{2}n(n+1) - n = n\left(\frac{1}{2}(n+1) - 1\right) = \frac{1}{2}n(n-1)$$

13. 前進消去は次のようになる.

$$\begin{pmatrix} 1 & 2 & 1 \\ -2 & -1 & 1 \\ 1 & 1 & 2 \end{pmatrix} \to \begin{pmatrix} 1 & 2 & 1 \\ & 3 & 3 \\ & -1 & 1 \end{pmatrix} \to \begin{pmatrix} 1 & 2 & 1 \\ & 1 & 1 \\ & & 2 \end{pmatrix}$$

ゆえに式 (4.106) より式 (4.94) の右辺のように LU 分解される.

14. A が上三角行列であるとする. 上記の問 5 のように行列式の定義の式 (4.12) に従うと, A の第 1 列から選ぶ 0 でない要素は第 1 行しかない. 第 2 列からそれ以外の行の要素を選ぼうとすると第 2 行しかない. 第 3 列からそれ以外の行の要素を選ぼうとすると第 3 行しかない. 以下同様にして第 n 列からは第 n 行の要素を選ぶことになる. $\mathrm{sgn}(1, 2, \ldots, n) = 1$ であるからこれら対角要素の積が行列式である. A が下三角行列の場合は A の第 1 列から第 1 行以外の要素を選ぶと他のどの行かで第 1 行を選ぶことになり, 積が 0 となる. ゆえに第 1 行から選ぶしかない. 第 2 列から第 2 行以外の要素を選ぶと他のどの行かで第 2 行を選ぶことになり, 積が 0 となる. ゆえに第 2 行から選ぶしかない. 以下同様にして第 n 列からは第 n 行の要素を選ぶことになり, 対角要素の積が行列式となる.

第 5 章

1. 固有多項式は次のようになる.

$$\phi(\lambda) = \begin{vmatrix} \lambda - 6 & 1 & 2 \\ -4 & \lambda - 1 & 2 \\ -5 & 1 & \lambda + 1 \end{vmatrix}$$
$$= (\lambda - 6)(\lambda - 1)(\lambda + 1) - 10 - 8 + 10(\lambda - 1) + 4(\lambda + 1) - 2(\lambda - 6)$$
$$= (\lambda - 1)(\lambda - 2)(\lambda - 3)$$

ゆえに固有値は $\lambda = 1, 2, 3$ である. $\lambda = 1$ のとき

$$\begin{pmatrix} -5 & 1 & 2 \\ -4 & 0 & 2 \\ -5 & 1 & 2 \end{pmatrix} \begin{pmatrix} p_1 \\ p_2 \\ p_3 \end{pmatrix} = \begin{pmatrix} 0 \\ 0 \\ 0 \end{pmatrix}$$

となり, 第 1, 2 式から次の 2 式が得られる (第 3 式は第 1 式と同じ).

$$-5p_1 + p_2 + 2p_3 = 0, \quad -4p_1 + 2p_3 = 0$$

$p_1 = 1$ とすると $p_2 = 1, p_3 = 2$ が得られる．$\lambda = 2$ のとき

$$\begin{pmatrix} -4 & 1 & 2 \\ -4 & 1 & 2 \\ -5 & 1 & 3 \end{pmatrix} \begin{pmatrix} p_1 \\ p_2 \\ p_3 \end{pmatrix} = \begin{pmatrix} 0 \\ 0 \\ 0 \end{pmatrix}$$

となり，第1, 3式から次の2式が得られる（第2式は第1式と同じ）．

$$-4p_1 + p_2 + 2p_3 = 0, \quad -5p_1 + p_2 + 3p_3 = 0$$

$p_1 = 1$ とすると $p_2 = 2, p_3 = 1$ が得られる．$\lambda = 3$ のとき

$$\begin{pmatrix} -3 & 1 & 2 \\ -4 & 2 & 2 \\ -5 & 1 & 4 \end{pmatrix} \begin{pmatrix} p_1 \\ p_2 \\ p_3 \end{pmatrix} = \begin{pmatrix} 0 \\ 0 \\ 0 \end{pmatrix}$$

となり，第1, 2式から次の2式が得られる（第3式は第1式の3倍から第2式を引いたもの）．

$$-4p_1 + p_2 + 2p_3 = 0, \quad -5p_1 + p_2 + 3p_3 = 0$$

$p_1 = 1$ とすると $p_2 = 1, p_3 = 1$ が得られる．ゆえに固有値 $\lambda = 1, 2, 3$ に対する固有ベクトル $\boldsymbol{p}$ は次のようになる．

$$\boldsymbol{p} = \begin{pmatrix} 1 \\ 1 \\ 2 \end{pmatrix}, \quad \begin{pmatrix} 1 \\ 2 \\ 1 \end{pmatrix}, \quad \begin{pmatrix} 1 \\ 1 \\ 1 \end{pmatrix}$$

2. ヤコビ反復法の反復公式は次のようになる．

$$x^{(k+1)} = \frac{9 - y^{(k)}}{8}, \quad y^{(k+1)} = \frac{3 - x^{(k)}}{2}$$

これは次のように書ける．

$$\begin{pmatrix} x^{(k+1)} \\ y^{(k+1)} \end{pmatrix} = \begin{pmatrix} 9/8 \\ 3/2 \end{pmatrix} + \begin{pmatrix} 0 & -1/8 \\ -1/2 & 0 \end{pmatrix} \begin{pmatrix} x^{(k)} \\ y^{(k)} \end{pmatrix}$$

特性多項式は次のようになる．

$$\phi(\lambda) = \left| \lambda \begin{pmatrix} 1 & 0 \\ 0 & 1 \end{pmatrix} - \begin{pmatrix} 0 & -1/8 \\ -1/2 & 0 \end{pmatrix} \right| = \left| \begin{matrix} \lambda & 1/8 \\ 1/2 & \lambda \end{matrix} \right| = \lambda^2 - \frac{1}{16}$$

$$= \left(\lambda - \frac{1}{4} \right) \left(\lambda + \frac{1}{4} \right)$$

ゆえに特性根は $\lambda = 1/4, -1/4$ である．

3. ガウス・ザイデル反復法は次のようになる.
$$x^{(k+1)} = \frac{9-y^{(k)}}{8}, \quad y^{(k+1)} = \frac{3-x^{(k+1)}}{2}$$
これは次のように書ける.
$$x^{(k+1)} = \frac{9-y^{(k)}}{8}, \quad \frac{x^{(k+1)}}{2} + y^{(k+1)} = \frac{3}{2}$$
書き直すと次のようになる.
$$\begin{pmatrix} 1 & 0 \\ 1/2 & 1 \end{pmatrix} \begin{pmatrix} x^{(k+1)} \\ y^{(k+1)} \end{pmatrix} = \begin{pmatrix} 9/8 \\ 3/8 \end{pmatrix} + \begin{pmatrix} 0 & -1/8 \\ 0 & 0 \end{pmatrix} \begin{pmatrix} x^{(k)} \\ y^{(k)} \end{pmatrix}$$
特性多項式は次のようになる.
$$\phi(\lambda) = \left| \lambda \begin{pmatrix} 1 & 0 \\ 1/2 & 1 \end{pmatrix} - \begin{pmatrix} 0 & -1/8 \\ 0 & 0 \end{pmatrix} \right| = \begin{vmatrix} \lambda & 1/8 \\ 1\lambda/2 & \lambda \end{vmatrix} = \lambda^2 - \frac{\lambda}{16} = \lambda\left(\lambda - \frac{1}{16}\right)$$
ゆえに特性根は $\lambda = 0, 1/16$ である. 特性根の最大絶対値は $1/16$ であり, ヤコビ反復法の特性根の最大絶対値 $1/4$ より小さい. ゆえにガウス・ザイデル法のほうが速く収束する.
4. 省略.
5. 特性根に絶対値が1より大きいものが一つでもあれば, 例え真の解から出発しても反復を繰り返すうちに解は $\pm\infty$ に発散と予想される. なぜなら, 計算機による有限桁の計算ではかならず丸め誤差が発生し, 誤差が厳密に0となるとは限らない. したがって, 誤差の式 (5.29) の表現において厳密に $c_1 = c_2 = \cdots = c_n = 0$ とならない可能性がある. もし $|\lambda_i| > 1$ となる λ_i に対する c_i が厳密に0でなければ, 反復を繰り返すと $k \to \infty$ とともに $|c_i \lambda_i^k| \to \infty$ となる.

第6章

1. それぞれの積分は次のようになる.
$$\int_a^b (x-b)dx = \left[\frac{(x-b)^2}{2}\right]_a^b = -\frac{(a-b)^2}{2} = -\frac{h^2}{2}$$
$$\int_a^b (x-a)dx = \left[\frac{(x-a)^2}{2}\right]_a^b = \frac{(b-a)^2}{2} = \frac{h^2}{2}$$
ゆえに次のようになる.
$$-\frac{f_0}{h}\int_a^b (x-b)dx + \frac{f_1}{h}\int_a^b (x-a)dx = \frac{h}{2}f_0 + \frac{h}{2}f_1 = \frac{h}{2}(f_0 + f_1)$$

2. 新しい変数を $s = (x-a)/h$ と置くと，$x = hs+a, dx = hds$ となる．それぞれの積分は次のようになる．

$$\int_a^b (x-c)(x-b)dx = h\int_0^2 (hs-(c-a))(hs-(b-a))ds$$
$$= h^3 \int_0^2 (s-1)(s-2)ds$$
$$= h^3 \int_0^2 (s^2 - 3s + 2)ds = h^3 \left[\frac{s^3}{3} - \frac{3s^2}{2} + 2s\right]_0^2 = h^3\left(\frac{8}{3} - 6 + 4\right) = \frac{2}{3}h^3$$

$$\int_a^b (x-a)(x-b)dx = h\int_0^2 hs(hs-(b-a))ds = h^3 \int_0^2 s(s-2)ds$$
$$= h^3 \int_0^2 (s^2 - 2s)ds = h^3 \left[\frac{s^3}{3} - s^2\right]_0^2 = h^3\left(\frac{8}{3} - 4\right) = -\frac{4}{3}h^3$$

$$\int_a^b (x-a)(x-c)dx = h\int_0^2 hs(hs-(c-a))ds = h^3 \int_0^2 s(s-1)ds$$
$$= h^3 \int_0^2 (s^2 - s)ds = h^3 \left[\frac{s^3}{3} - \frac{s^2}{2}\right]_0^2 = h^3\left(\frac{8}{3} - 2\right) = \frac{2}{3}h^3$$

ゆえに次のようになる．

$$\frac{f_0}{2h^2}\int_a^b (x-c)(x-b)dx - \frac{f_1}{h^2}\int_a^b (x-a)(x-b)dx$$
$$+ \frac{f_2}{2h^2}\int_a^b (x-a)(x-c)dx$$
$$= \frac{f_0 h}{3} + \frac{4f_1 h}{3} + \frac{f_2 h}{3} = \frac{h}{3}(f_0 + 4f_1 + f_2)$$

3. 4点 $(x_0, f_0), (x_1, f_1), (x_2, f_2), (x_3, f_3)$ を通る3次式は次のように書ける．

$$y = \frac{(x-x_1)(x-x_2)(x-x_3)}{(x_0-x_1)(x_0-x_2)(x_0-x_3)}f_0 + \frac{(x-x_0)(x-x_2)(x-x_3)}{(x_1-x_0)(x_1-x_2)(x_1-x_3)}f_1$$
$$+ \frac{(x-x_0)(x-x_1)(x-x_3)}{(x_2-x_0)(x_2-x_1)(x_2-x_3)}f_2 + \frac{(x-x_0)(x-x_1)(x-x_2)}{(x_3-x_0)(x_3-x_1)(x_3-x_2)}f_3$$

右辺は x の3次式である．そして，$x = x_0$ とすると $y = f_0$ となり，$x = x_1$ とすると $y = f_1$ となり，$x = x_2$ とすると $y = f_2$ となり，$x = x_3$ とすると $y = f_3$ となっている．$h = (b-a)/3$ と置いて積分する．

$$\int_a^b y dx = -\frac{f_0}{6h^3}\int_{x_0}^{x_3}(x-x_1)(x-x_2)(x-x_3)dx$$
$$+\frac{f_1}{2h^3}\int_{x_0}^{x_3}(x-x_0)(x-x_2)(x-x_3)dx$$
$$-\frac{f_2}{2h^3}\int_{x_0}^{x_3}(x-x_0)(x-x_1)(x-x_3)dx$$
$$+\frac{f_3}{6h^3}\int_{x_0}^{x_3}(x-x_0)(x-x_1)(x-x_2)dx$$

新しい変数を $s=(x-x_0)/h$ と置くと, $x=hs+x_0, dx=hds$ となり, 上式中のそれぞれの積分は次のようになる.

$$\int_{x_0}^{x_3}(x-x_1)(x-x_2)(x-x_3)dx$$
$$=h\int_0^3(hs-(x_1-x_0))(hs-(x_2-x_0))(hs-(x_3-x_0))ds$$
$$=h^4\int_0^3(s-1)(s-2)(s-3)ds = h^4\int_0^3(s^3-6s^2+11s-6)ds$$
$$=h^4\left[\frac{s^4}{4}-\frac{6s^3}{3}+\frac{11s^2}{2}-6s\right]_0^3 = h^4\left[\frac{81}{4}-54+\frac{99}{2}-18\right]_0^3 = -\frac{9}{4}h^4$$

$$\int_{x_0}^{x_3}(x-x_0)(x-x_2)(x-x_3)dx = h\int_0^3 hs(hs-(x_2-x_0))(hs-(x_3-x_0))ds$$
$$=h^4\int_0^3 s(s-2)(s-3)ds = h^4\int_0^3(s^3-5s^2+6s)ds$$
$$=h^4\left[\frac{s^4}{4}-\frac{5s^3}{3}+\frac{6s^2}{2}\right]_0^3 = h^4\left[\frac{81}{4}-45+27\right]_0^3 = \frac{9}{4}h^4$$

$$\int_{x_0}^{x_3}(x-x_0)(x-x_1)(x-x_3)dx = h\int_0^3 hs(hs-(x_1-x_0))(hs-(x_3-x_0))ds$$
$$=h^4\int_0^3 s(s-1)(s-3)ds = h^4\int_0^3(s^3-4s^2+3s)ds$$
$$=h^4\left[\frac{s^4}{4}-\frac{4s^3}{3}+\frac{3s^2}{2}\right]_0^3 = h^4\left[\frac{81}{4}-36+\frac{27}{2}\right]_0^3 = -\frac{9}{4}h^4$$

$$\int_{x_0}^{x_3}(x-x_0)(x-x_1)(x-x_2)dx = h\int_0^3 hs(hs-(x_1-x_0))(hs-(x_2-x_0))ds$$
$$= h^4\int_0^3 s(s-1)(s-2)ds = h^4\int_0^3 (s^3-3s^2+2s)ds$$
$$= h^4\left[\frac{s^4}{4}-\frac{3s^3}{3}+\frac{2s^2}{2}\right]_0^3 = h^4\left[\frac{81}{4}-27+9\right]_0^3 = \frac{9}{4}h^4$$

ゆえに次の積分公式が得られる．

$$-\frac{f_0}{6h^3}\int_{x_0}^{x_3}(x-x_1)(x-x_2)(x-x_3)dx$$
$$+\frac{f_1}{2h^3}\int_{x_0}^{x_3}(x-x_0)(x-x_2)(x-x_3)dx$$
$$-\frac{f_2}{2h^3}\int_{x_0}^{x_3}(x-x_0)(x-x_1)(x-x_3)dx$$
$$+\frac{f_3}{6h^3}\int_{x_0}^{x_3}(x-x_0)(x-x_1)(x-x_2)dx$$
$$= \frac{3}{8}hf_0+\frac{9}{8}hf_1+\frac{9}{8}hf_2+\frac{3}{8}hf_3 = \frac{3}{8}h(f_0+3f_1+3f_2+f_3)$$

4. $\Pi(x)$ を微分すると次のようになる．

$$\Pi'(x) = (x-x_1)(x-x_2)\cdots(x-x_n)$$
$$+(x-x_0)(x-x_2)\cdots(x-x_n)$$
$$+\cdots+(x-x_0)(x-x_1)\cdots(x-x_{n-1})$$

$x=x_k$ を代入すると次のようになる．

$$\Pi'(x_k) = (x_k-x_0)(x_k-x_1)\cdots\widehat{(x_k-x_k)}\cdots(x_k-x_n)$$

したがって次の関係が成り立つ．

$$\frac{\Pi(x)}{(x-x_k)\Pi'(x_k)} = \frac{(x-x_0)(x-x_1)\cdots\widehat{(x-x_k)}\cdots(x-x_n)}{(x_k-x_0)(x_k-x_1)\cdots\widehat{(x_k-x_k)}\cdots(x_k-x_n)} = L_k(x)$$

ゆえに次のように書ける．

$$\sum_{k=0}^n f_k L_k(x) = \Pi(x)\sum_{k=0}^n \frac{f_k}{(x-x_k)\Pi'(x)}$$

5. 図 A から分かるように，積分 $\int_1^n dx/x$ は次の不等式を満たす．

$$1+\frac{1}{2}+\frac{1}{3}+\cdots+\frac{1}{n}+\frac{n}{n+1} < \int_1^n \frac{dx}{x} < 1+\frac{1}{2}+\frac{1}{3}+\cdots+\frac{1}{n}$$

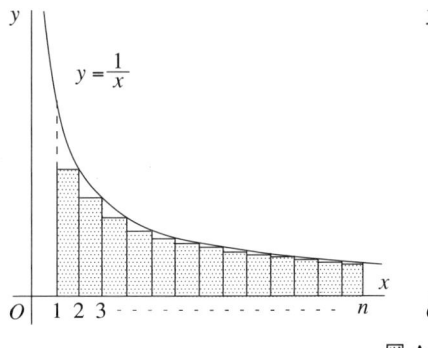

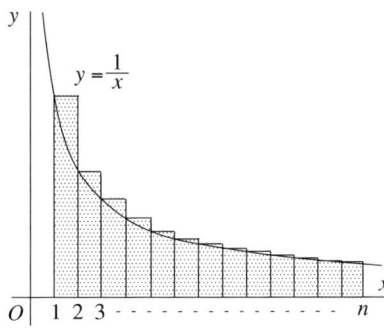

図 A

これから次の不等式を得る.

$$\log n < 1 + \frac{1}{2} + \frac{1}{3} + \cdots + \frac{1}{n} < \log n + \frac{n}{n+1}$$

6. 省略.
7. 式 (6.58) から $I_1(n)$ は次のようになる.

$$\begin{aligned} I_1(n) &= \frac{4I(n) - I(n/2)}{3} = \frac{4}{3}\Big(I + \sum_{k=1}^{\infty} c_k h^{2k}\Big) - \frac{1}{3}\Big(I + \sum_{k=1}^{\infty} c_k (2h)^{2k}\Big) \\ &= I + \sum_{k=1}^{\infty} \frac{4c_k}{3} h^{2k} - \sum_{k=1}^{\infty} \frac{c_k}{3} 2^{2k} h^{2k} \\ &= I + \sum_{k=2}^{\infty} \frac{4 - 4^k}{3} c_k h^{2k} = I + \sum_{k=2}^{\infty} c_k' h^{2k} \end{aligned}$$

したがって $I_2(n)$ は次のようになる.

$$\begin{aligned} I_2(n) &= \frac{16 I_1(n) - I_1(n/2)}{15} = \frac{16}{15}\Big(I + \sum_{k=2}^{\infty} c_k' h^{2k}\Big) - \frac{16}{15}\Big(I + \sum_{k=2}^{\infty} c_k' (2h)^{2k}\Big) \\ &= I + \sum_{k=2}^{\infty} \frac{16 c_k}{15} h^{2k} - \sum_{k=2}^{\infty} \frac{c_k}{15} 2^{2k} h^{2k} = I + \sum_{k=2}^{\infty} \frac{16 - 4^k}{15} c_k h^{2k} \\ &= I + \sum_{k=3}^{\infty} c_k'' h^{2k} \end{aligned}$$

したがって $I_3(n)$ は次のようになる.

$$I_3(n) = \frac{64I_2(n) - I_2(n/2)}{63} = \frac{64}{63}\Big(I + \sum_{k=3}^{\infty} c_k'' h^{2k}\Big) - \frac{64}{63}\Big(I + \sum_{k=3}^{\infty} c_k''(2h)^{2k}\Big)$$

$$= I + \sum_{k=3}^{\infty} \frac{64 c_k}{63} h^{2k} - \sum_{k=3}^{\infty} \frac{c_k}{63} 2^{2k} h^{2k} = I + \sum_{k=4}^{\infty} \frac{64 - 4^k}{63} c_k h^{2k}$$

$$= I + \sum_{k=2}^{\infty} c_k''' h^{2k}$$

8. 展開式

$$I(n) = I + c_1 h^3 + c_2 h^4 + c_3 h^5 + \cdots$$
$$I(\frac{n}{2}) = I + c_1(2h)^3 + c_2(2h)^4 + c_3(2h)^5 + \cdots$$

より次のように加速できる．

$$\frac{8I(n) - I(n/2)}{7} = I - \frac{8}{7}c_2 - \frac{24}{7}c_3 - \cdots$$

これは $I(n), I(n/2)$ のどちらよりも一般に誤差が小さい．$n = 20$ とすると次のようになる．

$$I \approx \frac{8 \times 2.382 - 2.345}{7} = 2.387$$

9. 省略．
10. 次のようになる．

$$\int_{-1}^{1} y dx = \int_{-1}^{1} \Big(\frac{x - 1/\sqrt{3}}{-1/\sqrt{3} - 1/\sqrt{3}} f(-\frac{1}{\sqrt{3}}) + \frac{x + 1/\sqrt{3}}{1/\sqrt{3} + 1/\sqrt{3}} f(\frac{1}{\sqrt{3}})\Big) dx$$

$$= -\frac{\sqrt{3}}{2} f(-\frac{1}{\sqrt{3}}) \int_{-1}^{1} (x - \frac{1}{\sqrt{3}}) dx + \frac{\sqrt{3}}{2} f(\frac{1}{\sqrt{3}}) \int_{-1}^{1} (x + \frac{1}{\sqrt{3}}) dx$$

$$= -\frac{\sqrt{3}}{2} f(-\frac{1}{\sqrt{3}}) \times 2\Big[-\frac{1}{\sqrt{3}} x\Big]_0^1 + \frac{\sqrt{3}}{2} f(\frac{1}{\sqrt{3}}) \times 2\Big[\frac{1}{\sqrt{3}} x\Big]_0^1$$

$$= f(-\frac{1}{\sqrt{3}}) + f(-\frac{1}{\sqrt{3}})$$

11. 次のようになる．

$$\int_{-1}^{1} y dx$$
$$= \int_{-1}^{1} \Big(\frac{x(x-\sqrt{3/5})}{-\sqrt{3/5}(-\sqrt{3/5}-\sqrt{3/5})} f(-\sqrt{\frac{3}{5}}) + \frac{(x+\sqrt{3/5})(x-\sqrt{3/5})}{\sqrt{3/5}(-\sqrt{3/5})} f(0)$$
$$+ \frac{(x+\sqrt{3/5})x}{(\sqrt{3/5}+\sqrt{3/5})\sqrt{3/5}} f(\sqrt{\frac{3}{5}}) \Big) dx$$
$$= \frac{5}{6} f(-\sqrt{\frac{3}{5}}) \int_{-1}^{1} x(x-\sqrt{\frac{3}{5}}) dx - \frac{3}{5} f(0) \int_{-1}^{1} (x+\sqrt{\frac{3}{5}})(x-\sqrt{\frac{3}{5}}) dx$$
$$+ \frac{5}{6} f(\sqrt{\frac{3}{5}}) \int_{-1}^{1} (x+\sqrt{\frac{3}{5}})x dx$$
$$= \frac{5}{6} f(-\sqrt{\frac{3}{5}}) \int_{-1}^{1} (x^2 - \sqrt{\frac{3}{5}}x) dx - \frac{3}{5} f(0) \int_{-1}^{1} (x^2 - \frac{3}{5}) dx$$
$$+ \frac{5}{6} f(\sqrt{\frac{3}{5}}) \int_{-1}^{1} (x^2 + \sqrt{\frac{3}{5}}x) dx$$
$$= \frac{5}{6} f(-\sqrt{\frac{3}{5}}) \times 2\Big[\frac{x^3}{3}\Big]_0^1 - \frac{3}{5} f(0) \times 2\Big[\frac{x^3}{3} - \frac{3}{5}x\Big]_0^1 + \frac{5}{6} f(\sqrt{\frac{3}{5}}) \times 2\Big[\frac{x^3}{2}\Big]_0^1$$
$$= \frac{5}{9} f(-\sqrt{\frac{3}{5}}) + \frac{8}{9} f(0) + \frac{5}{9} f(\sqrt{\frac{3}{5}})$$

12. 省略.

13. $P_0(x), P_2(x)$ は x に関して偶関数であるから
$$\int_{-1}^{1} x^3 P_0(x) dx = 0, \quad \int_{-1}^{1} x^3 P_2(x) dx = 0$$
である. そして
$$\int_{-1}^{1} x^3 P_1(x) dx = 2 \int_{0}^{1} x^4 dx = 2\Big[\frac{x^5}{5}\Big]_0^1 = \frac{2}{5}$$
$$\int_{-1}^{1} P_1(x)^2 dx = 2 \int_{0}^{1} x^2 dx = 2\Big[\frac{x^3}{3}\Big]_0^1 = \frac{2}{3}$$
より $P_3(x)$ が次のように書ける.
$$P_3(x) = C(x^3 - \frac{2/5}{2/3} P_1(x)) = C(x^3 - \frac{3}{5}x)$$
$P_3(0) = 2C/5$ であるから, $P_3(0) = 1$ となるように C を決めると $C = 5/2$ であり, $P_3(x)$ が次のようになる.
$$P_3(x) = \frac{1}{2}(5x^3 - 3x)$$

第7章

1. 次のように書き直せる．
$$x_k - 3x_{k-1} = 0$$
$x_k = \lambda^k$ を代入すると，特性方程式が次のようになる．
$$\lambda - 3 = 0$$
したがって $\lambda = 3$ であり，一般解が次のように得られる．
$$x_k = C3^k$$
定数 C は $k = 0$ と置いて $x_0 = 2$ を代入すると次のようになる．
$$C = 2$$
ゆえに次の解を得る．
$$x_k = 2 \cdot 3^k$$

2. 次のように書き直せる．
$$x_k - 9x_{k-1} + 26x_{k-2} - 24x_{k-3} = 0$$
$x_k = \lambda^k$ を代入すると，特性方程式が次のようになる．
$$\lambda^3 - 9\lambda^2 + 26\lambda - 24 = (\lambda - 2)(\lambda - 3)(\lambda - 4) = 0$$
特性根が $\lambda = 2, 3, 4$ であるから，一般解が次のように得られる．
$$x_k = C_1 2^k + C_2 3^k + C_3 4^k$$
定数 C_1, C_2, C_3 を定めるために $k = 0, 1, 2$ と置いて初期値を代入すると次の連立1次方程式を得る．
$$C_1 + C_2 + C_3 = 6$$
$$2C_1 + 3C_2 + 4C_3 = 16$$
$$4C_1 + 9C_2 + 16C_3 = 46$$
この解は $C_1 = 3, C_2 = 2, C_3 = 1$ であるから次の解を得る．
$$x_k = 3 \cdot 2^k + 2 \cdot 3^k + 4^k$$

3. 特性方程式は次のようになる．
$$\lambda^4 - 9\lambda^3 + 30\lambda^2 - 44\lambda + 24 = (\lambda - 2)^3(\lambda - 3) = 0$$

特性根は $\lambda = 2(3\text{重解}), 3$ となる．ゆえに一般解は次のように書ける．

$$x_k = (C_1 + C_2 k + C_3 k^2)2^k + C_4 3^k$$

定数 C_1, C_2, C_3, C_4 は次の連立1次方程式から定まる．

$$\begin{pmatrix} 2^0 & 0 \cdot 2^0 & 0^2 \cdot 2^0 & 3^0 \\ 2^1 & 1 \cdot 2^1 & 1^2 \cdot 2^1 & 3^1 \\ 2^2 & 2 \cdot 2^2 & 2^2 \cdot 2^2 & 3^2 \\ 2^3 & 3 \cdot 2^3 & 3^2 \cdot 2^3 & 3^3 \end{pmatrix} \begin{pmatrix} C_1 \\ C_2 \\ C_3 \\ C_4 \end{pmatrix} = \begin{pmatrix} 0 \\ -1 \\ 3 \\ 29 \end{pmatrix}$$

これを解くと $C_1 = 1, C_2 = -1, C_3 = 1, C_4 = -1$ であるから次の解を得る．

$$x_k = (1 - k + k^2)2^k - 3^k$$

4. 次のように書き直せる．

$$x_k - 3x_{k-1} = 2$$

$x_k = \alpha$ を代入すると $\alpha = -1$ となり，特殊解 $x_k = -1$ を得る．右辺を0に置き換えて $x_k = \lambda^k$ を代入すると，特性方程式が次のようになる．

$$\lambda - 3 = 0$$

これから同次解 $C3^k$ が得られる．したがって一般解は次のようになる．

$$x_k = -1 + C3^k$$

定数 C は $k = 0$ と置いて $x_0 = 1$ を代入すると次のようになる．

$$C = 1 + 1 = 2$$

ゆえに次の解を得る．

$$x_k = -1 + 2 \cdot 3^k$$

5. 次のように書き直せる．

$$x_k - 9x_{k-1} + 26x_{k-2} - 24x_{k-3} = 6$$

$x_k = \alpha$ を代入すると $\alpha = -1$ となり，特殊解 $x_k = -1$ を得る．右辺を0に置き換えて $x_k = \lambda^k$ を代入すると，特性方程式が次のようになる．

$$\lambda^3 - 9\lambda^2 + 26\lambda - 24 = (\lambda - 2)(\lambda - 3)(\lambda - 4) = 0$$

特性根が $\lambda = 2, 3, 4$ であるから，同次解 $C_1 2^k + C_2 3^k + C_3 4^k$ が得られる．したがって一般解は次のようになる．

$$x_k = -1 + C_1 2^k + C_2 3^k + C_3 4^k$$

定数 C_1, C_2, C_3 を定めるために $k = 0, 1, 2$ と置いて初期値を代入すると，次の連立1次方程式を得る．

$$C_1 + C_2 + C_3 = 5 + 1$$
$$2C_1 + 3C_2 + 4C_3 = 15 + 1$$
$$4C_1 + 9C_2 + 16C_3 = 45 + 1$$

この解は $C_1 = 3, C_2 = 2, C_3 = 1$ であるから次の解を得る．

$$x_k = -1 + 3 \cdot 2^k + 2 \cdot 3^k + 4^k$$

6. 次のように書き直せる．

$$x_k - \frac{1}{3}x_{k-1} = 2$$

右辺を0に置き換えて $x_k = \lambda^k$ を代入すると，特性方程式が次のようになる．

$$\lambda - \frac{1}{3} = 0$$

特性根が1/3であるから一般に（初期値に無関係に）収束する．

7. 次のように書き直せる．

$$12x_k - 28x_{k-1} + 17x_{k-2} - 3x_{k-3} = 72$$

右辺を0に置き換えて $x_k = \lambda^k$ を代入すると，特性方程式が次のようになる．

$$12\lambda^3 - 28\lambda^2 + 17\lambda - 3 = (3\lambda - 1)(2\lambda - 1)(2\lambda - 3) = 0$$

特性根が $\lambda = 1/3, 1/2, 3/2$ となり，$3/2 > 1$ であるから発散する．

8. 求めたいものは

$$\begin{pmatrix} 6 & 2 \\ 2 & 3 \end{pmatrix} \boldsymbol{p} = \lambda \boldsymbol{p}$$

となる定数（固有値）λ と $\boldsymbol{0}$ でないベクトル $\boldsymbol{p}$（固有ベクトル）である．上式は次のように書き直せる．

$$\begin{pmatrix} \lambda - 6 & -2 \\ -2 & \lambda - 3 \end{pmatrix} \begin{pmatrix} p_1 \\ p_2 \end{pmatrix} = \boldsymbol{0}$$

これが $\boldsymbol{0}$ でない解 $\boldsymbol{p}$ を持つ必要十分条件は係数行列の行列式が0となること，すなわち

$$\begin{vmatrix} \lambda - 6 & -2 \\ -2 & \lambda - 3 \end{vmatrix} = (\lambda-6)(\lambda-3) - (-2)(-2) = \lambda^2 - 9\lambda + 14 = (\lambda-2)(\lambda-7) = 0$$

である．これが固有方程式であり，固有値 $\lambda = 2, 7$ を得る．固有ベクトルは次のように求まる．

$\lambda = 2$: 方程式
$$\begin{pmatrix} -4 & -2 \\ -2 & -1 \end{pmatrix} \begin{pmatrix} p_1 \\ p_2 \end{pmatrix} = \begin{pmatrix} 0 \\ 0 \end{pmatrix}$$
は一つの式
$$2p_1 + p_2 = 0$$
を表している．一つの解は $p_1 = 1, p_2 = -2$ である．固有ベクトルは何倍しても固有ベクトルであるから，定数倍して単位ベクトルを作ると次の解を得る．
$$\boldsymbol{p}_1 = \begin{pmatrix} 1/\sqrt{5} \\ -2/\sqrt{5} \end{pmatrix}$$

$\lambda = 7$: 方程式
$$\begin{pmatrix} 1 & -2 \\ -2 & 4 \end{pmatrix} \begin{pmatrix} p_1 \\ p_2 \end{pmatrix} = \begin{pmatrix} 0 \\ 0 \end{pmatrix}$$
は一つの式
$$p_1 - 2p_2 = 0$$
を表している．一つの解は $p_1 = 2, p_2 = 1$ である．定数倍して単位ベクトルを作ると次の解を得る．
$$\boldsymbol{p}_2 = \begin{pmatrix} 2/\sqrt{5} \\ 1/\sqrt{5} \end{pmatrix}$$

以上より固有値は $2, 7$ であり，それぞれの固有ベクトルは次のようになる．
$$\boldsymbol{p}_1 = \begin{pmatrix} 1/\sqrt{5} \\ -2/\sqrt{5} \end{pmatrix}, \ \boldsymbol{p}_2 = \begin{pmatrix} 2/\sqrt{5} \\ 1/\sqrt{5} \end{pmatrix}$$

9. 求めたいものは
$$\begin{pmatrix} 4 & -1 & 0 \\ -2 & 4 & -1 \\ 0 & -2 & 4 \end{pmatrix} \boldsymbol{p} = \lambda \boldsymbol{p}$$
となる λ と $\boldsymbol{p} \ (\neq \boldsymbol{0})$ である．書き直すと
$$\begin{pmatrix} \lambda - 4 & 1 & 0 \\ 2 & \lambda - 4 & 1 \\ 0 & 2 & \lambda - 4 \end{pmatrix} \begin{pmatrix} p_1 \\ p_2 \\ p_3 \end{pmatrix} = \boldsymbol{0}$$
となり，これが $\boldsymbol{0}$ でない解 $\boldsymbol{p}$ を持つ必要十分条件として次の固有方程式を得る．
$$\begin{vmatrix} \lambda - 4 & 1 & 0 \\ 2 & \lambda - 4 & 1 \\ 0 & 2 & \lambda - 4 \end{vmatrix} = (\lambda-4)^3 - 2(\lambda-4) - 2(\lambda-4) = (\lambda-4)(\lambda-6)(\lambda-2) = 0$$

これから固有値 $\lambda = 4, 6, 2$ を得る．固有ベクトルは次のように求まる．

$\lambda = 4$： 方程式

$$\begin{pmatrix} 0 & 1 & 0 \\ 2 & 0 & 1 \\ 0 & 2 & 0 \end{pmatrix} \begin{pmatrix} p_1 \\ p_2 \\ p_3 \end{pmatrix} = \begin{pmatrix} 0 \\ 0 \\ 0 \end{pmatrix}$$

の第1式を2倍すると第3式となる．したがって第1式と第2式のみを考えればよい．すなわち，上式は二つの式

$$p_2 = 0, \ 2p_1 + p_3 = 0$$

を表している．一つの解は $p_1 = 1, p_2 = 0, p_3 = -2$ である．定数倍して単位ベクトルを作ると次の解を得る．

$$\boldsymbol{p}_1 = \begin{pmatrix} 1/\sqrt{5} \\ 0 \\ -2/\sqrt{5} \end{pmatrix}$$

$\lambda = 6$： 方程式

$$\begin{pmatrix} 2 & 1 & 0 \\ 2 & 2 & 1 \\ 0 & 2 & 2 \end{pmatrix} \begin{pmatrix} p_1 \\ p_2 \\ p_3 \end{pmatrix} = \begin{pmatrix} 0 \\ 0 \\ 0 \end{pmatrix}$$

の第1式に第3式を2で割ったものを足すと第2式となる．したがって第1式と第3式のみを考えればよい．すなわち，上式は二つの式

$$2p_1 + p_2 = 0, \ 2p_2 + 2p_3 = 0$$

を表している．一つの解は $p_1 = 1, p_2 = -2, p_3 = 2$ である．定数倍して単位ベクトルを作ると次の解を得る．

$$\boldsymbol{p}_2 = \begin{pmatrix} 1/3 \\ -2/3 \\ 2/3 \end{pmatrix}$$

$\lambda = 2$： 方程式

$$\begin{pmatrix} -2 & 1 & 0 \\ 2 & -2 & 1 \\ 0 & 2 & -2 \end{pmatrix} \begin{pmatrix} p_1 \\ p_2 \\ p_3 \end{pmatrix} = \begin{pmatrix} 0 \\ 0 \\ 0 \end{pmatrix}$$

の第1式に第3式を2で割ったものを足すと第2式の符号を変えたものになる．したがって第1式と第3式のみを考えればよい．すなわち，上式は二つの式

$$-2p_1 + p_2 = 0, \ 2p_2 - 2p_3 = 0$$

を表している．一つの解は $p_1 = 1, p_2 = 2, p_3 = 2$ である．定数倍して単位ベクトルを作ると次の解を得る．

$$\boldsymbol{p}_3 = \begin{pmatrix} 1/3 \\ 2/3 \\ 2/3 \end{pmatrix}$$

以上より固有値は $4, 6, 2$ であり，それぞれの固有ベクトルは次のようになる．

$$\boldsymbol{p}_1 = \begin{pmatrix} 1/\sqrt{5} \\ 0 \\ -2/\sqrt{5} \end{pmatrix}, \quad \boldsymbol{p}_2 = \begin{pmatrix} 1/3 \\ -2/3 \\ 2/3 \end{pmatrix}, \quad \boldsymbol{p}_3 = \begin{pmatrix} 1/3 \\ 2/3 \\ 2/3 \end{pmatrix}$$

10. 問9で求めた固有値と固有ベクトルを用いると与えられた連立差分方程式の一般解が次のように書ける．

$$\begin{pmatrix} x_k \\ y_k \\ z_k \end{pmatrix} = C_1 4^k \begin{pmatrix} 1/\sqrt{5} \\ 0 \\ -2/\sqrt{5} \end{pmatrix} + C_2 6^k \begin{pmatrix} 1/3 \\ -2/3 \\ 2/3 \end{pmatrix} + C_3 2^k \begin{pmatrix} 1/3 \\ 2/3 \\ 2/3 \end{pmatrix}$$

定数 C_1, C_2, C_3 は次の連立1次方程式から定まる．

$$\begin{pmatrix} 1/\sqrt{5} & 1/3 & 1/3 \\ 0 & -2/3 & 2/3 \\ -2/\sqrt{5} & 2/3 & 2/3 \end{pmatrix} \begin{pmatrix} C_1 \\ C_2 \\ C_3 \end{pmatrix} = \begin{pmatrix} 4 \\ 2 \\ 4 \end{pmatrix}$$

これを解くと $C_1 = \sqrt{5}, C_2 = 3, C_3 = 6$ となる．ゆえに次の解を得る．

$$\begin{pmatrix} x_k \\ y_k \\ z_k \end{pmatrix} = \sqrt{5} \cdot 4^k \begin{pmatrix} 1/\sqrt{5} \\ 0 \\ -2/\sqrt{5} \end{pmatrix} + 3 \cdot 6^k \begin{pmatrix} 1/3 \\ -2/3 \\ 2/3 \end{pmatrix} + 6 \cdot 2^k \begin{pmatrix} 1/3 \\ 2/3 \\ 2/3 \end{pmatrix}$$

$$= 4^k \begin{pmatrix} 1 \\ 0 \\ -2 \end{pmatrix} + 6^k \begin{pmatrix} 1 \\ -2 \\ 2 \end{pmatrix} + 2^k \begin{pmatrix} 2 \\ 4 \\ 4 \end{pmatrix}$$

11. x_k, y_k, z_k をそれぞれ k によらない定数 x, y, z と置くと次のようになる．

$$\begin{aligned} x &= 4x -y -2 \\ y &= -2x +4y -z \\ z &= -2y +4z -1 \end{aligned}$$

書き直すと次のようになる．

$$\begin{aligned} -3x y &= -2 \\ 2x -3y +z &= 0 \\ 2y -3z &= -1 \end{aligned}$$

これを解くと $x = 1, y = 1, z = 1$ となる．行列 $\begin{pmatrix} 4 & -1 & 0 \\ -2 & 4 & -1 \\ 0 & -2 & 4 \end{pmatrix}$ の固有値は 4, $6, 2$ であり，それぞれの固有ベクトルは $\begin{pmatrix} 1/\sqrt{5} \\ 0 \\ -2/\sqrt{5} \end{pmatrix}, \begin{pmatrix} 1/3 \\ -2/3 \\ 2/3 \end{pmatrix}, \begin{pmatrix} 1/3 \\ 2/3 \\ 2/3 \end{pmatrix}$ である．ゆえに一般解が次のようになる．

$$\begin{pmatrix} x_k \\ y_k \\ z_k \end{pmatrix} = \begin{pmatrix} 1 \\ 1 \\ 1 \end{pmatrix} + C_1 4^k \begin{pmatrix} 1/\sqrt{5} \\ 0 \\ -2/\sqrt{5} \end{pmatrix} + C_2 6^k \begin{pmatrix} 1/3 \\ -2/3 \\ 2/3 \end{pmatrix} + C_3 2^k \begin{pmatrix} 1/3 \\ 2/3 \\ 2/3 \end{pmatrix}$$

定数 C_1, C_2, C_3 は次の連立 1 次方程式から定まる．

$$\begin{pmatrix} 1/\sqrt{5} & 1/3 & 1/3 \\ 0 & -2/3 & 2/3 \\ -2/\sqrt{5} & 2/3 & 2/3 \end{pmatrix} \begin{pmatrix} C_1 \\ C_2 \\ C_3 \end{pmatrix} = \begin{pmatrix} 5 \\ 3 \\ 5 \end{pmatrix} - \begin{pmatrix} 1 \\ 1 \\ 1 \end{pmatrix}$$

これを解くと $C_1 = \sqrt{5}, C_2 = 3, C_3 = 6$ となる．ゆえに次の解を得る．

$$\begin{pmatrix} x_k \\ y_k \\ z_k \end{pmatrix} = \begin{pmatrix} 1 \\ 1 \\ 1 \end{pmatrix} + \sqrt{5} \cdot 4^k \begin{pmatrix} 1/\sqrt{5} \\ 0 \\ -2/\sqrt{5} \end{pmatrix} + 3 \cdot 6^k \begin{pmatrix} 1/3 \\ -2/3 \\ 2/3 \end{pmatrix} + 6 \cdot 2^k \begin{pmatrix} 1/3 \\ 2/3 \\ 2/3 \end{pmatrix}$$

$$= \begin{pmatrix} 1 \\ 1 \\ 1 \end{pmatrix} + 4^k \begin{pmatrix} 1 \\ 0 \\ -2 \end{pmatrix} + 6^k \begin{pmatrix} 1 \\ -2 \\ 2 \end{pmatrix} + 2^k \begin{pmatrix} 2 \\ 4 \\ 4 \end{pmatrix}$$

12. 行列 $\begin{pmatrix} 7/3 & -17/12 & 1/4 \\ 1 & 0 & 0 \\ 0 & 1 & 0 \end{pmatrix}$ の固有方程式は次のようになる．

$$\begin{vmatrix} \lambda - 7/3 & 17/12 & -1/4 \\ -1 & \lambda & 0 \\ 0 & -1 & \lambda \end{vmatrix} = 0$$

これは次の λ の 3 次方程式となる．

$$\lambda^2 (\lambda - \frac{7}{3}) - \frac{1}{4} + \frac{17}{12}\lambda = (\lambda - \frac{1}{3})(\lambda - \frac{1}{2})(\lambda - \frac{3}{2}) = 0$$

固有値が $\lambda = 1/3, 1/2, 3/2$ となり，$3/2 > 1$ であるから発散する．

13. 問 9 で示したように，行列 A の固有値は $\lambda = 4, 6, 2$ であり，それぞれの固有ベクトルは $\bm{p}_1 = \begin{pmatrix} 1/\sqrt{5} \\ 0 \\ -2/\sqrt{5} \end{pmatrix}$, $\bm{p}_2 = \begin{pmatrix} 1/3 \\ -2/3 \\ 2/3 \end{pmatrix}$, $\bm{p}_3 = \begin{pmatrix} 1/3 \\ 2/3 \\ 2/3 \end{pmatrix}$ である．ベクトル $\bm{q}_k = \bm{A}^{(k)} \bm{x}^{(0)} / \|\bm{A}^{(k)} \bm{x}^{(0)}\|$ を $k = 1, 2, \ldots$ に対して計算すると，10 回の反復で最大固有値 6 の固有ベクトル $\bm{p}_2$ と小数点 7 桁が一致する．

k	$\bm{q}_k$
0	$(1.0000000,\ \ 1.0000000,\ \ 1.0000000)^\top$
1	$(0.8017837,\ \ 0.2672612,\ \ 0.5345225)^\top$
2	$(0.6615814,\ -0.6064496,\ \ 0.4410543)^\top$
3	$(0.4152378,\ -0.6975829,\ \ 0.5838885)^\top$
4	$(0.3488584,\ -0.6742168,\ \ 0.6509451)^\top$
5	$(0.3353649,\ -0.6676798,\ \ 0.6646308)^\top$
6	$(0.3335116,\ -0.6667558,\ \ 0.6664884)^\top$
7	$(0.3333438,\ -0.6666719,\ \ 0.6666562)^\top$
8	$(0.3333337,\ -0.6666669,\ \ 0.6666663)^\top$
9	$(0.3333333,\ -0.6666667,\ \ 0.6666667)^\top$
10	$(0.3333333,\ -0.6666667,\ \ 0.6666667)^\top$
$\bm{p}_2$	$(0.3333333,\ -0.6666667,\ \ 0.6666667)^\top$

14. 特性方程式は次のようになる．

$$\lambda^3 - 9\lambda^2 + 26\lambda - 24 = 0$$

与えられた差分方程式は次の連立差分方程式として表せる．

$$\begin{pmatrix} x_k \\ x_{k-1} \\ x_{k-2} \end{pmatrix} = \begin{pmatrix} 9 & -26 & 24 \\ 1 & 0 & 0 \\ 0 & 1 & 0 \end{pmatrix} \begin{pmatrix} x_{k-1} \\ x_{k-2} \\ x_{k-3} \end{pmatrix} + \begin{pmatrix} 6 \\ 0 \\ 0 \end{pmatrix}$$

同伴行列の固有方程式は次のようになる．

$$\begin{vmatrix} \lambda - 9 & 26 & -24 \\ -1 & \lambda & 0 \\ 0 & -1 & \lambda \end{vmatrix} = \lambda^2(\lambda - 9) - 24 + 26\lambda = \lambda^3 - 9\lambda^2 + 26\lambda - 24 = 0$$

これは与えられた差分方程式の特性方程式と同じ解を与える．したがって，これから構成した解も一致する．

索　引

【数字・英字】
1次結合 (linear combination) 144, 155
1次収束 (linear convergence) 50, 99
2項係数 (binomial coefficient) 13
2項定理 (binomial theorem) 13
2次収束 (quadratic convergence) 42
2進分解法 (binary decomposition method) 22
2進法 (binary representation) 1
2分法 (bisection) 49
4倍精度 (quadruple precision) 2
10進法 (decimal representation) 1
16進法 (hexadecimal representation) 2

LU分解 (LU decomposition) 80

【ア】
アキューミュレータ (accumulator) 10
余り (remainder) 45
アンダーフロー (underflow) 2
一般2項定理 (generalized binomial theorem) 13
一般解 (general solution) 145, 156
一般固有値 (generalized eigenvalue) 105, 107
一般固有ベクトル (generalized eigenvector) 105, 107
因数定理 (factor theorem) 46
上三角行列 (upper triangular matrix) 75, 80
打ち切り誤差 (truncation error) 33, 37
演算子代数 (operational calculus) 125
オイラー・マクローリンの公式 (Euler-Maclaurin summation formula) 121
黄金比 (golden ratio) 148
黄金分割 (golden section) 148
オーバーフロー (over flow) 2
帯行列 (band matrix) 96

【カ】
ガウス・ザイデル反復法 (Gauss-Seidel iterations) 102
ガウス消去法 (Gaussian elimination) 71
ガウス・ジョルダンのはきだし法 (Gauss-Jordan elimination, sweeping out method) 58
ガウス(・ルジャンドル)の積分公式 (Gauss(-Legendre) quadrature) 130
 ―2点公式 (2-point formula) 130
 ―3点公式 (3-point formula) 132
 ―N点公式 (N-point formula) 133
重ね合わせの原理 (principle of superposition) 144, 155
仮数部 (mantissa) 2

加速 (acceleration) 127
奇置換 (odd permutation) 58
基底 (base, radix) 1
基本操作 (elementary transformation) 63
基本列 (fundamental sequence) 40
逆行列 (inverse) 68
行列式 (determinant) 58, 70, 87
極形式 (polar form) 146
偶置換 (even permutation) 58
クヌースの方法 (Knuth's method) 25
組み立て除法 (synthetic division) 45
クラウト法 (Crout method) 82
クラメルの公式 (Cramer's formula) 56
桁 (place) 1
桁あふれ (overflow) 2
桁落ち (cancellation) 14
原始関数 (primitive function) 116
後退代入 (backward substitution) 73, 80
恒等演算子 (identity operator) 126
コーシーの収束定理 (Cauchy's theorem of convergence) 40
コーシー列 (Cauchy sequence) 40
固定小数点表現 (fixed point representation) 1
固有多項式 (characteristic polynomial) 49, 100
固有値 (eigenvalue) 49, 98, 100, 156
固有値法 (method of eigenvalues) 48
固有ベクトル (eigenvector) 98, 100, 156
固有方程式 (characteristic equation) 98, 100
コレスキー分解 (Cholesky decomposition) 86

【サ】

再帰 (recursion) 29

再帰方程式 (recursive equation) 143, 144
最適化 (optimization) 29
差分方程式 (difference equation) 143
指数 (exponent) 2
次数低下法 (deflation) 44
指数部 (exponent) 2
下三角行列 (lower triangular matrix) 80
自明な解 (trivial solution) 100, 107
収束 (convergence) 36, 40
収束条件 (convergence condition) 36
終了条件 (halting condition) 36
シュタイン・ローゼンベルグの定理 (Stein-Rosenberg theorem) 106
シュミットの直交化 (Schmidt orthogonalization) 140
商 (quotient) 45
小数点 (decimal point) 1
小数部 (mantissa) 2
剰余 (remainder) 45
剰余項 (remainder) 43
剰余定理 (remainder theorem) 46
初期条件 (initial condition) 30
初期値 (initial value) 144, 155
シンプソン公式 (Simpson rule) 113
シンプソン積分 ((compound) Simpson rule) 117
数学的帰納法 (mathematical induction) 30
枢軸 (pivot) 64, 76
　―完全選択 (full pivoting, full positioning) 66, 78
　―部分選択 (partial pivoting, partial positioning) 66, 78
ずらし演算子 (shift operator) 125
正規化 (normalization) 14

正値対称行列 (positive definite symmetric matrix) 86
絶対誤差 (absolute error) 8
漸化式 (recurrence relation) 143, 144
線形 (linear) 144
線形結合 (linear combination) 144, 155
線形システム (linear system) 67
前進消去 (forward elimination) 73
前進代入 (forward substitution) 80
相対誤差 (relative error) 8
疎行列 (sparse matrix) 96

【タ】

対角優位 (diagonal dominant) 100
台形公式 (trapezoidal rule) 112
台形積分 ((compound) trapezoidal rule)) 117
対称行列 (symmetrix matrix) 157
代数学の基本定理 (fundamental theorem of algebra) 47
単精度 (single precision) 2
直交する (orthogonal) 139
直交多項式 (orthogonal polynomials) 139
定義域 (domain) 40
テイラーの定理 (Taylor's theorem) 43
テイラー (・マクローリン) 展開 (Taylor (-Mclaurin) expansion) 13, 43
天井関数 (ceiling) 23
同次解 (homogeneous solution) 151, 158
同伴行列 (companion matrix) 49, 163
ドゥーリトル法 (Dolittle method) 86
特解 (particular solution) 151, 158
特殊解 (particular solution) 151, 158
特性根 (characteristic root) 98, 105, 145
特性多項式 (characteristic polynomial) 98, 105
特性方程式 (characteristic equation) 145
ド・モアブルの公式 (de Moivre's formula) 146

【ナ】

内積 (inner product) 139
二重指数型積分公式 (double exponention integration formula) 125
ニュートン・コーツの公式 (Newton-Cotes formula) 113
ニュートン (・ラフソン) 法 (Newton (-Raphson) iterations) 36

【ハ】

倍精度 (double precision) 2
はきだし操作 (sweeping out operation) 63
はさみうち法 (regula falsi) 51
幅 (width) 96
半正値対称行列 (positive semidefinite symmetric matrix) 86
バンデルモンドの行列式 (Vandermonde's determinant) 145, 146, 180
ピサのレオナルド (Leonardo of Pisa) 148
ビット (bit) 2
非同次差分方程式 (inhomogeneous difference equation) 151
非同次連立差分方程式 (inhomogeneous simultaneous difference equations) 158
微分演算子 (differentiation operator) 125
微分積分学の基本定理 (fundamental theorem of calculus) 116
フィボナッチ (Fibonacci) 148

フィボナッチ数 (Fibonacci numbers) 28
フィボナッチ数列 (Fibonacci sequence) 147
フィボナッチ分割 (Fibonacci decompostion) 27
符号 (signature) 58
不定 (indeterminate) 66
浮動小数点表現 (floating point representation) 1
不能 (inconsistent) 66
並列処理 (parallel processing) 26
べき乗法 (power method) 162
ベルヌーイ数 (Bernoulli number) 121
ホーナー法 (Horner's method) 25, 29, 46, 47

【マ】

前処理 (preprocessing, preconditioning) 26
丸め誤差 (rounding error) 33

【ヤ】

ヤコビ反復法 (Jacobi iterations) 93

有効数字 (significant digit) 8
優対角 (diagonal dominant) 100
優対角定理 (diagonal dominant theorem) 100, 106
床関数 (floor) 23
余因子展開 (cofactor expansion) 164

【ラ】

ラグランジュの補間公式 (Lagrange interpolation formula) 115
(リーマン) 積分 ((Rieman) integral) 116
(リーマン) 積分可能 ((Rieman) integrable) 116
ルジャンドルの多項式 (Legendre polynomial) 136
レジスター (register) 10
連続 (continuous) 43
連立差分方程式 (simultaneous difference equation) 154, 155
ロンバーグ積分 (Romberg integration) 128

著者紹介

金谷　健一（かなたに　けんいち）

1979年　東京大学大学院工学系研究科博士課程修了
現　在　岡山大学工学部非常勤講師
　　　　岡山大学名誉教授
　　　　工学博士
著　書　『線形代数』（共著，講談社，1987）
　　　　Group-Theoretical Methods in Image Understanding（Springer-Verlag, 1990）
　　　　『画像理解―3次元認識の数理―』（森北出版，1990）
　　　　Geometric Computation for Machine Vision（Oxford University Press, 1993）
　　　　『空間データの数理―3次元コンピューティングに向けて―』（朝倉書店，1995）
　　　　Statistical Optimization for Geometric Computation: Theory and Practice
　　　　（Elsevier Science, 1996）
　　　　『形状CADと図形の数学』（共立出版，1998）
　　　　『これなら分かる応用数学教室―最小二乗法からウェーブレットまで―』（共立出版，2003）
　　　　『これなら分かる最適化数学―基礎原理から計算手法まで―』（共立出版，2005）

数値で学ぶ計算と解析
Elements of Numerical Computation and Analysis

2010年10月30日　初版1刷発行
2022年2月20日　初版6刷発行

著　者　金谷健一　Ⓒ 2010
発行者　南條光章
発行所　共立出版株式会社
　　　　郵便番号 112-0006
　　　　東京都文京区小日向 4-6-19
　　　　電話 03-3947-2511（代表）
　　　　振替口座 00110-2-57035
　　　　URL www.kyoritsu-pub.co.jp
印　刷　啓文堂
製　本　協栄製本

検印廃止
NDC 413, 418
ISBN 978-4-320-01942-3

一般社団法人
自然科学書協会
会員

Printed in Japan

JCOPY　〈出版者著作権管理機構委託出版物〉
本書の無断複製は著作権法上での例外を除き禁じられています．複製される場合は，そのつど事前に，出版者著作権管理機構（TEL：03-5244-5088，FAX：03-5244-5089，e-mail：info@jcopy.or.jp）の許諾を得てください．

◆ **色彩効果の図解と本文の簡潔な解説により数学の諸概念を一目瞭然化！**

ドイツ Deutscher Taschenbuch Verlag 社の『dtv-Atlas事典シリーズ』は，見開き2ページで1つのテーマが完結するように構成されている。右ページに本文の簡潔で分り易い解説を記載し，かつ左ページにそのテーマの中心的な話題を図像化して表現し，本文と図解の相乗効果で理解をより深められるように工夫されている。これは，他の類書には見られない『dtv-Atlas 事典シリーズ』に共通する最大の特徴と言える。本書は，このシリーズの『dtv-Atlas Mathematik』と『dtv-Atlas Schulmathematik』の日本語翻訳版。

カラー図解 数学事典

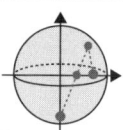

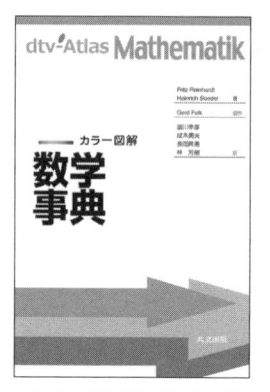

Fritz Reinhardt・Heinrich Soeder [著]
Gerd Falk [図作]
浪川幸彦・成木勇夫・長岡昇勇・林　芳樹 [訳]

数学の最も重要な分野の諸概念を網羅的に収録し，その概略を分り易く提供。数学を理解するためには，繰り返し熟考し，計算し，図を書く必要があるが，本書のカラー図解ページはその助けとなる。

【主要目次】 まえがき／記号の索引／序章／数理論理学／集合論／関係と構造／数系の構成／代数学／数論／幾何学／解析幾何学／位相空間論／代数的位相幾何学／グラフ理論／実解析学の基礎／微分法／積分法／関数解析学／微分方程式論／微分幾何学／複素関数論／組合せ論／確率論と統計学／線形計画法／参考文献／索引／著者紹介／訳者あとがき／訳者紹介

■菊判・ソフト上製本・508頁・定価6,050円(税込)■

カラー図解 学校数学事典

Fritz Reinhardt [著]
Carsten Reinhardt・Ingo Reinhardt [図作]
長岡昇勇・長岡由美子 [訳]

『カラー図解 数学事典』の姉妹編として，日本の中学・高校・大学初年級に相当するドイツ・ギムナジウム第5学年から13学年で学ぶ学校数学の基礎概念を1冊に編纂。定義は青で印刷し，定理や重要な結果は緑色で網掛けし，幾何学では彩色がより効果を上げている。

【主要目次】 まえがき／記号一覧／図表頁凡例／短縮形一覧／学校数学の単元分野／集合論の表現／数集合／方程式と不等式／対応と関数／極限値概念／微分計算と積分計算／平面幾何学／空間幾何学／解析幾何学とベクトル計算／推測統計学／論理学／公式集／参考文献／索引／著者紹介／訳者あとがき／訳者紹介

■菊判・ソフト上製本・296頁・定価4,400円(税込)■

www.kyoritsu-pub.co.jp　　共立出版　　(価格は変更される場合がございます)